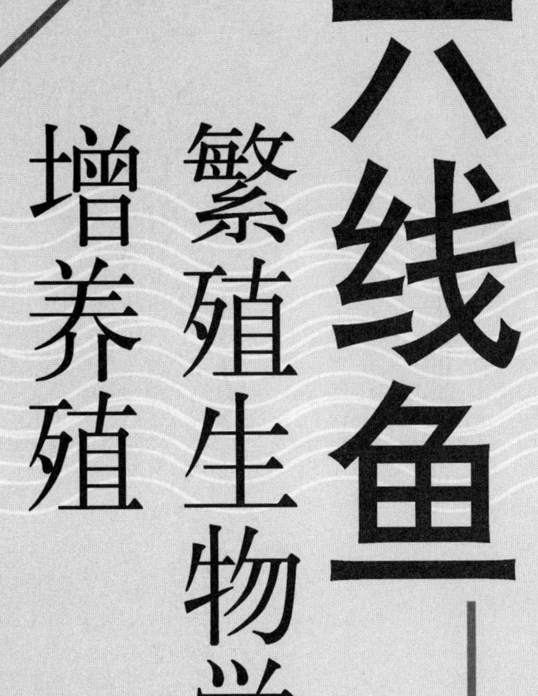

六线鱼繁殖生物学与增养殖

郭文 高凤祥 胡发文 等◎著

中国农业出版社
北 京

著者名单

郭　文　高凤祥　胡发文　高天翔

菅玉霞　李　莉　王　雪　潘　雷

于道德　刘广斌　刁　菁　刘　莹

邹　琰　王晓龙　刘元文　于航盛

前 言

我国海域辽阔，从北到南海岸带纵跨温带、亚热带和热带3大气候带，跨越37.5个纬度，总面积达300万km^2，相当于陆地面积的1/3。优越的自然环境为海洋生物提供了极为有利的生存繁衍条件，造就了物种丰富、种类繁多的海洋生物资源。渔业是国民经济的重要产业，是大农业的重要组成部分，为人类提供了大量优质动物蛋白。我国海水养殖规模、产量及种类数量等均处世界首位，开发海洋渔业资源成为实施国家粮食安全战略的重要举措。

鱼类是海洋生物中的大家族，是海水养殖产业中的主要养殖对象。海水鱼类增养殖是我国水产领域最重要的发展方向之一，随着以鱼类养殖为代表的第四次海水养殖浪潮的兴起，我国海水鱼类养殖品种和产量逐年递增，目前在我国人工养殖的海水鱼类品种接近60种，涵盖29科。

六线鱼，是鲉形目（Scorpaeniformes）、六线鱼科（Hexagrammidae）、六线鱼属（*Hexagrammos*）的几种鱼类的统称，六线鱼属鱼类目前共有6种，分别为大泷六线鱼（*H. otakii*）、斑头鱼（*H. agrammus*）、叉线六线鱼（*H. octogrammus*）、十线六线鱼（*H. decagrammus*）、白斑六线鱼（*H. stelleri*）和长线六线鱼（*H. lagocephalus*）。六线鱼广泛分布于北太平洋沿岸地区，从我国的东海、黄海、渤海沿岸，日本沿海海域，一直向北经韩国、俄罗斯、阿留申群岛，横跨北冰洋，越过白令海峡向南延伸至美国西海岸的加利福尼亚州南部均有发现。除十线六线鱼和白斑六线鱼外，另外4种六线鱼在我国海域均有分布。

六线鱼外形美观，肉质细嫩，味道鲜美，营养丰富，深受我国北方沿海地区人民群众的喜爱，是市场需求量最大的主要鲜活海水鱼之一，素有“北方石斑”之美誉。同时，六线鱼一直是世界重要的海洋捕捞经济鱼种之一，在国际市场上，特别是东南亚地区，其认可度高、需求量大，因此具有极高的经济价值。

山东省海洋生物研究院六线鱼研究团队成立于2005年，从大泷六线鱼的人工繁育技术攻关开始，最终在六线鱼繁殖生物学、发育生物学、生理生态学、营养生理学、苗种规模化繁育、健康养殖、增殖放流等方面取得了诸多突破性研究成果，建立了大泷六线鱼全人工繁育技术体系，为产业发展奠定了理论与生产基础，并逐渐推动产业发展到初具规模。

本书在团队研究成果的基础上，结合国内外六线鱼的产业现状和学术研究背景，介绍了六线鱼的鱼类分类学研究、最新进展和目前存在的学术争议，详细描述了六线鱼属所包含的6个鱼种详细的地理分布、形态学特征、生活习性和栖息环境，从解剖学角度介绍了六线鱼的外形特征和内部解剖结构，并从海洋生物学角度详细讲解六线鱼的生长特性、摄食特性、生殖特性、鱼卵及胚胎的发育过程，以及环境因子对上述生物学特性的影响；结合作者团队多年来在六线鱼人工繁育和养殖方面取得的第一手研究数据和实践经验，深入介绍了目前六线鱼人工繁育和养殖的核心技术及最新进展，以及六线鱼增殖放流技术和放流效果评估方法。

他山之石，可以攻玉，作者希望通过本书，能够与我国水产行业其他优秀的科研人员互相交流，共同进步，使我国的六线鱼理论研究和人工繁育及养殖技术更上一层楼，带来更大的经济效益，为我国水产养殖行业发展略尽绵力。

由于水平有限，书中难免存在疏漏和不足之处，敬请广大读者批评指正。

2019年9月

目　录

前言

第一章

六 线 鱼 概 述

六线鱼，是鲉形目（Scorpaeniformes）、六线鱼科（Hexagrammidae）、六线鱼属（*Hexagrammos*）的几种鱼类的统称。六线鱼肉质细嫩，味道鲜美，营养丰富，素有“北方石斑”之称，一直是深受我国北方沿海地区人民喜爱的美食。随着近几十年来我国经济的腾飞和运输行业的高速发展，六线鱼在南方沿海城市也走上了大众餐桌，需求量逐年增加。与此同时，六线鱼一直是世界重要的海洋捕捞经济鱼种之一，在国际市场上，特别是东亚地区的认可度和需求量居高不下，具有极高的经济价值。

六线鱼是北太平洋海域特有的经济鱼种，广泛分布于北太平洋沿岸地区，从我国的东海、黄海、渤海沿岸，日本沿海海域，一直向北经韩国、俄罗斯、阿留申群岛，横跨北冰洋，越过白令海峡向南延伸至美国西海岸的加利福尼亚州南部均有分布。

六线鱼属鱼类目前共有 6 种，分别为大泷六线鱼（*H. otakii*）、斑头鱼（*H. agrammus*）、叉线六线鱼（*H. octogrammus*）、十线六线鱼（*H. decagrammus*）、白斑六线鱼（*H. stelleri*）和长线六线鱼（*H. lagocephalus*）。其中，除十线六线鱼和白斑六线鱼外，另外 4 种在我国海域均有分布。

六线鱼属的几个鱼种从外观上看十分相似，最显著的特点是鱼体两侧均有 5 条侧线，仅斑头鱼只有 1 条侧线。即使是沿海地区有经验的渔民也很容易混淆大泷六线鱼、斑头鱼、叉线六线鱼，通常将它们简单统称为黄鱼。

六线鱼属均为底栖性海水鱼类，成鱼体长 10～60 cm，体态延长而侧扁，头稍小，头部无骨板或棘棱，背鳍鳍棘细弱。主要栖息于低潮线以下，深度为 0～50 m，沿岸海草生长的岩石或沙底层水域。摄食范围广，主要摄食蟹、端足类、多毛类、幼鱼以及鱼卵等。

六线鱼低温适应能力强，可以在北方沿海自然越冬，是北方网箱养殖的理想鱼种。由于其常年栖息于近海岩礁和岛屿附近，洄游活动范围小，也是渔业增殖放流和发展休闲渔业的适宜对象。

第一节　六线鱼的分类学研究

一、六线鱼科的分类学基础

鲉形目为辐鳍鱼纲、新鳍亚纲、棘鳍总目中的一目，下分 7 个亚目，六线鱼亚目（Hexagrammoidei）为其中之一，该亚目仅包含 1 科，即六线鱼科，其中包含 5 个亚科、5 属、12 种。与鲉形目其他科鱼类的主要不同之处在于：六线鱼科的鱼头部上方缺少棘棱，体态较为延长而侧扁；只有 1 个背鳍，背鳍前部有 16～28 根鳍棘，后部有 11～30 根鳍条，通常在鳍棘和鳍条之间有 1 个凹痕；臀鳍鳍棘很长，最多带有 4 根鳍棘（大多数鱼种已退化），以及 12～28 根鳍条；腹鳍有 1 根鳍棘和 5 根鳍条；在大多数种类中，眼睛上方都带有一对或两对羽状皮瓣；鳞片细小且呈栉状，只有长蛇齿单线鱼（*Ophiodon elongatus*）的鳞片为圆鳞；身体两侧各有 1～5 条侧线；牙齿通常很小，生长在颌部和犁骨位置，在部分鱼种的上腭部也可能生长；无鱼鳔。

六线鱼科部分鱼种的外形、颜色非常多样，并且随着性别、体型大小、所处地理位置、栖息地的不同而频繁变化。

六线鱼的分类在学术界尚存一些争议，本书遵循 Rutenberg（1962）和 Nelson（1994）的分类方法，将六线鱼科分为 5 个亚科、5 属、12 种（表 1－1）。本书所介绍的六线鱼属（*Hexagrammos*），共 6 种，分别为大泷六线鱼、斑头鱼、叉线六线鱼、十线六线鱼、白斑六线鱼和长线六线鱼。我国除十线六线鱼和白斑六线鱼外，其余 4 种均有分布。

表 1－1　六线鱼的分类地位

科	亚科	属	种
六线鱼科（Hexagrammidae）	蛇齿单线鱼亚科（Ophiodontinae）	蛇齿单线鱼属（*Ophiodon*）	长蛇齿单线鱼（*O. elongatus*）
	多棘单线鱼亚科（Oxylebiinae）	多棘单线鱼属（*Oxylebius*）	多棘单线鱼（*O. pictus*）
	多线鱼亚科（Pleurogramminae）	多线鱼属（*Pleurogrammus*）	远东多线鱼（*P. azonus*）
			单鳍多线鱼（*P. monopterygius*）
	栉鳍鱼亚科（Zaniolepidinae）	栉鳍鱼属（*Zaniolepis*）	缰纹栉鳍鱼（*Z. frenatus*）
			侧翼栉鳍鱼（*Z. latipinnis*）
	六线鱼亚科（Hexagramminae）	六线鱼属（*Hexagrammos*）	大泷六线鱼（*H. otakii*）
			斑头鱼（*H. agrammus*）
			叉线六线鱼（*H. octogrammus*）
			长线六线鱼（*H. lagocephalus*）
			十线六线鱼（*H. decagrammus*）
			白斑六线鱼（*H. stelleri*）

二、六线鱼的鱼类分类学研究和争议

六线鱼科的 5 个亚科，曾经分别属于不同的科。在 Quast（1965）的研究中，通过解剖学的骨骼对比研究，将栉鳍鱼属（*Zaniolepis*）归类于一个单独的科。

经过遗传与进化学分析，Shinohara（1994）将六线鱼属（*Hexagrammos*）、蛇齿单线鱼属（*Ophiodon*）、多线鱼属（*Pleurogrammus*）归入六线鱼科（Hexagrammidae），将多棘单线鱼属（*Oxylebius*）和栉鳍鱼属（*Zaniolepis*）归入栉鳍鱼科（Zaniolepididae），并将这两科分别归入一个单独的亚目。Imamura 和 Shinohara（1998）将六线鱼类（Hexagrammoids）和栉鳍鱼类（Zaniolepidoids）列为杜父鱼亚目（Cottoidei）下的两个总科，与绵鳚亚目（Zoarcoidei）并列，归入鲈形目（Perciformes）下。但是改动如此巨大，影响如此深远的鱼类分类学建议必将经过其他研究者相当长时间的验证和评估。

目前，在六线鱼分类学研究的多项争议中，斑头鱼的分类地位问题争议最大。曾著有《中国动物志 硬骨鱼纲 鲉形目》的中国学者金鑫波（1995）认为，中国沿海分布的六线鱼亚科（Hexagramminae）各属中，其中斑头鱼仅有1条侧线，应列为独立的斑头鱼属。而日本学者中坊彻次等通过形态学和解剖学研究认为，斑头鱼应隶属于六线鱼属。任桂静等（2001）基于斑头鱼、大泷六线鱼和其他三种六线鱼的线粒体序列，并结合形态学资料，研究发现斑头鱼和大泷六线鱼亲缘关系最近，支持斑头鱼隶属于六线鱼属的观点。

美国学者 Mecklenburg 和 Eschmeyer 于 2003 年 9 月发表的《鱼类分类学注释目录：六线鱼科》[*Annotated Checklists of Fishes*（*Family Hexagammidae Gill* 1889）]中，对六线鱼科各个亚科、属名和种名进行了全面的整理，将斑头鱼归入六线鱼属（*Hexagrammos*），并认为斑头鱼拉丁文名应为（*Hexagrammos agrammus*）。

第二节 六线鱼的分类介绍和地理分布

六线鱼科是重要的海洋鱼类，栖息在潮间带，一般垂直分布在潮间带及低潮线以下 0～40 m 处，已发现的最深栖息深度可达 596 m，也有报道称最深栖息深度可达 600 m 以上，但大部分此科鱼类都生活在深度不足 200 m 的大陆架上。除多线鱼属（*Pleurogrammus*）的成鱼属上层鱼类外，其他六线鱼科鱼类均为底栖鱼类，主要栖息在近岸岩礁底质、海草生长的底层水域，有时也在沙质底水域见到，不同种的六线鱼科鱼类地理分布和垂直分布也因不同的生理特征而不同。六线鱼科鱼类摄食范围较广，种类很多，例如蟹、端足类、多毛类、幼鱼以及鱼卵等。

大泷六线鱼，英文名 fat greenling，俗名黄鱼、黄棒子，常年栖息于大陆和岛屿沿岸水深 50 m 之内的岩礁附近水域底层，食性杂，喜集群，游泳能力较弱。在垂直分布上，大泷六线鱼栖息于较深的礁石水域，而斑头鱼和叉线六线鱼栖息在相对较浅的藻礁。最大全长 57 cm，最大体重 2.4 kg。生活范围：50°N—26°N、120°E—152°E。

地理分布：北太平洋西部海域，鄂霍次克海南部海域（太平洋西北部沿海），日本海，以及中国黄海海域均有分布。

大泷六线鱼模式种产地：日本东京市以及青森县、长崎县。

斑头鱼，英文名 spotty belly greenling，俗称窝黄鱼、紫钩子，是栖息在近海的冷温性底层鱼类。主要栖息深度 0～10 m。最大全长 30 cm。

地理分布：广泛分布于北太平洋西岸，包括日本海南部、中国黄海至韩国南部均有分布。

斑头鱼模式种产地：日本长崎县。

叉线六线鱼，英文名 masked greenling，为底栖性鱼类，栖息在岩石底质底层水域，栖息深度 0～200 m，全长可达 42 cm。最大报道年龄 12 龄。生活范围：66°N—30°N、120°E—120°W。

地理分布：广泛分布于北太平洋海域，白令海和阿留申群岛至加拿大卑诗省北部海域，以及鄂霍次克海（太平洋西北部沿海）、日本海。

长线六线鱼，又名兔头六线鱼，英文名 rock greenling，为底栖性鱼类，栖息在岩石底质底层水域，有时也在沙质底水域中，更喜欢生活在巨大浪涌的岩石中。栖息深度 0～

596 m，常见深度 10～15 m，最大全长 60 cm，最大体重 830 g。生活纬度：66°N—34°N。

地理分布：广泛分布于北太平洋海域，白令海和阿留申群岛及至美国西海岸的加利福尼亚州南部海域，鄂霍次克海（太平洋西北部沿海）、日本海、中国黄海海域。

十线六线鱼，英文名 kelp greenling，栖息深度 0～46 m，经常栖息在岩礁和海藻床周围（但也可以在沙底上找到），大多数生活在从潮间带到大约 17 m 深的水域，雌性比雄性生活水域更浅。体长略侧扁，一般全长 30～40 cm，最大全长 61 cm，最大体重 2.1 kg，最大报道年龄 18 龄。生活纬度：66°N—32°N。

地理分布：北太平洋东部海域（自阿留申群岛至美国西海岸的加利福尼亚州南部）。

白斑六线鱼，英文名 white spotted greenling，栖息在岩石底质、海草生长的底层水域，主要栖息在从潮间带到 175 m 之间的水域，最大栖息深度475 m，最大全长可达 48 cm，最大体重 1.6 kg。生活纬度：66°N—42°N。

地理分布：北太平洋和北极圈附近海域，少量分布于楚科奇海（北冰洋海域），自白令海至普吉特海湾（位于美国太平洋西岸北部），以及日本海海域。

第三节　几种六线鱼的特征和区别

物种形成，又称为种化，是演化的一个过程，指生物分类上的物种诞生。达尔文在《物种起源》中认为自然选择是物种形成的主导因素。但一直以来，普遍认为物种形成是随机的，直到生殖隔离的概念提出后，自然选择在物种形成中的作用才重新受到重视。

生物学物种（biological species）将物种定义为无法和其他生物交配产生具有生殖力后代的族群，因此，种化就是生物之间形成生殖隔离的演化过程。造成种化的演化力量包括天择（分裂选择和其他种类）、性择、突变、基因重组和遗传漂变。人工培育选种以及基因工程也可以引发种化。

简而言之，同一物种由于地理隔离，被分隔为两个无法接触的族群。两个族群独自演化，长期累积变异，等到再次接触时，累积的变异已经使两个族群的生物无法产生后代，而成为不同的物种。

由于地理分布和生活环境的不同，六线鱼属逐渐分化成 6 个不同的种，这 6 个种从外观上看，相似之处甚多，主要相似的特点为：六线鱼背鳍被一个位置约在中间的凹槽分成鳍棘和鳍条部分；尾鳍呈圆形，顶端截平，或微微凹陷；每只眼睛上方均有羽状皮瓣，有时在后枕骨上也有一对羽状皮瓣；头骨上没有明显的突脊，头部完全被鳞片覆盖。身体均有 5 条侧线，只有斑头鱼为 1 条侧线。因此六线鱼属的几种鱼类较难区分，本节主要介绍这 6 种鱼的外形特征和区别。

一、大泷六线鱼

大泷六线鱼常年栖息于大陆和岛屿沿岸水深 50 m 之内的岩礁附近水域。在垂直分布上，大泷六线鱼栖息于较深的礁石水域，而斑头鱼和叉线六线鱼栖息在相对较浅的藻礁处。

大泷六线鱼（彩图 1）的形态学特征为：体长，稍扁，头较小，眼后有 2 对羽状小突起。鳞小，栉鳞，不易脱落。体侧各有 5 条侧线：第 1、2 侧线位于鳍基下方；第 3 侧线位于体侧中部，纵贯全身，长度最长；第 4 侧线位于胸鳍和腹鳍间，长度稍短；第 5 侧线沿腹中线延伸至鳍基底附近分左右 2 支，后达尾鳍基底。大泷六线鱼身体黄褐色或褐色，背鳍鳍棘部和鳍条之间的浅凹处有黑斑，体侧有大小暗色云状斑纹，腹侧灰白色，各鳍有灰褐色斑纹。背鳍 XIX～XXI-21～23，臀鳍 21～23，胸鳍 18，腹鳍 I-5，尾鳍 12～13，鳃耙 4～5+12～14。

二、斑头鱼

斑头鱼主要栖息在潮间带，及潮下带 1～10 m 处。最大全长 30 cm。

斑头鱼（彩图 2）的形态学特征为：体长，侧扁，头略尖突。鳞小，栉鳞，覆瓦状排列。体侧各 1 条侧线，斜直伸达尾鳍基底。体红褐色或深褐色，胸鳍正上方有一深褐色圆斑，体侧具不规则云状斑块，腹侧红黄色，各鳍有红褐色斑纹。背鳍 XVII～XIX-18～21，臀鳍 20，胸鳍 17，腹鳍 I-5，尾鳍 24，鳃耙 4+11。斑头鱼有明显的聚集现象而且数量庞大，常与大泷六线鱼混栖。

三、叉线六线鱼

叉线六线鱼（彩图 4），通常栖息在岩石底质底层水域。栖息深度 0～200 m，最大全长 42 cm。

叉线六线鱼身上的颜色和图案多变，红棕色至绿褐色，有不规则的深色斑点，后部柔软的背鳍上通常有小的白色斑点。第四侧线在腹鳍前部分 2 叉，上支不伸达腹鳍末端，背侧有 7～8 条暗色横带。背鳍 XVII～XX-22～25，臀鳍 22～25。雄性大多呈深褐色，带有微小的白色斑点。尾柄较长，尾鳍圆形。

四、长线六线鱼

长线六线鱼通常栖息在岩石底质底层水域，喜欢生活在巨大浪涌的岩石中，偶尔也可以在沙底水域中见到，栖息深度 0～596 m，最大全长可达 60 cm。

长线六线鱼（彩图 3）形态学特征：身体褐色，身体上部斑点呈蓝色，下部斑点鲜红色，颜色分布有助于融入自然环境，多数成鱼嘴部蓝色，眼睛呈鲜红色。第 4 侧线始于胸鳍基部下方，向后超过腹鳍尖端，止于臀鳍上方，有的个体侧线在腹鳍后方间断，不连续；背鳍有暗色斑点和云状斑纹，尾鳍截形，中部微凹。背鳍 XX～XXIII-23～24，腹鳍 I-5，臀鳍 21～22。

长线六线鱼通常是单独行动，不具有侵略性，较易饲养。长线六线鱼食性广泛，以蟹、等足类、鱼卵以及藻类等为食。幼鱼主要以浮游动物为食。

五、十线六线鱼

十线六线鱼（彩图 5），多栖息于岩礁和海藻床周围，也见于沙底上，栖息深度 0～46 m，大多数生活在从潮间带到大约 17 m 深的水域，其中雌性比雄性生活区域更浅。体长略侧扁，一般全长 30～40 cm，最大全长 61 cm。以甲壳类、多毛类、软体动物等为食。

十线六线鱼的形态特征：具有 5 条侧线，第 4 条侧线延伸到臀鳍基部。雄性和雌性颜色不同。雄性为灰褐色，有许多小黑点和较大的彩虹色黑边蓝点。雌性为灰色或蓝色，有数百个红褐色斑点和金红色胸鳍。肉质的嘴唇和眼睛后面有线状突起。口腔内部呈黄色，并且存在腭齿。眼后缘有 1 对羽状皮瓣，长度小于 3/4 的眼径。眼睛和背鳍之间一般也具有 1 对羽状皮瓣，少数个体无这对羽状皮瓣。有一个长而深的缺口背鳍，尾鳍圆形或截形。鳃盖上覆盖栉鳞。背鳍 XXI～XXII 22～25，腹鳍 I－5，1 个臀鳍棘和 23～24 个臀鳍条。

十线六线鱼与长线六线鱼形态相近，容易混淆，两者的主要区别是：①眼睛上羽状皮瓣的长度是否超过眼睛直径的 3/4，十线六线鱼羽状皮瓣长度小于 3/4 眼径；②嘴部是否带蓝色，长线六线鱼嘴部多有蓝色；③是否有腭齿，十线六线鱼口腔内有腭齿；④第 4 条侧线是否延伸到臀鳍基部，长线六线鱼的第 4 条侧线伸达臀鳍基部。

六、白斑六线鱼

白斑六线鱼（彩图 6），通常栖息在岩石底质、海草生长的底层水域，栖息深度 0～300 m，体长可达 48 cm。

白斑六线鱼形态特征：体色多变，呈褐色或浅绿色，带有较深的鞍形暗红色斑驳，身体上有与瞳孔大小相等的白色斑点。雄性护卵，护卵雄性体色呈金黄色。通常在背鳍的前部出现大的黑色斑点。眼睛上方有 1 对羽状皮瓣。具有 5 条侧线，第 4 条线延伸到臀鳍基部。尾柄比较纤细，尾鳍截形略分叉。背鳍 XXII～XXV－19～24，臀鳍 23～25（表 1－2）。

表 1－2　几种六线鱼的区别和特征

项目	大泷六线鱼	斑头鱼	叉线六线鱼	长线六线鱼	十线六线鱼	白斑六线鱼
地理分布	鄂霍次克海南部海域，日本海，以及中国黄海海域	日本海南部，中国黄海至韩国南部海域均有分布	日本北部海域，鄂霍次克海，白令海和阿拉斯加湾	中国黄海、日本海、白令海和阿留申群岛至美国加利福尼亚州中部海域	东太平洋阿留申群岛至美国加利福尼亚州南部海域	日本海，自白令海至普吉特海湾，少量分布于楚科奇海
生活习性	海草植被较少的岩礁区	海草较丰富的海域	海草较丰富的海域	栖息在岩石底质底层水域或沙质底	浅水岩礁区或海藻床	沿岸岩石和海草等植被覆盖区域
生活水深（m）	0～50	0～10	0～200	0～596	0～46	0～300
最大全长（cm）	57	30	42	60	61	48
侧线	5 条	1 条	5 条	5 条	5 条	5 条
羽状皮瓣	2 对眼后缘羽状皮瓣	2 对眼后缘羽状皮瓣	1 对眼后缘羽状皮瓣	1 对眼后缘羽状皮瓣	1 对或 2 对眼后缘羽状皮瓣	1 对眼后缘羽状皮瓣
尾鳍形状	截形	圆形	圆形	截形	圆形或截形	截形
体色	体黄褐色或赤褐色，鳍棘和鳍条间有黑斑	体红褐色或深褐色	红棕色至绿褐色	身体褐色，眼睛鲜红	雄性为灰褐色，雌性为灰色或蓝色	褐色至浅绿色，带红褐色斑纹

（续）

项目	大泷六线鱼	斑头鱼	叉线六线鱼	长线六线鱼	十线六线鱼	白斑六线鱼
斑纹	体侧有大小暗色云状斑纹，腹侧灰白色，各鳍有灰褐色斑纹	体侧具不规则云状斑块，腹侧红黄色，各鳍有红褐色斑纹	有不规则的深色斑点，背鳍上通常有小的白色斑点	上部斑点呈蓝色，下部斑点鲜红色，背鳍有暗色斑点和云状斑纹	雄性有许多小黑点和较大的彩虹色黑边蓝点。雌性有红褐色斑点和金红色胸鳍	带有较深的鞍形斑驳，身体上有与瞳孔大小相等的明显的白色斑点
婚姻色	雄性体色会变成鲜亮的黄色	雄性腹鳍和臀鳍的颜色越来越深，并逐渐转变成黑色	雄性腹鳍和臀鳍的颜色越来越深，并逐渐转变成黑色	雄性变成鲜红色，雌性变为红褐色	雄性头部和尾部呈灰黑色，头顶上部出现特征性的蓝色星斑，眼部呈明亮的金色	雄性鱼体躯干呈深黑色，胸鳍和臀鳍变暗灰色

第四节　六线鱼的研究现状

一、斑头鱼的研究现状与进展

迄今为止，国内学者关于斑头鱼的研究较少，仅见斑头鱼的核型及性染色体研究（郑家声等，1997）、基于线粒体序列探讨斑头鱼分类地位的研究报道（任桂静等，2011）、荣成俚岛和胶南斋堂岛斑头鱼渔业生物学特征的比较研究（纪东平等，2014）以及浙江嵊泗枸杞岛的相关研究（王蕾等，2011；章守宇等，2011；王凯等，2012）。国外学者对斑头鱼开展了较多研究，如斑头鱼的年龄与生长、繁殖生物学、摄食生态、早期个体发育、近缘种间杂交以及斑头鱼与大泷六线鱼的生态习性和摄食习性比较等。

关于斑头鱼年龄与生长的研究，Kang 和 Kim 于 1983 年逐月采集韩国的斑头鱼，通过脊椎骨进行年龄鉴定，结果发现其轮纹呈环状，由宽的亮带和窄的暗带相间排列，每年 7—8 月形成一次，椎体的半径与鱼全长呈直线正相关。但该取样方法较难操作，日本学者分别采用鳞片和耳石进行研究。对比其研究结果发现，通过耳石鉴定年龄更加方便、有效（可读比例占 95.2%），且准确性较高。耳石环纹每年形成一次，半透明带的形成期为 1～2 月，耳石半径和鱼体长呈明显的正相关。日本 Aburatsubo 湾的雌、雄斑头鱼的最大寿命分别为 7 龄和 5 龄，明显高于日本 Moheji 湾的年龄组成（4 龄和 3 龄）。斑头鱼的生长呈季节性变化，春秋水温升高，高密度的饵料来源（藻类、端足类、甲壳类和季节性多毛类生物），使其生长迅速；冬季水温下降，生长减缓或中止。雌鱼的生长速率大于雄鱼，Aburatsubo 湾雌性 1 龄的平均体长为 111 mm，最大体长为 215 mm，雄性 1 龄的平均体长为 107 mm，最大体长为 185 mm。

斑头鱼繁殖生物学研究显示，斑头鱼一般在秋末、冬初产卵于礁石的节架藻上面，卵黏性，直径 2 mm，数百粒蓝绿色的成熟卵粒相互黏成球块状，长 2～3 cm。繁殖期的雄性斑头鱼有筑巢护卵行为，在其领地中保护卵块，直到卵孵化，孵化期为 31～36 d，适宜水温 10～12 ℃（雷霁霖，2005）。

Kurita 等采集了斑头鱼，对性成熟系数（GSI）的周年变化和雌、雄性腺发育的组织学切片进行了研究。结果发现，基于卵母细胞的发育阶段以及空囊泡和闭锁卵母细胞同时出现的情况，以及精母细胞、精子细胞和精子的出现以及数量关系，将雌、雄性腺发育均划分为

5 期：(0) 未发育期，(Ⅰ) 发育中期，(Ⅱ) 成熟前期，(Ⅲ) 完全成熟期和 (Ⅳ) 产后恢复期。

在性成熟卵巢中同时发现成熟早期的卵母细胞和空囊泡，以及产卵季节中卵径分别出现3个不连续的波峰，这些结果均表明斑头鱼的产卵类型是分批产卵，即在产卵季节中产卵次数多于一次。当到达产卵季节时，随着性腺的不断发育，成熟的半透明卵粒会被全部排出体外，之后再次发育成熟的卵粒也会以相同方式成批被排出。

六线鱼科鱼类的繁殖期较短，对繁殖期间水温变化十分敏感，只有适宜的水温才开始进行繁殖。日本北海道南部 Moheji（41°50′N，140°40′E）群体的繁殖期为 10—11 月，Kotakehama（38°23′N，141°23′E）群体的繁殖盛期是 10 月底至 11 月初，Maizuru（35°30′N，135°22′E）群体的繁殖期在 11—12 月，Aburatsubo 湾（35°10′N，139°30′E）的斑头鱼的繁殖期是 11 月底至第二年 1 月底（水温为 13～17 ℃）。由此可见，地理位置越靠北，斑头鱼产卵时间越早。

此外，Kurita 和 Okiyama（1996）还发现所有年龄为 1^+ 龄（或更大）的斑头鱼都会性成熟，而体长<105 mm 的 0^+ 龄雌鱼不会在当前繁殖期产卵，但是体长>105 mm 的 0^+ 龄雌鱼会在繁殖期末期的 1 月产卵。0^+ 龄的雄鱼只要体长>88 mm 就会在当前繁殖期达到性成熟，但是有初次护卵行为的雄鱼年龄为 1^+ 龄（体长 121 mm）。

斑头鱼摄食生态研究显示，斑头鱼和大泷六线鱼在形态和生态上均十分相似，在分布上重叠度较高，所以摄食习性也存在高度重叠性（Kanamoto，1979）。斑头鱼主要生活在有藻类的礁石上，大泷六线鱼主要生活在沙底质区域，还广泛存在于礁石上。生活在沙底质的大泷六线鱼与生活在藻类区和礁石区间的斑头鱼的胃含物相似，却与在礁石区的大泷六线鱼的胃含物不同。Horinouchi 和 Sano（2000）研究了日本中部 Aturasubo 生活在大叶藻床中鱼类的食性，认为斑头鱼属于小型甲壳饵料捕食者，主要摄食钩虾类、桡足类和等足类等。浙江嵊泗枸杞岛的斑头鱼主要摄食端足类，其中麦秆虫所占比例最高（王蕾等，2011；章守宇等，2011；王凯等，2012）。栖息地的变化导致饵料生物的出现情况和丰富程度不同，所以同种鱼在不同地点的食性也不一致。

饵料生物的组成随着鱼体体长、季节和昼夜变化，这也直接决定了韩国镇东湾两种六线鱼的摄食习性（Kwak，2005）。两种六线鱼的饵料生物均以甲壳类为主，此外斑头鱼多摄食腹足类，大泷六线鱼多摄食多毛类和鱼类。小个体的斑头鱼和大泷六线鱼均喜食端足类生物（钩虾类和麦秆虫类），大个体的斑头鱼喜食腹足类和蟹类，大个体的大泷六线鱼喜食多毛类和鱼类。斑头鱼的摄食习性无明显的季节变化，整年都主要以腹足类和蟹类为食。大泷六线鱼的摄食习性随季节而变化，在 1—2 月多为多毛类和鱼类，3—5 月多为端足类，还具有明显的昼夜变化，对钩虾类、多毛类和鱼类摄食在夜间明显增多。两种六线鱼的饵料宽度在小个体（体长<5 cm）时期和 3—4 月较低，饵料重叠度中等偏高，这归因于此时蟹类、真虾类和多毛类较多出现。

Kim 等于 1984 年 9 月至 1985 年 8 月采集韩国的斑头鱼进行日摄食活动的研究。结果发现，摄食活动在日出和日落时变得密集，胃含物体积在早晨和傍晚增大，在中午和晚上减小。日摄食活动被分为两个时期：不摄食排空胃含物期和摄食排空胃含物期。第一期时胃含物体积明显减小；第二期的胃含物体积受排空速率、摄食速率和最大体积的影响。

二、大泷六线鱼的研究现状与进展

关于大泷六线鱼的研究较多，多见于年龄与生长（叶青，1993）、模型礁的集鱼效果（张硕等，2008）、繁殖生物学（杜佳垠，1982；郑家声等，1997；郭文等，2011；温海深等，2007）、摄食生态（邓景耀等，1986；叶青，1992；杨纪明，2011；童玉和和郭学武，2009；王凯等，2012）、生物学（冯昭信和韩华，1998；王书磊等，2012；刘奇等，2009）、遗传学（喻子牛等，1992；仝颜丽等，2011；李莹等，2012）、遗传毒性（林光恒和秦松，1991；秦松和林光恒，1993）、早期发育（庄虔增等，1998；胡发文等，2012）、仔稚鱼发育（邱丽华，1999；菅玉霞等，2012）、养殖繁育（吴立新等，1996；徐长安等，1998；庄虔增等，1999；刘洋等，2008；苏利等，2011；潘雷等，2012）、病害（孙东等，2005；冯春明等，2010）、生理生化（康斌和武云飞，1999；王书磊和姜志强，2009；刘颖等，2009；温海深等，2009；王文君等，2010；史航等，2010；郭莹等，2012；李霞等，2013）、近缘种间杂交（Munehera et al.，2000；Balanov et al.，2001）以及与斑头鱼的生态习性和摄食习性比较（Kanamoto，1976）等方面。

关于大泷六线鱼年龄与生长的研究，叶青（1993）逐月收集青岛近海大泷六线鱼，利用耳石进行年龄鉴定，结果发现耳石上的轮纹每年形成一次，形成期为10月至第二年2月。对比大岛泰雄、中村中六用椎体鉴定日本三河湾、伊势湾大泷六线鱼年龄的方法，椎体需经磨片处理才可观测年轮，而耳石较薄，不需磨片，并且取材方法简便，可直接置于镜下观测。Sakigawa等于1996年6月至2000年5月采集日本北海道木古内湾的大泷六线鱼，通过观察耳石边缘的轮纹，确定了耳石形成年轮的时间为8—9月；生长方面，雌性的生长速率显著大于雄性。

Joh等（2008）采集实验室的养殖大泷六线鱼仔鱼和Mutsu湾的野生仔鱼，研究其日龄增长模式，并通过逆推法推测野生仔鱼的孵化时间和生长速率。初孵仔鱼的脊椎长平均为8.31 mm，耳石半径平均为27.3 μm，并且其耳石边缘有一定的增长部分。大泷六线鱼仔鱼在刚孵化后的8 d内，生长速率为0.15～0.17 mm/d，之后速率下降，这与一些鱼类的模式相反。

大泷六线鱼繁殖生物学的研究显示，其繁殖期主要在10—12月，不同海域随纬度差异而稍有迟缓，纬度越靠北，时间越早。当水温降到18 ℃时开始产卵，最适水温为12～15 ℃。同一地点一般较大个体的产卵期比小个体的早。大泷六线鱼的产卵区水深比斑头鱼深，其卵黏性，受精卵多相互黏结成块状，多黏附于蜈蚣藻等红藻和水底悬浮物上，团块间夹杂藻体，一般重10～15 g。1 g卵含180～240粒卵，平均194粒（雷霁霖，2005）。

郑家声等（1997）逐月采集青岛近海大泷六线鱼，通过周年宏观和组织学切片的观察研究其性腺发育，但侧重于卵巢的发育研究。结果发现，大泷六线鱼的性腺发育可分为：①重复发育期；②开始成熟期；③接近成熟期；④临产期或产卵期；⑤产后期。根据性腺指数变化和组织学切片观察确定，大泷六线鱼的性腺发育在青岛近海一年一个周期，繁殖期是10月下旬至12月，繁殖盛期是11月下旬至12月中旬。青岛近海10—11月表层水温为14～19 ℃（低于底层水温），比黄海北部的底层水温高5 ℃以上，而青岛近海11—12月表层水温为6.5～14 ℃。因此，水温差别可能造成大泷六线鱼在青岛近海比在黄海北部的繁殖期晚1个月。Sakigawa等（2003）采集日本北海道木古内湾的大泷六线鱼，组织学切片研究结果发现，性腺成熟过程被分为 6 期：未成熟期（恢复期）、油球期、卵黄球期、成熟期、产卵期、产卵后期；根据发育变化时相和卵径大小，大泷六线鱼为分批同步卵母细胞发育类型；该区域的繁殖季节为 11 月至第二年 1 月，繁殖盛期为 11 月中旬至 12 月末。

温海深等（2007）收集青岛近海 56 尾大泷六线鱼雄鱼，组织学切片结果发现，大泷六线鱼的精巢为典型小叶型结构，精小叶间有间质细胞（leydigs cell），小叶内有支持细胞（sertolis cell）及精小囊等结构。周年发育分期为：重复发育Ⅲ期，精子形成Ⅳ期，精子成熟Ⅴ期和退化吸收Ⅵ期。8 月下旬开始启动生精活动，繁殖季节为 11 月至第二年 1 月，2—4 月为退化吸收期，5—7 月为重复发育Ⅲ期。

对大泷六线鱼的摄食生态研究显示，其全年均摄食，喜好虾、鱼、沙蚕和端足类等。在繁殖期，摄食量下降，但不停食。摄食动作较斑头鱼更为敏捷，经常快速地上跃掠食上、中层饵料，很少像斑头鱼等食物下降到中下层后才去摄食，这可能与它们不同的侧线系统有关。

叶青（1992）逐月收集青岛近海大泷六线鱼 1 112 尾，解剖观察消化系统各器官的形态结构，并分析其胃含物。结果发现，大泷六线鱼成鱼和幼鱼的食性转换不明显，均是底栖动物食性，主要摄食对象包括 16 个生物类群（60 种以上生物），其中幼鱼以端足类、等足类和幼蟹为主，成鱼以鱼虾蟹为主。摄食强度在产卵期降至最低，在产卵后升到最高。食性随季节变化，春夏季以虾类、鱼类、端足类和等足类为主，秋冬季以蟹、虾和鱼为主，多毛类在秋季以外均是常见种类。王凯等（2012）研究了枸杞岛岩礁生境主要鱼类的食物组成及食物竞争，其中端足类是大泷六线鱼和斑头鱼主要的饵料生物。究其原因，铜藻和孔石莼等藻类的大量分布造成以海藻为食的端足类具有很高的生物量，从而为两种六线鱼提供了良好的饵料基础。

三、其他六线鱼的研究现状

其他六线鱼的研究内容较少，重要的研究内容为 Napazakov（2008）进行的白斑六线鱼食性研究；Nemeth（1997）进行的十线六线鱼捕食时口腔压力变化和捕食方式的研究；Wonsettler 等（1997）进行的十线六线鱼侧线系统形态发育的研究；DeMarti（1986）进行的白斑六线鱼和叉线六线鱼护卵行为的研究；Munehara（1987）等进行的叉线六线鱼受精卵发育的研究。由于相关研究内容较少，将在其他相应章节中介绍。

第五节　六线鱼的价值、资源现状及研究前景

一、六线鱼的价值

随着世界人口的不断增长，蛋白质需求量越来越大，人类对于水产品这一优质蛋白源的需求量随之增加。海水鱼类是一类公认的高蛋白、低脂肪、低热量而且美味可口的蛋白质食品。鱼肉肌纤维很短，水分含量较高，肉质细嫩，比畜禽肉更易消化，对人们的健康更有利。相比畜、禽、蛋类等其他蛋白质食品，海水鱼蛋白质含量丰富，其中人体所必需的氨基酸不仅含量充足、比例合适，而且易于被人体吸收，是一种健康、美味而又优质的高蛋白食品。

鱼肉中蛋白质含量高而脂肪含量较少，且脂肪基本上由不饱和脂肪酸组成，人体可吸收度为95%，其具有清除血管壁上的沉积附着物、降低胆固醇、预防心脑血管疾病的作用，十分有益于人体健康。海水鱼类脂肪中含有的DHA、EPA对人类大脑的发育，在保护及维持大脑功能的过程中起着至关重要而且无可替代的作用。此外，海水鱼类中含有维持人体正常机能以及生长发育必不可少的钙、铁、磷、铜等微量矿物元素，以及维生素A、维生素D、维生素B_2等对与人体健康息息相关的维生素，是一种优良的补钙、补铁以及富碘食品。因此，食用海水鱼是十分必要的，对婴幼儿、少年儿童而言能够促进智力发育；对于成人和老年人，能够保护大脑功能，延缓甚至避免老年痴呆症的发生。

大泷六线鱼味道鲜美，与几种经济鱼类相比，其蛋白质含量高，含水量较低（表1-3），可食部分比例高，深受消费者青睐。大泷六线鱼的含水率为73.85%，低于其他几种鱼类；蛋白质含量为18.50%，略低于真鲷、牙鲆，与鲈、石斑鱼相近；脂肪含量为4.80%，低于红鳍笛鲷而高于其他几种鱼类；灰分含量为3.00%，低于鲻和杜父鱼，明显高于其他鱼。此外，大泷六线鱼还含有丰富的微量元素及维生素，每克鱼体中钙含量为550 μg，磷含量为2 200 μg，钠含量为1 500 μg，维生素B_1含量为2.4 μg，维生素B_2含量为2.6 μg，维生素C含量为2.0 μg，这都是其他鱼类所不及的（表1-3）。

表1-3　大泷六线鱼与其他几种经济鱼类营养成分比较

种类	水分（%）	蛋白质（%）	脂肪（%）	灰分（%）
大泷六线鱼	73.85	18.50	4.80	3.00
鲻	78.76	16.40	0.80	4.30
杜父鱼	77.25	16.30	2.70	3.90
石斑鱼	78.20	18.20	2.50	1.00
红鳍笛鲷	75.60	16.80	6.20	1.30
牙鲆	77.20	19.10	1.70	1.00
真鲷	74.90	19.30	4.10	1.20
黑鲷	75.20	17.90	2.60	1.60
大黄鱼	77.70	17.70	2.50	1.30
鲈	77.70	18.60	3.40	5.50

氨基酸的组分与含量，尤其是8种必需氨基酸（苏氨酸、缬氨酸、蛋氨酸、胱氨酸、异亮氨酸、亮氨酸、苯丙氨酸+酪氨酸、赖氨酸）的含量和比例是评价蛋白质营养价值的重要指标。大泷六线鱼的17种氨基酸含量为17.20%，必需氨基酸含量为7.25%。必需氨基酸量占17种氨基酸总量的42.13%，必需氨基酸量与非必需氨基酸量的比值为0.73，分别超过FAO/WHO* 标准规定的40%与0.60的要求。大泷六线鱼的胱氨酸含量极高，缬氨酸与两种半必需氨基酸（组氨酸、精氨酸）的含量也较高，还含有丰富的天门冬氨酸、谷氨酸、甘氨酸和丙氨酸（表1-4）。

* FAO为联合国粮食及农业组织，WHO为世界卫生组织。

表 1-4　大泷六线鱼 17 种氨基酸组分分析

氨基酸种类	占干重（%）	占湿重（%）
苏氨酸	2.82	0.74
缬氨酸	4.90	1.28
蛋氨酸	1.87	0.49
胱氨酸	1.60	0.42
异亮氨酸	2.62	0.69
亮氨酸	4.92	1.29
苯丙氨酸	2.52	0.66
酪氨酸	2.08	0.54
赖氨酸	4.35	1.14
组氨酸	1.47	0.38
精氨酸	4.16	1.09
天门冬氨酸	6.30	1.65
谷氨酸	10.28	2.69
甘氨酸	5.42	1.42
丙氨酸	4.55	1.19
丝氨酸	2.61	0.68
脯氨酸	3.26	0.85
17 种氨基酸含量	65.76	17.20
必需氨基酸含量	27.68	7.25
必需氨基酸含量占比	42.13%	
必需氨基酸量：非必需氨基酸量	0.73	

六线鱼由于其营养含量丰富，味道鲜美，潜在的市场价值及经济价值已被水产界关注，在其自然资源日益匮乏的情况下，人工养殖的需求将会越来越大，产业规模将不断发展扩大。

二、六线鱼的资源现状

六线鱼资源量小，不能随意放开捕捞，根据 1996 年辽宁省海岛资源综合调查研究报告和 1990 年山东近海渔业资源开发与保护的有关资料报道，辽宁省年产量为 1 000 余吨，山东省一般也不超出 2 000 t，因此，总捕捞量以不超过 3 000 t 为宜，尽可能使资源维持现有水平。

由于过度捕捞和环境污染等原因，近海渔业经济鱼类种类和数量不断减少，资源量严重衰退。六线鱼作为地方性鱼种，近年来，捕捞量在逐渐增大，而渔获量和捕捞个体却在逐年减小，导致其资源所承受的压力越来越大，资源衰退的趋势也日趋严重。因此，寻找合理利用、保护和恢复资源的方法已迫在眉睫。

增殖放流是通过直接向天然水域投放各类渔业生物的种苗，以恢复或增加水域生物群体数量和资源量，从而实现渔业增产和修复渔业生态环境的活动。随着人类对水产品的需求量日益增加，过度捕捞、环境污染、栖息地破坏等问题使目前世界近海渔业资源普遍衰退，传统捕捞渔业已不能满足人们日益增加的水产品需求。根据 2011 年 FAO 的评估，全世界 500 个鱼类种群中 80%以上被过度捕捞和利用，仅有 9.9%的海洋生物资源种类具有继续开发的潜力。增殖放流不仅可以补充水生生物种群数量、增加捕捞产量，缓解当前渔业资源衰退现状、恢复渔业资源，同时还可以改善水域生态环境，修复渔业生态环境，有效维持生态系统的多样性，促进生态平衡。

水生生物的增殖放流可以根据是否将放流苗种投放于原栖息水域而分为两类，一类是将放流苗种投放于原栖息水域，以恢复衰退的资源为目的；另一类是将苗种投放到非原栖息水域，通过改变当地水域的渔业资源种类组成，以提高渔业经济效益为目的。当前，国内外增殖放流采取的主要方式为前一类，即将苗种投放于原栖息水域。

针对目前海洋渔业资源衰退现状，许多国家都在开展增殖放流活动，发达国家一般以保护渔业资源和开展休闲渔业为目标，以期维护放流海域种群数量的生态平衡；而发展中国家则以恢复渔业资源、提高捕捞产量为目的，借此获得更多的渔获物和渔业收入，增殖放流是提高捕捞产量的重要举措。

六线鱼对环境的适应力较强，可耐低温，为冷温性底层岩礁性鱼种，常栖息于近海岩礁地带或海藻丛生的海区，并且能在北方沿海越冬，洄游活动范围较小，具有性成熟较早和世代交替快速等生物学特征，可作为培育耐低温海水养殖鱼类、开发鱼礁区养殖的特色鱼种。

随着大泷六线鱼人工繁育技术的突破和发展，苗种繁育规模水平越来越高，2014 年山东省首次在全国范围内开展了大泷六线鱼的增殖放流工作，大泷六线鱼作为公认的渔业增殖和资源修复的理想海水鱼类品种，为我国海水鱼类人工增殖放流发展增添了一个优良新品种。目前，山东省已设置省、市级大泷六线鱼增殖站 10 余处，年放流规模 800 余万尾，极大地推动了渔业资源修复事业的发展。自开展增殖放流以来，大泷六线鱼种群逐渐恢复，渔获量逐年上升，优势度逐年增加。

三、研究前景

近年来，我国水产养殖产量和规模一直居世界首位，鱼类养殖是我国水产养殖的重要组成部分。我国海淡水鱼类近 5 000 种，其中海水鱼约占 2/3，海水鱼类养殖种类数由 20 世纪 60 年代的十多种增加到目前的百种左右，养殖产量也得到相应提高。许多养殖种类出现了遗传多样性和杂合度降低、生长速度减缓以及对病害和环境胁迫的防御能力下降等问题。

纵观世界水产行业，都因良种的突破性成果而得到了提高和发展，而水产养殖发达国家，良种繁育和品种改良也都被列为重要的研究课题。所以，通过传统育种和现代生物技术对鱼类进行品种选育和遗传改良，获得具有优良性状的优质苗种，对促进水产养殖业向高产、优质、持续、健康方向发展具有重要意义。建立先进的鱼类育种技术体系和育种研究创新平台、提高鱼类遗传育种的效果和种苗质量，对促进海水鱼类养殖业的健康发展具有重要意义。

随着六线鱼人工繁育技术的成熟，苗种培育产量逐年增高，养殖规模越来越大。为了预防种质退化，保证苗种质量，维护六线鱼养殖产业健康持续发展，今后应该在种质保存、良种选育、种间杂交等领域展开进一步的研究。

（一）种质保存

种质决定生物的种性，是物种亲代传给子代的丰富遗传物质的总称，是物种进化、遗传学及育种学研究的物质基础。水生物种的多样性对我国水产养殖业的快速发展起到了非常重要的作用。鱼类种质资源是水产养殖生产、优良品种培育和水产养殖业可持续发展的重要物质基础。

目前，鱼类资源过度利用及环境污染等因素加快了鱼类资源衰退及灭绝。因忽视鱼类种质保护及品种选育工作，养殖鱼类近亲交配严重，遗传多样性降低，造成鱼类种质退化，表现为生长速度慢、品质下降、对环境和病害的适应防御能力降低等，给渔业生产带来巨大的经济损失。开展鱼类种质保存的研究，不仅可以保护鱼类种质资源和生物多样性，而且也是对鱼类种质资源进行有效开发和利用的前提条件。

种苗是海洋生物养殖产业的源头和必需物质基础，种质是海洋养殖业的核心问题。海水养殖产业"种子工程"包括"健康苗种繁殖"和"优良种质创制"两个部分，前者以实现原种和良种的人工繁殖为中心目标，包括鱼类原种开发、种子扩繁；后者则强调应用现代生物技术，不断改进和优化原种种质，提高产量和效益，是实现海水养殖业健康和可持续发展的有效保证。

水产种业是凝聚生物高新技术最多的领域，良种的科技固化程度高，通过把复杂的高新技术成果凝聚到种子里，转化成为相对简单的技术，易被渔民接受和应用。掌握了水产良种，控制了种业，也就从顶端控制了水产养殖产业。

通过建立六线鱼活体库、细胞冷冻资源库和 DNA 基因库，从活体、细胞、分子（DNA）3 个水平开展六线鱼种质保存。针对六线鱼养殖业的不断发展，开发六线鱼育种核心前沿技术，加快六线鱼种质创新步伐，是六线鱼养殖产业发展和科技竞争力提高的必然要求，不仅可以保护六线鱼种质资源和生物多样性，而且也是对鱼类种质资源进行有效开发和利用的前提条件。

（二）良种选育

选择育种是鱼类育种工作中最基本的手段，其将生物表现型作为育种指标，按照优中选优的原则，在群体中选择一定数量符合指标要求的优良个体。其目的在于分离优良性状，迅速固定和发展有益的变异，培育抗病良种，提高养殖鱼类的经济性状，提纯和复壮鱼类品种。选育的目的是将有利的性状（基因）进行"富集"，逐步提高经济性状的表现值，选择育种是海洋生物优良品种培育的主要技术之一。通过选择育种手段对六线鱼进行优良性状选育，培育出生长速度快，抗逆能力强的优良六线鱼新品系，作为良种进行推广养殖（图 1-1）。

良种选育是发展我国水产养殖业海水鱼类不可缺少的技术环节，可提供优质高产、高效的鱼体亲本，为海水鱼类养殖的发展奠定可靠的物质基础。原种场是维持物种和种群的专门繁育场所，可维持物种的进化潜力。原种场的建设则是鱼类种质资源选育与保存的最佳方案，可以维持物种原始基因的纯正性。建立六线鱼原种场可以用来保护六线鱼种质资源，并尽最大可能维持种内遗传的相对稳定性。良种场的建立可生产优质健康的六线鱼苗种，为社会生产养殖需求供应大量养殖苗种提供有力保障。

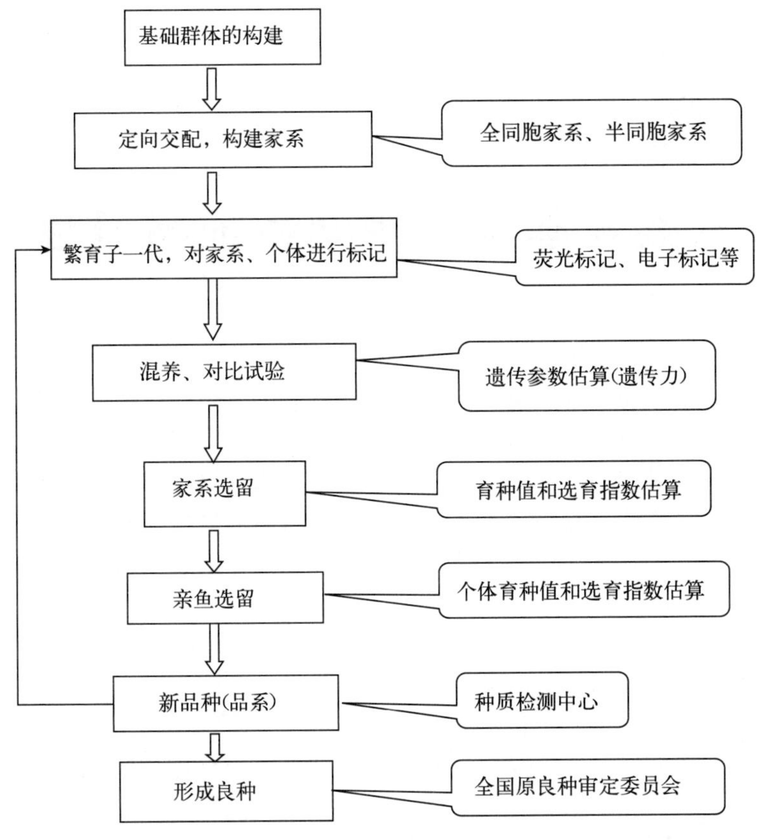

图 1-1　六线鱼良种选育技术路线

(三) 种间杂交现象

杂交是指通过不同基因型的个体之间的交配而获得双亲基因重新组合的个体的过程，是育种广泛采用的一种手段，不仅能够丰富遗传结构，使不同类型的亲本优良性状得以结合，提高杂交后代的生活力，还能产生亲本从未出现过的优良性状，获得具有杂种优势的新品种。杂交普遍存在于自然界中，在许多动植物中都发现杂交现象。杂交育种周期短，效果明显，一般在子代即可表现出杂种优势。根据亲本的亲缘关系，杂交可分为远缘杂交和近缘杂交，远缘杂交是分类单位在种以上的两个亲本间的杂交，近缘杂交即种内杂交。

在水产养殖领域中，杂交育种在品种改良、新品种培育等生产实践中发挥着非常重要的作用。世界上约有 212 个自然杂交种，其中大约 30 种为海水鱼类。鱼类在自然界的杂交情况并不少见，在很多鱼类中都存在杂交地带，研究杂交地带有利于人们了解鱼类关于繁殖隔离和物种形成的进化过程。鱼类杂交地带的研究主要集中于淡水种类，对于海洋鱼类人们知之甚少。一般来说，杂交地带在海洋中要比陆地宽广，这就是海洋种群高度扩散的原因。

在日本北海道南部海域和东北地区，存在六线鱼属 3 种鱼类的自然杂交现象，包括斑头鱼和叉线六线鱼、大泷六线鱼与叉线六线鱼的杂交。有趣的是，两种自然杂交组合，都是以叉线六线鱼为母本，而且所有的杂交后代都表现为雌性，这说明了这类杂交具有典型的性连锁的不亲和性以及性连锁的后裔群现象。研究六线鱼种间杂交现象，有助于了解六线鱼各个品种之间的分类学意义，还可以综合不同亲本的生物学优势，为六线鱼的人工繁育和养殖带来新的契机。

第二章

六线鱼基础生物学特征与习性

世间生命经过亿万年的演化，形成了现在丰富多彩的生物圈系统。天上的飞鸟、陆地的野兽、水中的游鱼，甚至高热的火山口、寒冷的极地、高压力的海底都有生命存在。为了适应多样的生态环境，生物形成了各种外部形态和内部结构、生理和生态特征、生物习性的多样性。这些基础生物学特征和生活习性，是我们从事科研、繁育和养殖工作的基础。只有充分了解这些知识，才能创造性地利用这些知识，优化鱼类养殖的生态环境、建立并优化生产模式，使人工繁育成为可能。

本章概述了几种六线鱼的形态学、生态学、生理学等基本生物学内容，总结了六线鱼属几种鱼类在这些方面的异同。

第一节　六线鱼外形特征与内部结构

一、外部形态特征

（一）六线鱼的体形

鱼类体形大致可分为四种基本类型：①纺锤形，如蓝点马鲛、金枪鱼；②侧扁形，如真鲷；③扁平形，如大菱鲆；④长筒形，如星鳗。此外还有带形、箱形、球形、箭形、海马形、翻车鱼形等体形独特的种类。

六线鱼属鱼类体形介于纺锤形和侧扁形之间，身体延长而侧扁，表面光滑，有致密的鳞片和润滑的黏液；各鳍分布在躯干的背、胸、腹部和尾部，尾柄强壮而有力。

（二）六线鱼的外部结构

鱼类的外部结构由头部、躯干部和尾部组成。

1. 头部

头部的主要器官有吻、口、鼻、鳃等。六线鱼头中大而尖，吻尖突。眼中大，上侧位，距吻端比距鳃孔近许多。眼间隔宽平，眼后缘上角有1～2对黑色羽状凸起。鼻孔较小，距眼比距吻端为近。口中大，端位，上颌稍突出。舌圆锥形，前端游离（彩图7）。

2. 躯干部

躯干部是指鱼体鳃盖后缘到肛门为止的部位。六线鱼背缘弧度较小，体色与生境底色相关性较强，背部颜色较深，腹部颜色较浅。体表被有鳞片，体侧有5条穿过鳞片的侧线（斑头鱼有1条侧线），其中第1条侧线延伸至背鳍后缘，第4条侧线始于胸鳍基下方，向后止于腹鳍后端的前上方，第3条侧线位于躯体最中间，具有感受水流的功能（图2-1）。

躯干部的背、胸、腹部分别有背鳍、胸鳍和腹鳍。背鳍是鱼类维持躯体平衡的器官，六

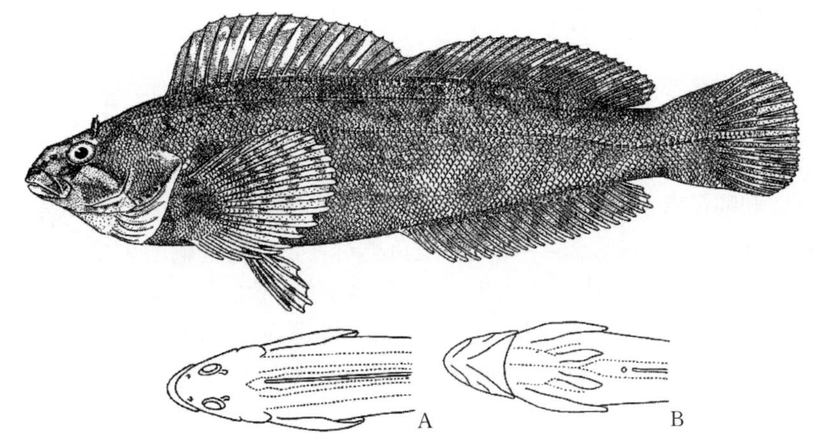

图 2-1　大泷六线鱼侧线分布（O. Yhanamka）

A. 背面　B. 腹面

线鱼背鳍长且连续，从鳃盖后方延伸至尾柄处，上有黑色条纹，可分为两部分，前面为棘部，称为第一背鳍，多由不分支、不分节的硬鳍棘组成，后面软条部称为第二背鳍，由分叉分节的软鳍条组成。鳍棘部与鳍条部之间有一浅凹。大泷六线鱼鳍棘部后上方有一显著黑棕色大斑。胸鳍较大，适合短距离冲刺、捕食猎物。体被小栉鳞，易脱落。背鳍的起点始于鳃盖后方，背鳍鳍棘数 17～25，背鳍鳍条数 20～25，胸鳍鳍条数 17～18，腹鳍鳍条数 5～7，鳍条数量与种类和个体大小有关。

3. 尾部

尾部是指肛门以后到尾鳍末端的部分，此部分包括狭长的尾干部、第二背鳍的延伸部、臀鳍和尾鳍。

臀鳍鳍条数 18～22；尾鳍截形或圆形，微凹。尾鳍鳍条数 13～15，鳍条均在中后部分支。

4. 鳞片

鳞片是鱼类体表最重要的衍生物，主要由钙质组成，其扁薄、柔软而坚硬，它们被覆在鱼类体表，起到保护作用；鱼类鳞片的形状、大小和排列有其固定的模式，可以作为分类的依据；鳞片的生长呈环状，类似于树木的年轮，因此也是测定鱼类日龄、年龄和生长的主要材料；鳞片的发生和发育也是幼鱼发育的重要标志。

六线鱼体被小栉鳞，头部、胸鳍基底及鳍条下部、背鳍鳍棘部基底及鳍条部下半部，以及尾鳍均被小圆鳞。吻部、上下颌、眶前骨、眶下骨骨突、头的腹面、间鳃盖骨大部分及鳃盖条无鳞。大泷六线鱼身体两侧各有 5 条侧线，第一侧线起于鳃盖后缘，沿背鳍，止于背鳍第 16 鳍条下方，与背鳍间有横列鳞 3～4 个；第二侧线始于第一侧线前下方，伸至尾鳍基底，与第一侧线之间有横列鳞 5～6 个；第三侧线最长居身体正中，始于鳃孔，伸达尾鳍基部，与第二侧线之间有横列鳞 10～12 个，侧线鳞 80～128 个；侧线上鳞 17～23 个，侧线下鳞 41～50 个；第 4 侧线始于胸鳍基下方附近，沿腹鳍上缘，向后约止于腹鳍后端上方，叉线六线鱼第 4 侧线末端分支；第 5 侧线始于胸部中央，沿腹面正中线向后至腹鳍基底部分为左右两支，伸达尾部，与臀鳍之间有横列鳞 5～7 个。

二、六线鱼的内部结构

鱼类的内部结构复杂，包括骨骼、消化、呼吸、循环、排泄、生殖、神经、感觉和内分泌等器官系统。其内部器官主要包被于口咽腔、围心腔和腹腔之中。

（一）口咽腔

鱼类的口腔和咽没有明显的分界线，鳃裂开口处为咽，其前部为口腔，故一般统称为口咽腔。口咽腔中有齿、舌和鳃耙等。口咽腔是鱼类对食物进行运输的主要通道，主要由黏液层、黏液下层和肌层等组织组成。六线鱼口前位、口裂较小。上下颌骨及口盖骨均具有尖锐的细齿，咽部有咽齿，齿尖锐，呈圆锥状，成2～3排排列，外行前方牙齿比较大，适合以小鱼和无脊椎动物为食。犁骨具齿，腭骨无齿。舌小而短，圆锥形，前端游离具有味蕾，起味觉作用。前鳃盖骨和鳃盖骨均无棘。

鳃是鱼类的主要呼吸器官，一般通过呼吸运动，使水进入口中，流经鳃后由鳃孔排出，鱼利用鳃丝上的鳃小片从水体中吸取氧气并排出二氧化碳，完成气体交换的功能。此外，鳃还有排泄功能，可以进行氯化物和盐分的排泄，同时调节体内的渗透压。六线鱼鳃位于咽腔两侧，对称排列，由鳃弓、鳃片、鳃丝、鳃小片构成，六线鱼鳃弓4个，第4鳃弓后有一裂孔。六线鱼具假鳃，鳃耙短而宽，呈三角形，内缘具有小刺。

（二）围心腔

围心腔位于头部后下方，鳃腔和腹腔之间，六线鱼的心脏就在围心腔中。心脏是鱼类血液循环的动力器官，是循环的中心。鱼类的心脏由心室、心耳和静脉窦组成。硬骨鱼类在心室之前尚有一膨大的球状体，称动脉球。静脉窦汇集全身回流的静脉血，经心耳、心室的挤压，由动脉球通过腹动脉送到鳃部，经交换成为干净的血液，再输送到全身各器官中。

（三）腹腔

六线鱼腹腔中包覆着各种内脏器官，主要有消化系统和泌尿生殖系统。

1. 消化系统

消化系统由消化道和消化腺组成，占据鱼体腹腔的大部分空间。消化道主要由口、咽、食道、胃、幽门盲囊和肠道组成。它们的结构、组成和形状依鱼类的种类和食性不同有很大的差异。六线鱼属鱼类食性相近，消化道构造近似，因此本书中以大泷六线鱼为例，介绍六线鱼的消化系统结构。

大泷六线鱼的消化道（彩图8）完全排列在腹腔中。食道粗短，只占消化道长的3.7%，收缩扩张能力较强，有助于迅速推动食物入胃中消化。胃大且壁厚，呈三角形，盘曲于体腔中，占消化道长的13.9%，可以容纳较多的食物；胃的贲门、幽门处有明显收缢。幽门后部有发达的幽门盲囊27～36枚，可以分泌消化酶并增加吸收面积；肠管粗短，在体内往复三折，肠道占消化道长的82.3%。肝较大，不分叶，约占整个腹腔的1/3，覆盖消化腺。胆囊呈绿色，被胃幽门部覆盖。脾在胃幽门部的下面。胰腺呈弥散状，伴随肠系膜绕于肠管间。肾脏紧贴腹腔顶部，暗红色。一对性腺位于腹腔后部，呈左右对称分布。体内无鳔。

肠长与体长的比值（肠长/体长）是反映鱼类食性的主要特征，肠的长短实际上从一个侧面反映了食物消化的难易，该值的大小在一定程度上反映了鱼类的食性（童裳量，1988）。肉食性鱼类所摄取的食物易于消化，因此其肠道相对粗短，肠长与体长的比值一般小于1，如真鲷为0.61（喻子牛等，1997）；草食性或杂食性鱼类的食物中纤维含量高，难以消化，需要在肠道内停留尽量长的时间，故其肠道相对细长，如草鱼的肠长/体长为 2～8（曾端等，1998）。同时，肠的形状也在一定程度上反映了鱼类的食性，肉食性鱼类肠道多为直管或有的弯曲，草食性鱼类肠道则盘曲复杂。林浩然（1998）对 5 种不同食性鲤科鱼类的消化道进行了研究，同样证明了鱼类肠道形态特征与食性相一致的关系。大泷六线鱼的食道粗而短，胃发达且分化为明显的贲门部、盲囊部和幽门部，肠道较粗，在腹腔内呈三个盘曲，肠长/体长为 0.801，这些也是肉食性鱼类消化道所具有的特征（王晓伟等，2008），说明六线鱼以肉食性为主。

大泷六线鱼的消化腺比较简单，主要由胃腺、肠腺、肝胰脏和胆囊组成。

大泷六线鱼肝脏体积很大，为实质性器官，是消化系统中最主要的消化腺，在鱼类的消化吸收、物质代谢、解毒和防御等生命活动中扮演着极为重要的角色。肝脏主要位于腹腔前部，前端由系膜和韧带悬挂在心腹隔膜的后方，后端游离于腹腔内。肝脏内结缔组织较少，肝小叶分界不明显，符合硬骨鱼类肝脏的共同特征。肝细胞索围绕中央静脉呈不规则的放射状排列，肝血窦狭窄，肝门管区不明显，也与大多数硬骨鱼类肝脏特征相吻合。肝脏细胞中存在由脂滴和糖原形成的大量空泡状结构，说明肝脏是大泷六线鱼重要的能量贮存器官。大多数硬骨鱼类肝脏细胞通常只有单核结构，仅有少数几种鱼类中发现了双核肝细胞，这与哺乳动物肝脏细胞具有多核现象有着明显的区别。大泷六线鱼肝脏细胞为单核细胞，没有发现双核现象。肝脏分泌胆汁，由胆囊汇集，再经胆总管流入小肠前部，帮助消化脂类食物，同时具有抗御消化道中的毒物、贮存糖原和调节体内血糖等功能。

胰腺呈弥散状附于小肠周围的肠系膜上，分泌的胰蛋白酶流入小肠中帮助消化蛋白质饵料。

2. 泌尿生殖系统

六线鱼的生殖系统结构比较简单，雄性为精巢（产生精子），雌性为卵巢（产生卵子），均为一对长囊状腺体，由生殖腺系膜吊挂于腹腔的背部，其后与生殖导管（输精或输卵管）相连，在肛门后方通向体外。一般成体雄性精巢为乳白色；雌性卵巢多为浅橘红色，也有青色、黄色和红色，性成熟时，卵巢可充满整个腹腔。雄鱼由于排泄与生殖共用一个出口，故称尿殖孔；而雌鱼的生殖、排泄各有通道，分别开口为生殖孔与排尿孔。该特征有助于人工繁殖时判别鱼类的雌、雄个体。

鱼类的泌尿器官主要执行泌尿机能，排出有害的代谢产物（主要是二氧化碳、含氮化合物、盐类及多余的水分等），以维持体内水、渗透压和酸碱等的平衡。泌尿器官包括一对肾脏及输尿管。其基本单位是肾小体和肾小管，肾小体将废物滤下，由肾小管收集，通过输尿管送至膀胱中，然后排出体外。

第二节　六线鱼生长特征

一、测量依据

六线鱼生物学特征测量常规项目包括全长、体长、头长、头高、体高、眼径、尾柄长、尾柄高等，以大泷六线鱼为例，各个指标的测量依据（图 2-2）如下。

全长：从头部前端至尾鳍末端的长度。

体长：从头部前端至尾部最后一根椎骨的长度。

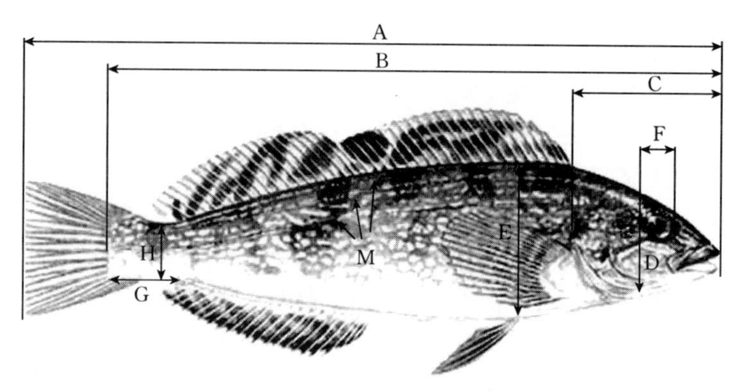

图 2-2　大泷六线鱼测量示意图

A. 全长　B. 体长　C. 头长　D. 头高　E. 体高　F. 眼径　G. 尾柄长　H. 尾柄高　M. 侧线

头长：从头部前端至鳃盖骨后缘的长度。

头高：从头的最高点到头的腹面的垂直距离。

体高：身体的最大高度。

眼径：从眼眶前缘到后缘的直线距离。

尾柄长：从臀鳍基部后端到尾鳍基部垂直线的距离。

尾柄高：尾柄部分最低的高度。

大泷六线鱼体长为体高的 1.10～1.17 倍，体长为头长的 3.48～4.00 倍，头长为头高的 1.37～1.59 倍。眼径较小，头长为眼径的 3.29～4.63 倍。尾柄较长，尾柄长为尾柄高的 1.25～1.79 倍。

二、六线鱼生长的数值模拟

描述鱼类生长的方法和模型很多，目前应用最多的是 Von Bertalanffy 方程，

$$L_t = L_\infty \left[1 - e^{-k(t-t_0)}\right]$$

$$m_t = m_\infty \left[1 - e^{-k(t-t_0)}\right]^b$$

其体长与质量的关系式为：

$$m = aL^b$$

式中，L_t、m_t 表示 t 年的体长、体重；L_∞、m_∞ 表示该种鱼类的渐进体长、体重；k 表示异化作用系数；b 表示异速生长常数；a 表示丰满系数。

由此方程可知，只要拥有系统的鱼类生长资料，即可建立该方程。对于已得出该方程的情况下，可以十分便捷地计算该种鱼类各年龄的体长、体重，并可有效地利用其生长特性，控制鱼类生长，达到较高的经济效益。根据已有文献，大泷六线鱼、斑头鱼、长线六线鱼、叉线六线鱼体长与体重均呈幂函数关系，另外两种六线鱼虽然缺乏文献描述，但由于其体型与已报道四种六线鱼属其他鱼种接近，可认为其体长与体重关系式与其他四种鱼类具有相似性。

其中，大泷六线鱼体长与体重呈幂函数关系式：

$W = 0.021\,1L^{2.992\,7}$，$R^2 = 0.833\,7$（图 2-3）

式中，W 为体重（g）；L 为体长（cm）。

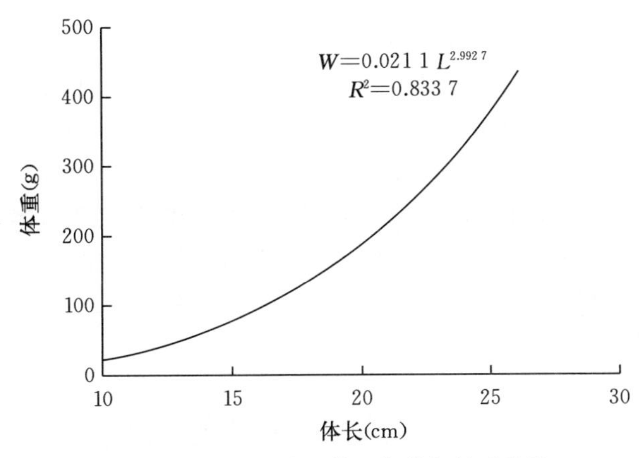

图 2-3　大泷六线鱼体重与体长关系曲线

长线六线鱼体重与体长呈幂函数关系（图 2-4）：

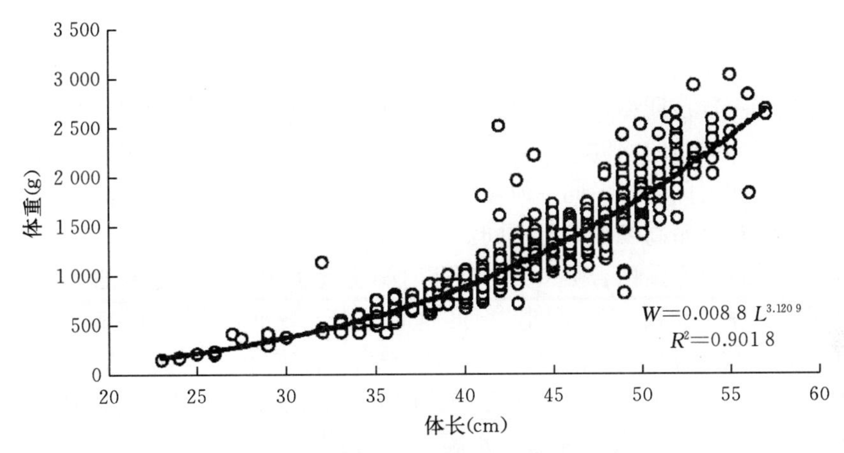

图 2-4　长线六线鱼体重与体长关系曲线

体重—体长关系式中的异速生长常数 b 等于 3 时，可以认为该鱼类为等速生长的鱼类，即个体长、宽、高 3 个方向生长速度相等。由上面得出的关系式可以看出，大泷六线鱼和长线六线鱼的 b 值接近于 3，因此可将六线鱼属鱼类视为等速生长鱼类。

三、年龄和生长的关系

鱼类的生长特性与鱼种直接相关。鱼类的生长是复杂的，除了受温度、盐度和饵料丰度等条件的影响外，密度、溶解氧、氨氮等因素也直接影响鱼类生长，故处于不同种群的相同鱼种生长特性也可能存在很大差异；而即使是相同鱼种且处于同一种群，雌雄个体之间的生长特性也会存在很大差异。

但鱼类的生长特性，亦有其共同特征，即都有快速生长期，且该期多处于幼鱼到初次性成熟阶段。

有报道的六线鱼最大全长为 61 cm，最大体重约 2.4 kg，体长和体重与种类和鱼龄有关。以大泷六线鱼为例，大泷六线鱼属 *r*-生活史类型，个体较小，生长较快，寿命较短，世代更替快，性成熟早，怀卵量少，繁殖力低，资源量小，无大的自然群体。大泷六线鱼1～2龄平均全长10～15 cm，2～3龄平均全长20～30 cm。雌、雄大泷六线鱼低龄期（1龄以内）的生长并未发现明显差异，但雄鱼生长到一定长度后，其生长速度就会减慢；而雌鱼为提高其繁殖力，继续保持较高的生长速率。故而高龄的雌鱼体长明显大于雄鱼，雌雄差异也会随年龄越来越大。这种雌、雄繁殖群体间的个体差异是鱼类重要的繁殖生物学特征之一。大泷六线鱼在2龄前为快速生长阶段，此阶段生长旺盛；2～3龄进入慢速生长阶段，此时摄入的食物部分用于性腺发育和脂肪积累，生长减缓，尤以3～4龄减缓明显；4龄后生长继续平缓下降，进入衰老阶段。大泷六线鱼的生长拐点为3.6龄，意味着生长趋于缓慢，标志着衰老的开始。

第三节　六线鱼繁殖习性

一、繁殖季节

不同鱼类的繁殖期不相同，同种鱼类的繁殖期也会因生活的地域不同而存在差异。黄渤海鱼类的产卵期主要有两个高峰：升温型产卵鱼类的春夏季产卵高峰和降温型产卵鱼类的秋冬季产卵高峰，六线鱼的产卵期在秋冬季。

六线鱼雌鱼为一次产卵型，少数雌鱼在一个繁殖期内可以多次产卵。同种六线鱼随着种群所处海域纬度不同导致的水温差异，以及个体大小的不同，产卵时间随之变化。种群所处海域纬度越北，产卵时间越早；同一海域内一般较大个体的产卵期比小个体的早。

不同种的六线鱼繁殖高峰期略有不同：

大泷六线鱼是近海冷温性岩礁鱼类，产卵时间主要集中在秋末冬初的10—12月，随着种群所处海域的纬度变化而有所不同，纬度越北，水温越低，产卵时间越早；当水温降到18 ℃时开始产卵，最适水温为12～15 ℃。一般较大个体产卵比小个体稍早。根据性腺的组织学分期，雌、雄性性腺Ⅳ～Ⅵ期为产卵期，也可推断出大泷六线鱼的繁殖时间为10—12月，繁殖盛期为10—11月。繁殖季节的水温为7～18 ℃。

斑头鱼的繁殖时间为10月至第二年1月，其中10月和11月是繁殖盛期，繁殖季节的水温为5～17 ℃。

叉线六线鱼的繁殖期为9月下旬至11月初，十线六线鱼属秋季产卵类型，繁殖期为9月至第二年1月，白斑六线鱼的繁殖期为12月至第二年1月。

研究发现，水温是造成不同区域六线鱼种群繁殖时长差异的重要因素，当水温发生变化时，无论升温或降温，均会导致六线鱼产卵时间的明显缩短。

二、性成熟年龄

六线鱼性成熟较早，雌鱼于2龄首次性成熟，雄鱼于1龄首次性成熟。雌鱼最小性成熟的规格为全长22.5 cm，体长18.5 cm，体重144 g；雄鱼最小性成熟的规格为全长13.1 cm，体长11.3 cm，体重23 g。

三、婚姻色

在繁殖季节出现的特定的体色被称为婚姻色，体色变化的雌雄差异十分显著。繁殖季节

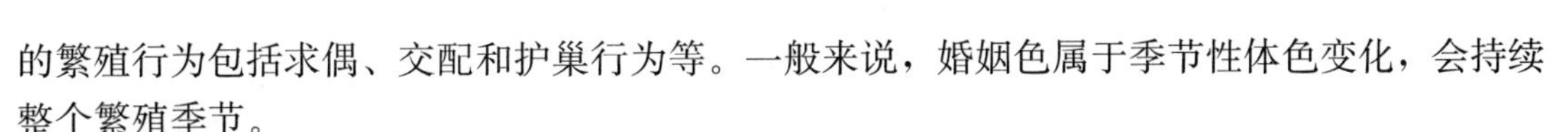

的繁殖行为包括求偶、交配和护巢行为等。一般来说，婚姻色属于季节性体色变化，会持续整个繁殖季节。

六线鱼体色呈现二态性，即日常体色和婚姻色，且六线鱼在整个生活史周期体色变化多样，种间和同种雌雄个体间的差异明显。成熟的雄性六线鱼在生殖季节会表现出不同的婚姻色：雄性斑头鱼和叉线六线鱼腹鳍和臀鳍的颜色会变得越来越深，最终逐渐转变成黑色；而成熟的雄性大泷六线鱼在生殖季节腹鳍和臀鳍会变成鲜亮的黄色（彩图 9）；处于繁殖季节的十线六线鱼雄鱼头部和尾部呈现灰黑色，在头顶上部出现特征性的蓝色星斑，眼部呈现明亮的金色；处于繁殖季节的长线六线鱼雄鱼呈现深红色（彩图 10）；具有护卵行为的白斑六线鱼雄鱼，体色在生殖季节呈深黑色。

六线鱼属各鱼种的比较性研究表明，雄性大泷六线鱼与斑头鱼和叉线六线鱼相比，会在更开阔的地方建立领地，并展示出更丰富多彩的婚姻色。在产卵期，雄性斑头鱼的婚姻色给它提供了极好的伪装，当雄性斑头鱼隐藏在附近海藻叶片或基岩中时，还能够改变自身颜色以匹配周围环境。

四、生殖领地和产卵基的选择

（一）生殖领地的选择

六线鱼属雄鱼平时并不具有明显的领地行为，但在繁殖期会占领一定的生殖领地，这种生殖期间的领地行为，因鱼种不同，强弱有别。

产卵基的选择显著影响雄鱼生殖领地选择的模式。由于雌鱼的选择在种群繁殖中具有重要的地位，而适宜的产卵基正是雌鱼的首选，也就是说雌鱼在繁殖期内并不完全是选择雄性，而是首选在最适宜的产卵基上建立生殖领地的雄性。因此雄鱼在选择生殖领地时，不但要考虑卵子的附着力，还要考虑产卵基对雌鱼的吸引力。总体而言，具有领地行为的雄鱼在选择生殖领地时的首要考虑因素是产卵基的适宜性，而深度和底质类型等环境因素的影响较小。

（二）产卵基的选择

生殖领地内产卵基的选择与鱼类所产的卵块形状和特性相关，选择海草或海藻作为产卵基的鱼种（叉线六线鱼、斑头鱼和白斑六线鱼），其卵块呈球状，可利用海草的叶片将其包裹或作为遮挡物；而大泷六线鱼雌鱼产卵于苔藓和礁石上，卵块成扁平状。

卵块的附着力对于产卵基的选择尤为重要，六线鱼产黏性卵，叉线六线鱼、斑头鱼等的卵块黏性比大泷六线鱼的卵块大，因此叉线六线鱼和斑头鱼会选择位于低潮线附近海浪较大水域的海草或海藻基部产卵，而大泷六线鱼选择水流较平静的礁石表面产卵。

因此，产卵基选择具有较大的差异性，如果六线鱼将卵产于不适合的产卵基上，受精卵孵化前较易从产卵基剥离，剥离的卵块得不到雄鱼的看护而很容易被捕食者捕食。

大泷六线鱼喜欢生活在水深且富含大量苔藓的海域。大泷六线鱼卵常隐藏在珊瑚礁石之间。在产卵基的选择上，大部分大泷六线鱼倾向于选择礁石网袋，只有少数大泷六线鱼将卵产在礁石表面。海域内海草数量的多少对大泷六线鱼产卵和生存环境的选择影响较小。十线六线鱼经常将卵产在底栖生物的硬壳上，如藤壶等。大约 50％的十线六线鱼将卵块产于礁石表面凹槽或礁石的缝隙中；约 30％的十线六线鱼将卵块产于礁石和生物相结合的底质上，如固着在底栖生物硬壳（如扇贝壳）上的红藻叶片；还有 20%的十线六线鱼只是在普通生物底质上产卵。叉线六线鱼通常会将卵产在海草上，少数产在红藻上；斑头鱼将大部分卵产在红藻上；白斑六线鱼更喜将卵产在海草较多的区域，在水深小于 10 m 的红藻和海带上均发现有白斑六线鱼受精卵块。

（三）产卵地点的选择

产卵地点的选择也很重要，六线鱼的雄鱼在产卵基附近护卵直到受精卵孵化，因此在有利于亲鱼护卵的地点产卵，受精卵的成活率更高。

五、交配行为

六线鱼的交配行为，可分为求爱、产卵、排精三个步骤。

具有领地性行为的雄鱼会向其领地附近的雌鱼求爱，一旦雄鱼发现雌鱼，就会游向雌鱼，并表现出一系列的求爱行为。例如，接近雌鱼后，雄鱼会游回产卵区域附近，不断摆动身体，如果此时雌鱼游走，雄鱼会再次接近雌鱼，并不断重复这个动作，直至雌鱼彻底离开或是在雄鱼的生殖领地内产卵。

有时，雌鱼会无视雄鱼的求爱，或在雄鱼驱赶其他入侵者时，直接离开雄鱼的生殖领地。

一旦雌鱼进入到雄鱼的生殖领地，雄鱼会将其头部指向所选择的产卵基，然后不断增加身体的摆动频率，同时，雄鱼的婚姻色会变得更加明显。研究发现，与其他六线鱼相比，大泷六线鱼身体摆动的频率和持续时间更加快速和持久。

进入生殖领地内的雌鱼会啃食产卵基上已有的其他雌鱼产下的鱼卵，如果雌鱼的啃食时间较长，雄鱼会驱赶雌鱼。

Munehara 等（1999）对 327 尾处于产卵期的大泷六线鱼的研究发现，301 尾雌鱼未在领地内产卵（或自行离开或被雄鱼驱赶），只有 26 尾雌鱼将卵产于雄鱼的生殖领地内的产卵基上。这 26 尾成功产卵的雌鱼中，仅有 7 尾是大泷六线鱼雌鱼，有 6 尾是叉线六线鱼雌鱼，另外 13 种无法辨别是叉线六线鱼还是斑头鱼。

产卵的雌鱼通过挤压其腹部将卵产于产卵基上，在产卵过程中，雌鱼同时张开嘴部，快速摆动躯干后部产卵。雌鱼产卵后即离开生殖领地，随后，雄鱼游至卵子上方，将其生殖孔接触到卵子表面，同时释放精液，造成卵子周围海水轻微浑浊，随着精液的释放，雄鱼用胸鳍挤压卵子。排精后，雄鱼围绕产卵基不断巡游数分钟。研究发现，用胸鳍挤压卵子和巡游的现象在大泷六线鱼的雄鱼中发现较多，其他六线鱼属鱼类较少。

当雄鱼成功吸引雌鱼进入其生殖领地，其他入侵的雄鱼会悄悄逼近，占有领地的雄鱼释放精液后，入侵者会悄悄接近产卵基，试图偷偷给卵子授精，护卵的雄鱼会驱赶入侵者并释放更多的精液（图 2-5）。

雄性领地和鱼巢的特征：尽管雄性大泷六线鱼的领地面积明显大于叉线六线鱼和斑头鱼，但是它与后两个鱼种之间的体型大小差异不明显。雄性大泷六线鱼为了与领地周围环境形成对比常呈现鲜黄色的婚姻色；雄性叉线六线鱼呈现暗褐色，防卫时它们的臀鳍和骨盆附近会变成黑色；斑头鱼防卫时臀鳍和骨盆附近也会变成黑色。与大泷六线鱼不同的是叉线六线鱼和斑头鱼婚姻色与周围环境完美融合，给它们提供了很好的伪装。

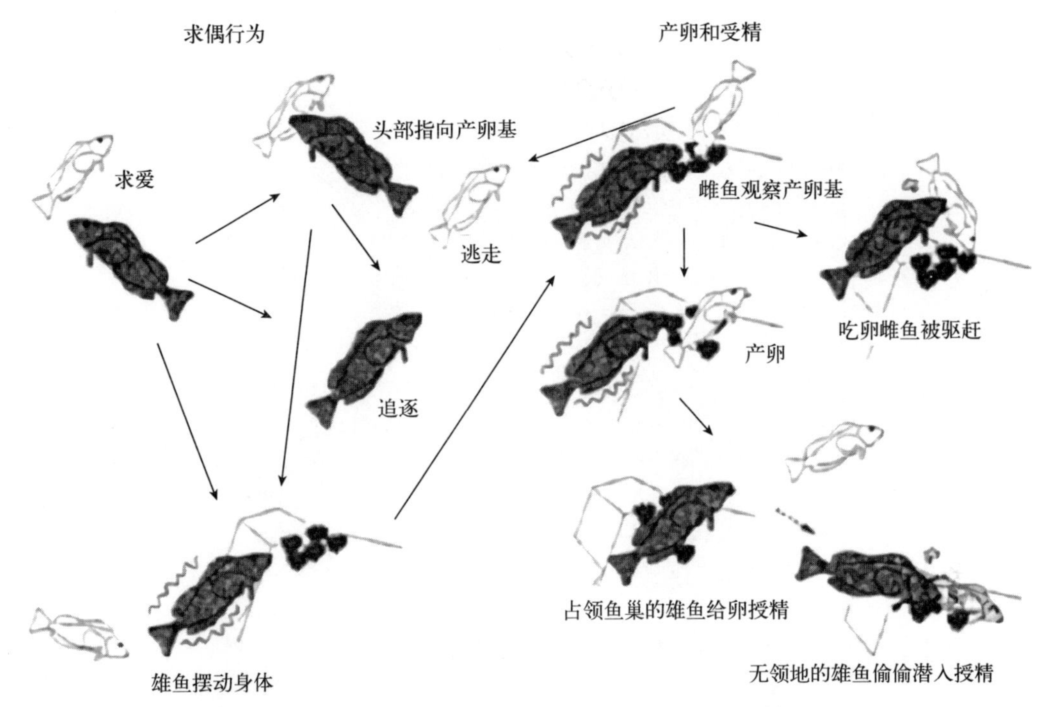

图 2-5　大泷六线鱼交配行为（仿 Hiroyuki Munehara 等，1999）

相对于叉线六线鱼和斑头鱼，大泷六线鱼往往会选择在更深的水域建立鱼巢，且鱼巢能容纳更多的卵。虽然大泷六线鱼卵的大小与其他两个鱼种相似，但是大泷六线鱼卵的存活力大于后两种。大泷六线鱼卵会在鱼巢内聚集沉积成一个大的卵块。相比之下，叉线六线鱼和斑头鱼的卵则一般隐藏在潮间带的浅海区域或者海底的水草之中（图 2-6）。

产卵和孵化时间：在自然条件下，六线鱼主要白天产卵。与此相反，仔鱼的出膜可能主要发生在夜间。而在人工繁育条件下，六线鱼卵主要在干露之后出膜。

求偶行为：六线鱼的雄鱼表现出相似的求偶行为模式，包括冲、撞和痉挛似的躯干扭动。其中，痉挛似的扭动躯干似乎最能刺激雌鱼产卵的行为，雄鱼在雌鱼进入领地时，会更卖力地扭动躯干。

护卵行为：在产卵后，雄性大泷六线鱼会用胸鳍将卵块推向基质，但是大泷六线鱼雄性不会尽全力保护或看守受精卵（彩图 11）。当潜水员靠近卵块时，雄性大泷六线鱼通常在距离卵块 2～3 m 处徘徊，有时没有观察到负责看守受精卵的雄性亲鱼。与此截然不同的是，斑头鱼在潜水员接近卵块 1 m 内时表现出攻击性行为。可见，斑头鱼雄性对受精卵的保护力度要大于大泷六线鱼。斑头鱼在海藻附着基质上产卵，使得受精卵和胚胎可以被隐藏得很好并且获得色彩伪装，一定程度上为斑头鱼受精卵提供了额外的保护。

种间杂交：六线鱼属鱼类存在种间繁殖的现象，杂交品种的受精卵可以正常发育并孵化，这表明六线鱼物种之间的生殖隔离还不完全。

动物的种间杂交可以分为两类：单向杂交和互惠杂交。单向杂交为一个物种的雌性与另一个物种的雄性交配，而不是相反；互惠杂交为两个物种的种间交配。在某些实地观察中，六线鱼的种间杂交仅发生在雌性斑头鱼、雌性叉线六线鱼和雄性大泷六线鱼之间，说明自然

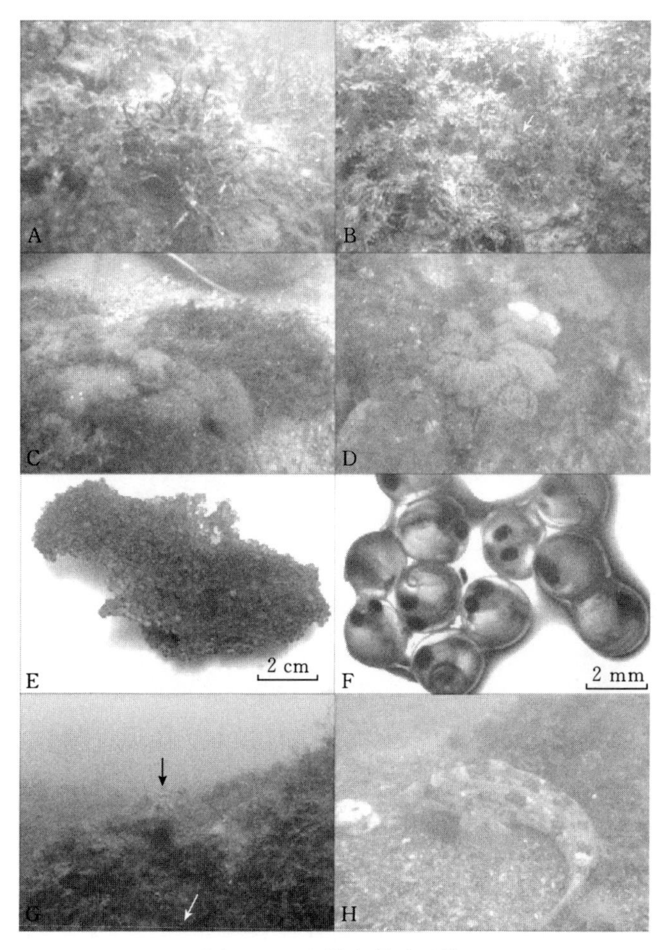

图 2-6 六线鱼繁殖习性

A、B. 斑头鱼卵块（白箭头） C、D. 大泷六线鱼卵块 E、F. 大泷六线鱼受精卵 G. 护卵的斑头鱼 H. 护卵的大泷六线鱼

界中这三种鱼的种间杂交主要是单向杂交。发生单向杂交的原因可能是大泷六线鱼的领地建立在更显眼的地方，展示出更丰富多彩的婚姻色，求偶过程中更剧烈的颤抖也更能吸引雌性在领地内产卵。

在长线六线鱼和十线六线鱼间，也发现了种间杂交的现象。

在实验室条件下，2018 年底，笔者所在六线鱼团队研究了大泷六线鱼和斑头鱼之间的杂交现象，包括雄性大泷六线鱼和雌性斑头鱼之间的杂交，以及雌性大泷六线鱼和雄性斑头鱼之间的杂交，以上两组杂交受精卵均顺利孵化出子代。经过苗种培育，发现杂交后代在生长速度上略低于大泷六线鱼苗种的生长速度，暂时未发现杂交后代存在杂种优势。

六、雄鱼的繁殖策略——护卵和入侵

六线鱼雄鱼的护卵行为包括三个阶段：

第一阶段，雄鱼寻找合适的生殖领地和适合卵子附着的产卵基。六线鱼属鱼类没有明显的领地性行为，只有雄性个体在繁殖季节会建立一定的生殖领地。雄鱼通过个体竞争划定生殖领地。六线鱼属鱼类同种个体间的竞争并不激烈，只有在生殖季节彼此攻击行为增加，一般对领地的竞争经常发生在首先发现产卵区域的个体和后来入侵的体型较大的个体之间。

第二阶段，积极保护生殖领地，吸引雌鱼产卵。具有领地性行为的雄鱼，连续驱赶、攻击入侵者，特别是接近生殖领地约 1 m 的雄鱼会受到强烈的攻击，有些雄鱼会隐藏到礁石下方以躲避攻击。研究发现，护卵的雄鱼不会攻击隐藏在产卵礁（宽度为 20～40 cm）另一侧的入侵者，因此，生殖领地内地形结构的不同是决定攻击频率和距离的重要因素。雄性个体的攻击及游泳速度决定了生殖领地的面积，雄性个体攻击速度在生殖季节明显提升，大约为 1 m/s。而在非繁殖季节仅为 0.5～0.7 m/s。生殖领地的大小还依赖于同种个体之间的竞争压力和保护生殖领地的能量摄入和消耗的平衡。鱼种的不同及分布、产卵基的类型和生物资源的丰度决定了生殖领地的空间分布特性。

第三阶段，雄鱼保护生殖领地内的受精卵。雄鱼在生殖季节摄食强度较低，在受精卵发育后期其能量支出主要是对受精卵的保护和对卵块上附着物的清理，对生殖领地的巡游减少且同种个体之间的竞争强度下降。

护卵的雄鱼开始减少对生殖领地的巡游，增加对受精卵的看护。此时雄鱼的攻击强度降低，生殖领地的范围会缩小，雄鱼多数时间在卵块周围活动，对于入侵者的攻击更加具有针对性，那些运动较慢的个体不再是攻击的主要目标，雄鱼的大部分攻击转变成恐吓和长时间的观察。研究发现，在受精卵孵化前约 10 d，雄鱼的攻击频率为 1 次/min，随着时间延长，攻击频率下降，直至受精卵孵化。

七、雌鱼的繁殖策略

雌鱼通过选择雄鱼的生殖领地来扩大生殖潜能并增加生态适应性，从而降低后代的死亡率。雌鱼挑选雄鱼和其生殖领地，包括生殖领地内的产卵基、卵块数量及发育阶段，这样可以增加后代的存活率。卵块的空间分布和数量取决于雄鱼的看护能力，如果雄鱼的护卵能力有限，卵块过多，雄鱼很难看护周全，这样会增加受精卵被食卵鱼类捕食的可能性。观察发现，体长约 31 cm 的雄鱼，生殖领地为 2～3 m^2，生殖领地内的卵块数量一般为 4～6 块。雌鱼挑选产卵基时，除了产卵基材质和形状的不同外，还会考虑产卵基上受精卵的发育阶段，一般雌鱼多选择含有早期发育阶段受精卵的生殖领地产卵，雌鱼的这种行为模式，可能由多种原因造成：①雄鱼会看护含有受精卵的生殖领地，这是亲鱼的护卵行为；②雌鱼会选择卵块密度低的领地产卵，较低的卵块密度意味着雄鱼有更多的精力看护受精卵；③雄鱼的护卵行为会随着受精卵的发育而增强，当受精卵逐渐发育，雄鱼为了护卵会驱赶接近其生殖领地的鱼类，这样其他雌鱼在含有发育阶段后期受精卵的生殖领地内产卵变得更加困难；④雌鱼对早期发育阶段受精卵具有固有的搜寻模式，在产卵季节，雌鱼会不自觉地寻找含有早期发育阶段受精卵的生殖领地；⑤雄鱼会优先看护早期发育阶段的受精卵。

雄鱼的身体状况和护卵能力会随着护卵时间延长而下降，因此，雌鱼越早产卵，受精卵的成活率越大，繁殖力相对增加。通过对六线鱼胃含物的研究发现，所有的六线鱼在生殖期间，食物中都含有部分同种六线鱼卵，说明六线鱼会吞食卵子，有的是为了补偿能量损耗，有的是为了减少其他鱼类的后代数量，提高后代的成活概率。六线鱼属鱼类为“多夫多妻制”的繁殖模式，这种繁殖模式导致了雄鱼生殖领地内含有许多雌鱼的卵子，但是雌鱼和雄鱼依然选择这种行为模式，是因为这种交配产卵的选择模式可以有效降低卵子被捕食概率。雌鱼在多个雄鱼的领地内产卵，可以降低受精卵的死亡率，因为对于雄鱼来说，对于所有卵块的看护都是随机的。同时，这种“多夫多妻制”的行为模式还可以增加基因流动，提高群体成活率。

雌鱼和雄鱼对领地内卵块的形成在空间和时间上都有着重要的影响，雄鱼根据卵子性质及生存环境等因素选择生殖领地，吸引雌鱼来此产卵；雌鱼根据生殖领地内雄鱼的自身状况、产卵礁等环境条件，以及卵块数量、发育阶段等因素，选择不同雄鱼的生殖领地繁衍后代。

八、人工鱼礁对繁殖行为的影响

环境的选择对种群的生理生态特征具有深远的影响。在种类进化史上，不同的环境选择策略与种群多样性密切相关。产卵基的选择是环境选择中的重要方面，不同的产卵基可以影响卵子的附着和卵块的成活率。另一方面，雌性根据生殖领地内产卵基的不同选择配偶，产卵基是隔绝种间杂交的重要手段，在物种形成和进化中起着重要的作用。

不同鱼类亲体在其原有的生殖领地内有明显不同的繁殖行为，其生活模式是长期自然选择的结果，很难轻易改变。但是人工构造物的投放会改变海域的生态结构，从而打破由物种的栖息环境差异导致的生殖隔离。

向海区内投放人工构造物，就会形成近似浅水和深水的镶嵌环境，浅水和深水区的植被均会分布于此，结果导致不同种类的六线鱼都在此人工构建区域内建立生殖领地。例如浅水区生活的其他雌性六线鱼会在大泷六线鱼雄鱼生殖领地内的礁石上产卵。在人工鱼礁区，浅水种和深水种不期而遇的概率比在自然条件下大。

人工构造的区域，由于其复杂的结构，导致了不同区域海草植被密度的不同，这样就形成了复杂的生态环境组成。海草生长需要充足的阳光，因此，堆积在混凝土石块表面的网包上覆盖了大量的海草，另一些被遮挡住的礁体和混凝土石块下放置的网包由于阳光照射不足，几乎没有植被覆盖或植被覆盖很少。因此，喜在浅水海域海草丛中生活的斑头鱼和叉线六线鱼，与喜在较深海域植被较少的礁石附近生活的大泷六线鱼都会在人工鱼礁区找到适合它们生存的环境，在鱼礁区建立相应的生殖领地。另外，不同种六线鱼生活的水深也有很大不同，在自然海区，斑头鱼和叉线六线鱼生活水深<5 m，大泷六线鱼生活水深>7 m。在人工建造区域，复杂的礁体结构为不同鱼类提供了适合栖息的水层，会使得不同六线鱼种来此栖息繁殖。结构复杂的生境向来都是各种生物的首选区域。

有关各六线鱼种的研究发现，在人工鱼礁区，不同种类的六线鱼杂交比例较大。可见，人工改良的鱼礁区，所形成的复杂结构为不同种鱼类提供了适合的栖息场所。

九、六线鱼的鱼卵特性

六线鱼属鱼类怀卵量为$0.2\times10^4\sim2\times10^4$粒，产黏性卵，遇海水即相互黏附呈不规则块状，并附着于海底岩礁、砾石、贝壳或海藻上。不同种六线鱼所产鱼卵的特性略有不同（表2-1）。

表 2－1　几种六线鱼繁殖生物学比较

	大泷六线鱼	斑头鱼	叉线六线鱼	十线六线鱼	白斑六线鱼
产卵基	苔藓，礁石，贝壳	海草，海藻	海草，海藻	底栖生物硬壳	海草，海藻
婚姻色	雄性体色会变成鲜亮的黄色	雄性腹鳍和臀鳍的颜色越来越深，并逐渐转变成黑色	雄性腹鳍和臀鳍的颜色越来越深，并逐渐转变成黑色	雄性头部和尾部呈现灰黑色，头顶上部出现特征的蓝色星斑，眼部呈现明亮的金色	雄性鱼体躯干呈深黑色，胸鳍和臀鳍变暗灰色
卵子特性	卵块下沉，相互连黏成大型卵块，附着于深水突出的礁石上	卵块下沉，独立附着于浅水的海草叶片上	卵块下沉，独立附着于浅水的海草叶片上	相互连黏成大型卵块附着于海洋固着生物的硬壳上	卵块附着于红藻和海带等海底植被的叶片上
产卵季节	10月至11月中旬	9月中旬至10月	9月下旬至11月上旬	9月至第二年1月	12月至第二年1月
受精卵颜色	蓝色、浅黄色、棕色、浅绿色等	蓝绿色	蓝绿色	蓝色、灰色、紫色、粉色	蓝色
卵径（mm）	1.92～2.02	1.8～.2.2	1.8～2.2	2.2～2.5	2～2.5
孵化时间（d）	20～25	25～36	30～40	约30	约30
孵化温度（℃）	8～16	4～16	8～12	8～12	4～12

大泷六线鱼多产卵于近海沿岸岩礁区的江篱、蜈蚣藻、松藻等藻类上，也产于礁石、砾石、贝壳上。鱼卵刚产出时不显黏性，经海水激活，10～15 min 后，卵与卵之间互相黏着成不规则块状或球形。鱼卵颜色有较大差异，卵块呈灰白、黄橙、棕红、灰绿、墨绿等颜色，一般来说低龄鱼所产鱼卵颜色较深，高龄鱼卵块颜色稍浅（彩图 12）。卵径通常为 1.92～2.02 mm，卵子湿重为 3.2～3.78 mg。孵化时间较长，在水温 16 ℃条件下，一般为 20～25 d。

斑头鱼的卵子直径为 1.8～2.2 mm，颜色为蓝绿色，受精卵在 10～12 ℃条件下孵化需 25～36 d。

叉线六线鱼的卵子颜色为蓝绿色，直径为 1.8～2.2 mm，受精卵孵化需 30～40 d。

十线六线鱼初产卵子颜色不一，有灰色、蓝色、粉色、紫色等，随着时间推移，受精卵发育，颜色会不断变化，变成棕色或者棕灰色，成熟的卵块呈现金属银色，可能是因幼体色素沉着引起。十线六线鱼的产卵深度为 1～14 m，产卵水温为 9～12 ℃，卵径 2.2～2.5 mm，湿重为 6.8～8.7 mg。受精卵包含众多的白色或黄色的油球，受精卵在 10 ℃时孵化约需 30 d。

白斑六线鱼卵子颜色一般为蓝色，直径 2～2.5 mm，湿重 5.2～7.1 mg，受精卵在10 ℃时孵化约需 30 d。

十、六线鱼的繁殖力

鱼类的繁殖力可以用个体绝对繁殖力和相对繁殖力来表示。个体绝对繁殖力是指一尾雌鱼在一个繁殖季节里可能排出的卵子数量；相对繁殖力是绝对繁殖力与体长或体重的比值，即单位长度或重量所含有的可能排出的卵子数量。繁殖力的大小关系到鱼类种群的补充数量，不进行护卵、受敌害和环境影响较大的鱼，一般繁殖力较高，卵径也较小；相反，那些产卵后进行护卵、后代死亡率较小的鱼繁殖力较低，卵径也较大。这是由于鱼类长期适应环境的变动而形成的繁殖策略，同种鱼类在不同环境条件下也可能会出现差异。综合我国学者和日本学者的研究，六线鱼绝对怀卵量 0.2×10^4～2×10^4 粒，相对怀卵量 14.55～34.55 粒/g。

第四节　六线鱼早期发育特征及死亡率影响因素

死亡是生命的固有宿命。绝大部分鱼类为低等卵生脊椎动物，位于食物链的下层，受精卵孵化和发育的过程中面临着缺乏营养、恶劣环境、变态死亡、敌害捕食、病害侵袭等众多的死亡因素，这种繁殖类型必然导致早期发育的高死亡率。鱼类为了应对这种高死亡率，在长期演化与适应中，形成了一种高繁殖力的机制，其怀卵量通常都在数万或上百万粒，少数鱼种可达千万粒，翻车鱼产卵量甚至可达 2 亿粒。这种高繁殖力是鱼类应对高死亡率采取的繁殖策略。

六线鱼的怀卵量为 0.2×10^4～2×10^4 粒，产卵量在鱼类中属于较少的品种，这也决定了六线鱼为了繁衍后代，必须要把数量有限的受精卵保护好，因此六线鱼的卵粒较大并具有黏性，可以黏附在沿海的礁石或者海藻床上，避免在漂浮过程中被其他鱼类捕食，并有雄鱼护卵，最大限度地提高受精卵的孵化率。将产黏性卵的六线鱼跟产浮性卵的鲱科鱼类相比较可以看出，在自然条件下鲱死亡率极高，一般从受精卵到孵化时的死亡率约为 70%，而六线鱼除了被护卵雄鱼少量进食（有时为补充能量，有时为误食）的鱼卵，有超过 70%的受精卵均能顺利孵化出仔鱼，死亡率不到 30%。鲱孵化后 2 周，全长 5.5 mm 的后期仔鱼的个体死亡率为 96.5%；第 54 天全长 15 mm 仔鱼死亡率达 99.90%，到第 58 天，全长 19 mm，即进入稚鱼期，死亡率累计已高达 99.93%。也就是说，鲱个体发生的前 2 个月内，其成活率还不到 0.1%，成活率远远小于六线鱼。

六线鱼在育苗过程中，有 3 个发生大量死亡的时期，称之为“危险期”。这几个时期应加强管理，及时调整，以保障育苗的成功。

第一个危险期出现在仔鱼孵出后的 3～5 日龄，仔鱼还未开始摄食，这一阶段的死亡率会在 30%左右。死亡的仔鱼多数畸形、瘦弱、体色发黑、卵黄较小。该阶段死亡主要和受精卵质量有关，多数体质较差，发育不足的个体被淘汰。强化亲鱼培育期的营养需求，提高亲鱼成熟度对保证受精卵质量、降低此阶段的死亡率至关重要。

第二个危险期出现在仔、稚鱼变态期间为 15～20 日龄，这一阶段的死亡率在 20%左右。这期间仔鱼向稚鱼阶段过渡，各鳍相继发生，生理变化剧烈，发育迅速，对外界环境和营养要求很高。死亡的仔鱼多为营养不良、发育迟缓、难以完成变态的仔鱼。在这一阶段的人工繁育过程中，除了满足仔鱼在营养上对 DHA 和 EPA 的需求外，在培育水体中添加有益菌（EM、益生素、光合细菌等），以及通过改善水质、稳定环境也可以提高该阶段仔鱼的成活率。

第三个危险期出现在 50～60 日龄，死亡率一般在 10%以内。这一阶段是稚鱼向幼鱼的过渡期，稚鱼头部的翠绿色由后向前开始逐渐褪去，出现浅黄色，与成鱼的体色相近。这个阶段需要注意水质环境的调节和配合饵料的转换。

与鱼类高自然死亡特征相适应的高繁殖力特征，为开展人工繁殖和苗种培育提供了理论依据和实践上的可能，即在较为优良的人工繁殖和育苗条件下，用较少的亲鱼即可培育出几十万到上百万量级的苗种，以满足养殖生产需求。

研究表明，人工育苗比自然苗种成活率更高，主要取决于以下三个要素：

（1）环境条件更稳定　自然条件下，6级风浪可导致鳀、鲱等鱼类早期胚胎的大量死亡，温度剧变更是近岸内湾性鱼类早期发育死亡的主要原因。

（2）高丰度的适口饵料　在鱼类早期发育的不同阶段需要不同饵料，特别是由内源性营养转为外源性营养的敏感期，是仔鱼死亡的第一高峰。几乎所有的真骨鱼类在卵黄囊被吸收后的1～2 d内，如不能及时得到合适的外源性营养补充，饥饿导致仔鱼进入不可逆转的死亡期而出现大批死亡，在自然界这种死亡现象屡见不鲜。

（3）敌害掠食（包括同类相残）　自然界中诸多物种群居，形成复杂的种间关系，种间关系中最主要的是食物关系，即捕食与被捕食的关系，而早期发育中的鱼卵、仔鱼、稚鱼都是首要的被捕食对象。在人工育苗中的稚幼鱼阶段，许多种类鱼苗也出现捕食同类个体的现象。经过长期研究发现，在苗种培育过程中，采取保持适宜的密度、保证饵料的充足供应等调控措施，可以减少残食现象。

总之，因为六线鱼早期发育过程是个高死亡率的时期，应该尽可能创造良好稳定的环境条件，适时投饲适口的饵料，保持合理养殖密度。

第五节　环境因子对六线鱼生长的影响

一、溶解氧和六线鱼的呼吸

鱼类属于变温水生脊椎动物，以鳃作为适应水生生活的呼吸器官。海水鱼类要从水中吸取足够的氧气比陆生动物困难得多，这是因为：①水中最大溶解氧含量不到空气中含氧量的1%；②氧气在水中的扩散速度极慢，是空气中的千分之一；③水中的溶解氧随着水温的升高而降低。此外，相同温度下，海水的含氧量比淡水少20%左右。为此，鱼类尽可能采取扩张鳃丝表面积的方式，以便尽可能提高利用水中氧的能力，如金枪鱼鳃的相对呼吸面积达到13.50 cm^2/g，呼吸效率可高达48.80%，这是陆生生物所难以比拟的。因此，在通常情况下，自然水域中的鱼类不存在缺氧现象。但在人工集约化养殖中，由于高密度鱼群的需氧量增加，加上水中有机物的耗氧，致使水中溶解氧降低，引起鱼类缺氧“浮头”，如得不到及时救治，会导致大批鱼类死亡。为了解决水中溶解氧不足的问题，可采取流水和冲水等措施。在工厂化养殖方式中，主要靠增加增氧机的办法，通过机械方法搅动水体，达到增氧的目的。有时，也可采用直接向水体中充纯氧的办法。在海水鱼类养殖水体中，鱼类的正常存活和生长的需氧量通常为5 mg/L。大泷六线鱼缺氧耐受程度见表2-2。

表2-2　大泷六线鱼缺氧耐受程度（雷霁林，2005）

体重（g）	体长（cm）	溶解氧水平（mg/L）	鱼体状况	耐受缺氧时间（h）
162～200	20～25	1.18 0.83	浮头 死亡	2.5

保持养殖水体中的溶解氧含量处于最佳状态，不仅可以节省饵料消耗，还能缩短苗种培育时间。此外，充足的溶解氧可以加速养殖水体中有机质的分解和氨的硝化过程，从而改善养殖环境条件。

实验表明，增氧耗费的成本低于饵料成本，因此在商业化养殖中，增氧可以带来很高的经济效益。

二、盐度和渗透压调节

鱼体内的血浆、组织和组织间隙中的液体统称为体液。体液是鱼体各细胞赖以生存的内环境，而周围的水则是整个鱼体赖以生存的外环境。生活于淡水和海水中的鱼类的体液与其外围水界质的组成和浓度都不相同，鱼类依靠调节渗透压的能力阻止水分子进入鱼体。

渗透压（osmotic pressure）是用以阻止水分通过半透性膜进入水溶液的压力，而水溶液渗透压的大小与其浓度成正比。鱼类调节渗透压能力的大小，决定了鱼类适应环境的能力，大多数淡水鱼类只能在淡水中生活，多数海水鱼类也只能生活在海洋里。这些不能耐受水环境盐度较大幅度变化的鱼种被称为狭盐性鱼类；但也有一些鱼种，既能生活在淡水中，又能在海洋里生存，如鲑、鳟、鲈等，它们有很强的调节渗透压能力，故被称之为广盐性鱼类。

鱼类渗透压的主要调节器官是肾脏、鳃和肠等。因此，鱼类渗透压调节能力的强弱主要取决于肾脏中的肾小球数目与大小、肾小管长短和泌尿量，鳃上的排氯（或吸氯）细胞的数目与功能以及肠道对水分和盐类的排泄功能。

盐度也是影响海水鱼类存活与生长的重要环境因子。鱼类对盐度变化的适应能力受体内渗透压的控制，在等渗环境中，鱼类不需要进行耗能的渗透压调节，摄食能量可全部用于生长发育，此时鱼类摄食量最大、代谢率最低，生长率和饲料转化效率也最大，而在非等渗环境中，鱼类需要消耗大量的能量来维持渗透压的平衡，表现为食欲下降，吸收率、转化效率和生长率显著降低，甚至出现负生长，直至死亡。

对六线鱼幼鱼盐度耐受的实验表明，盐度变化对大泷六线鱼的存活与生长影响显著，且存活率与生长率表现出相似的先升高后降低的变化趋势，并在盐度 30 时达到最大值，盐度 15～40 范围内幼鱼表现出较强的适应力。4 月龄大泷六线鱼幼鱼适宜盐度范围为 15～40，最适盐度范围为 25～35。实验中，0、5 盐度组幼鱼全部死亡，而 10、45 盐度组幼鱼日益消瘦，体重出现负增长。

三、光照和六线鱼的摄食、生长、发育

不同生态类型的鱼类都有自己适宜的光照度，使其机能得以充分发挥。摄食最适照度的存在是可以理解的，探讨这个问题在养殖育苗生产中有助于选定适宜的投饵光照环境，使鱼苗正常摄食。

（一）光照与摄食

光照强度对于鱼类的摄食有一定影响，进而也会影响鱼类的生长。就光照而言，若强度低于鱼类的最佳照度，仔鱼会由于光的不足而摄食活动受到限制，但超过最适照度后仔鱼由于受到过强的光刺激而紧张，游泳速度加快，表现出紧张不安，口频繁张合，摄食量及效率都下降。

通过对不同光照度下大泷六线鱼仔鱼摄食情况进行对比，发现仔鱼在 100 lx 时摄食量最大，其次为 10 lx；摄食率在 100 lx 时最高，并在 20 min 时达到最大值，可见大泷六线鱼仔鱼的适宜光照度范围为 10～100 lx，高或低于此光照度都会影响仔鱼的摄食效果。

（二）光照与生长

就仔鱼本身而言，仔鱼选择的光照条件通常也是仔鱼生长的最佳条件之一，适宜的光照可以将仔鱼诱向食料、溶解氧状况和其他环境条件优良的地方。光照度的选择是鱼类自身与生活环境的适应结果，鱼类自身生活习性是内在决定因素，决定着自己所需的生态环境。六线鱼一般栖息于 10～50 m 的沿岸及岛屿的岩礁附近，它的最适光照度为 10～100 lx，刚孵化的仔鱼在不超过 500 lx 的光照条件下有明显的趋光性，光照强度超过 500 lx，仔鱼表现出负趋光性。

（三）光照与性腺发育

光照时间的长短与鱼类性腺的发育和成熟直接相关，光线刺激鱼类的视觉器官，通过中枢神经，引起脑垂体的分泌活动，从而影响性腺的发育。鱼类的生殖周期在很大程度上受光照时间长短的调节，光照周期的变化对鱼类性腺发育影响最大，可以引起鱼类性腺发育、成熟时间的提前或推迟。控制光照可使鱼类在非产卵时间内产卵。根据自然产卵季节光照时间的长短，鱼类分为长光照型和短光照型鱼类。在春夏季产卵的鱼类属长光照型鱼类，只要延长光照期，就能诱导性腺发育，使亲鱼提早成熟产卵。对于秋冬季产卵的鱼，如对其进行短光照诱导，能促进性腺发育和提前产卵，例如我国大连海域的大泷六线鱼的繁殖时间比青岛海域的大泷六线鱼提前一个月左右，就是短光照时间和低温的双重影响，促使性腺加快成熟。

第六节　六线鱼黏性卵的特点和黏性机制

根据鱼卵的相对比例不同以及有无黏性的特性，可以将鱼卵划分为三类：浮性卵、黏性卵和沉性卵。鲉形目鱼类的鱼卵可以通过卵膜上的物质进行黏附作用。六线鱼卵有黏性，遇海水即相互黏附呈不规则块状或空心球形，从而附着在海藻床、岩礁或其他物体上。在六线鱼成熟卵粒的卵膜表面有一透明层，当卵粒排出体外进入水中时，透明层就会马上消失，下面的羽毛状物质随即露出，将卵粒相互黏附在一起可以避免卵粒漂浮被摄食。

一、六线鱼卵的基本结构

鱼卵通常是球形的。在中央细胞质中可见一个大核，有许多核仁和染色体。细胞中含有大量的卵黄。外围区域主要由液泡构成，这些液泡主要负责卵周隙的形成，卵周隙在卵受精之后将卵黄和卵膜分开。

卵的外部包裹着一层非常薄的卵膜，卵膜外层还覆盖着一层厚度可变的包膜。这种包膜（放射带）通常由内层放射带和外层放射带组成。内层的化学成分主要是蛋白质，功能是保护胚胎；外层的化学成分主要是中性和酸性黏多糖，主要功能是提供卵与卵间以及卵与基质间的黏合力。

二、六线鱼卵的黏性机制

关于黏性鱼卵卵壳表面黏性物质的成分及成因的研究内容较少，黏性鱼卵的黏附机制也尚未完全清楚。目前研究显示，黏性卵的黏附机制根据鱼种有所不同，卵表面和黏附性可能与生殖模式和系统发育有关。在很多种类鱼卵卵壳表面都发现附有黏性物质，如鲱形目、鲤形目、鲇形目、刺鱼目、鲈亚目、鲉形目和鲽形目。例如，香鱼科和胡瓜鱼科，包覆着鱼卵的动物半球的黏性卵膜反转，形成黏性膜；在雀鲷科、青鳉、底鳉以及虾虎鱼科，鱼卵被卵膜上的长纤丝附着在基质上；六线鱼的鱼卵表现出极高的黏度，鱼卵黏附在海藻上会形成一个中空的卵群，这是该属鱼类生殖模式的一个特点。

Yasonori Koya（1995）等通过显微电镜观察叉线六线鱼卵膜的形成，观测到卵壳上黏性材料的起源。发育中的卵子的包膜分为三部分，Z1、Z2 和 Z3（图 2－7）。在卵黄发生前期，Z1 和 Z2 部分最先出现。Z1 层由 Z2 层和颗粒细胞之间的空间中积累的低电子致密物质组成，Z2 层由沉积在卵子表面的高电子致密物质组成。在这一阶段，颗粒细胞中出现发育良好的内质网和高尔基体。颗粒细胞中大量的小囊泡与质膜融合，由此可以推断，颗粒细胞分泌并合成了形成 Z1 层的一部分物质，这一过程一直持续到卵黄发生期 Z3 层开始出现。在卵子成熟前期，Z1 层结构发生巨大变化，Z1 层的大部分成分融入颗粒细胞的细胞间隙之间，剩下的部分转化成凝固的小颗粒，形成一个薄的羽状层。排卵阶段，羽状层外由 Z1 层扩散的部分，经过吸收卵巢液膨大而形成透明带，这个透明带阻隔了卵子之间黏附。六线鱼在海水中产卵后，海水中的氯离子可以分解卵巢液，从而导致透明带被分解，暴露出的羽状层在钙离子和镁离子的作用下表现出黏性。

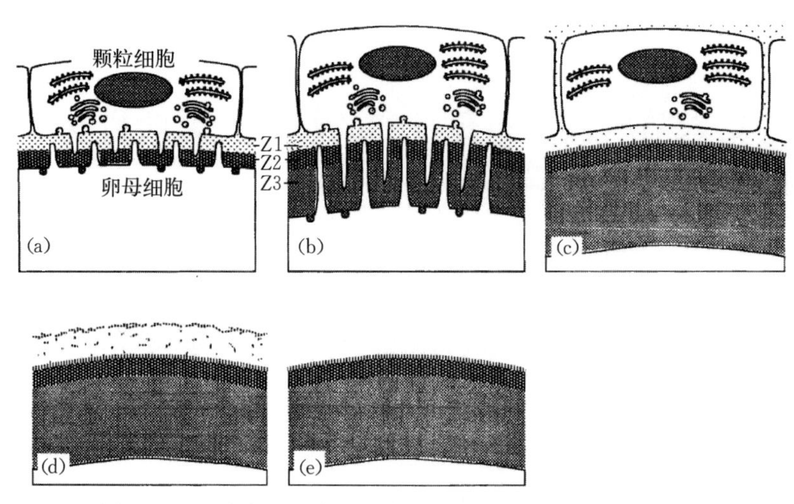

图 2－7　六线鱼黏性卵的黏附机制（Yasonori Koya，1995）

（a）卵黄发生前期　（b）卵黄发生期　（c）成熟前期　（d）排卵期　（e）卵浸没于海水

第七节　六线鱼侧线的形态及功能

侧线是皮肤感觉器官中最高度分化的构造，呈沟状或管状，是鱼类和水生两栖类所特有的感觉器官。通常鱼体两侧一般各有 1 条侧线，少数鱼类每侧有 2 到 3 条侧线或更多条。而六线鱼鱼体两侧各有 1 条或 5 条侧线。

侧线管内充满黏液，它的感觉器神经丘浸润在黏液中。当水流冲击身体时，水的压力通过侧线管上的小孔进入管内，传递于黏液，引起黏液流动，并使感觉器产生摇动，从而把感觉细胞获得的外来刺激通过感觉神经纤维传递到神经中枢。

侧线具有感受水流、听觉和触觉的作用，具有许多重要的感觉机能，它在鱼类的索饵、洄游、集群、生殖及防御等各种生活过程中均有一定的作用。许多实验证明：侧线既是鱼类寻找饵料、发现敌害及同种个体间相互联系的感觉器官；也是它们判别自己是否接近礁石、岸壁等各种障碍物的感觉器官。

一、六线鱼的侧线分布

六线鱼属共 6 个种，其中斑头鱼体侧各 1 条侧线，其余 5 种六线鱼体侧各 5 条侧线。侧线由一系列重叠的侧线鳞组成，但六线鱼的多重侧线并不是简单的重叠结构或重复结构。这 5 条侧线在形态学上不是等价的，因为组织学数据清楚地表明，这 5 条侧线中只有一条含有机械感觉神经末梢。5 条侧线中有 4 条没有神经丘，说明这 5 条侧线在功能上不可能完全相同，这一特征质疑了六线鱼的多条侧线具有生态适应性的假说。虽然各个侧线的功能和结构很可能不尽相同，但各侧线之间的侧线鳞的发育方式却是相似的，这一现象使得研究人员对六线鱼侧线发育的机制提出了新的猜想。

二、侧线的形态和神经丘分布

（一）侧线的形态

十线六线鱼和白斑六线鱼 5 条侧线管的大致形态及其组成这些侧线管的侧线鳞都是相似的。这两个鱼种躯干上的所有 5 条侧线管都是由一系列侧线鳞交叠形成一个连续的由上皮细胞组成内腔的管腔（图 2-8）。

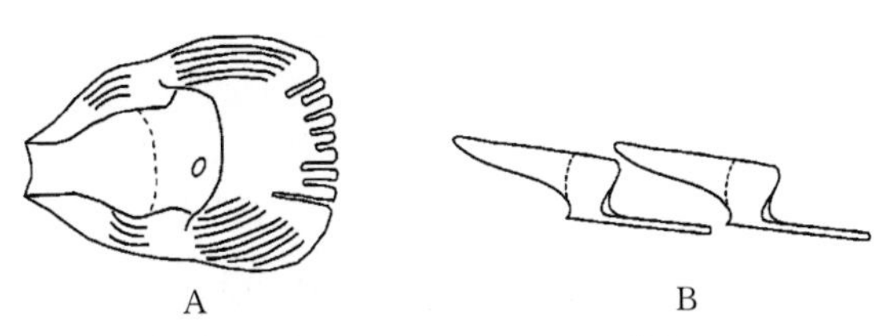

图 2-8　十线六线鱼侧线鳞形态（体长 310 mm，侧线 3）（Angela L. Wonsettler，1997）

A. 鳞片俯视图　B. 两个相邻的侧线鳞的侧视图

（二）神经丘分布

六线鱼中的 5 条侧线的形态和组成它们的鳞片总体上相似，但只在侧线 3 中发现神经丘，另外 4 条侧线没有神经丘。

侧线 3 和它所包含的神经丘与体内只有一条侧线的硬骨鱼神经丘的分布一样，即每个侧线鳞的管段都含有一个神经丘。侧线神经细胞与位于侧线背侧的表皮上的较小的浅表神经细胞共存。在白斑六线鱼中，侧线神经细胞的生长速率明显高于浅表神经细胞的生长速率。在小型的白斑六线鱼中，神经丘的宽度大于等于长度，这在有狭窄侧线的鱼类中很罕见。在较大的白斑六线鱼个体中，同其他有狭窄侧线的鱼类一样，神经丘的长度大于宽度。

侧线 3 鳞片上的神经孔可利用组织学透明染色方法检测。六线鱼侧线中神经丘的分布与神经孔的分布有关。管状侧线鳞和侧线孔的分布和数量是硬骨鱼类分类描述中常见的特征，但是不能从这些鱼类的外部形态来推断它们侧线的功能。要评价硬骨鱼类躯干侧线系统的结构和功能关系，需要对神经丘在侧线中的分布进行更直接、更详细的研究。

三、白斑六线鱼侧线发育模式

白斑六线鱼的 5 条侧线中侧线鳞片的发育模式是相同的，无论它们是否包含神经丘（侧线 3 包含神经丘，而其他侧线不包含神经丘）。该发育模式可描述为 6 个发展阶段（Ⅰ～Ⅵ期）（图 2－9、图 2－10）或 3 个功能阶段（无侧线，形成沟槽，侧线封闭）。

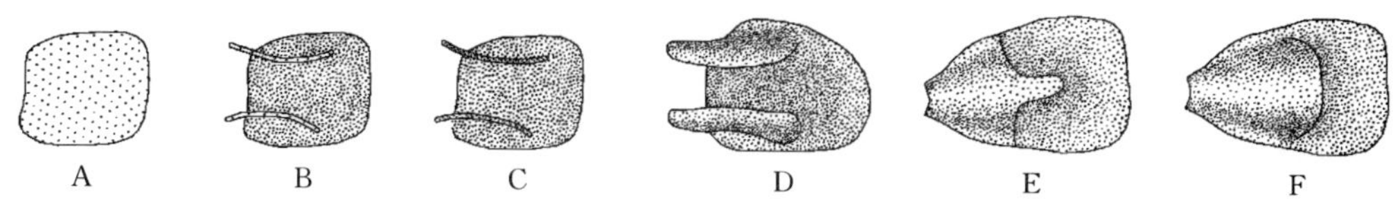

图 2－9 白斑六线鱼侧线鳞片的发育（Angela L. Wonsettler，1997）

A. Ⅰ期，未钙化鳞板 B. Ⅱ期，钙化鳞板伴未钙化管壁 C. Ⅲ期，钙化鳞板伴管壁 D. Ⅳ期，管壁向内侧延伸 E. Ⅴ期，骨化管顶 F. Ⅵ期，骨化管顶完成

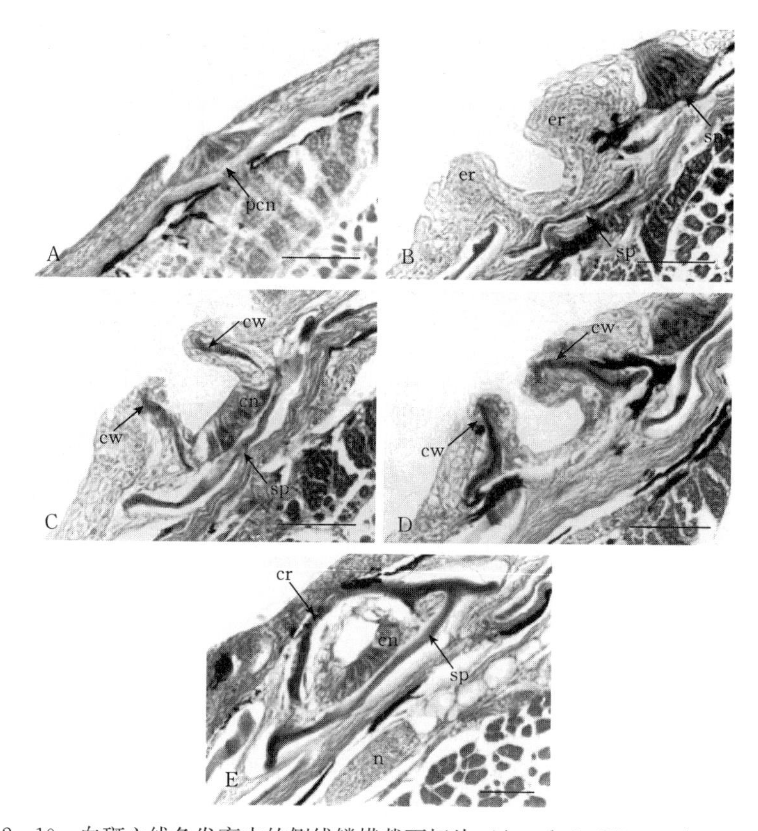

图 2－10 白斑六线鱼发育中的侧线鳞横截面切片（Angela L. Wonsettler，1997）

A. Ⅰ期（体长 35 mm） B. Ⅱ期（体长 35 mm） C. Ⅲ期（体长 35 mm） D. Ⅳ期（体长 35 mm） E. Ⅴ/Ⅵ期（体长 37 mm）（所有比例尺均为 550 μm）

er. 上皮褶皱 cn. 神经丘 cr. 侧线管顶 cw. 侧线管壁 pcn. 推测可能是神经丘 n. 后外侧神经分支 sn. 浅表神经丘 sp. 鳞片底

个体侧线鳞发育的顺序决定了侧线发育的方向。在只有一条主侧线的硬骨鱼中，个体的侧线鳞是顺序发育的，侧线是沿头—尾方向发育的，而六线鱼的 5 条侧线的发育方向不同。这种侧线的双向发育最早见于慈鲷科。在白斑六线鱼中，侧线 1 和侧线 3 发育顺序为从头到尾，侧线 2 和侧线 5 发育顺序为从尾到头，侧线 4 发育无方向性趋势。白斑六线鱼中 5 条侧线的发育时间并不同步，侧线 5 和侧线 3 是最早开始发育的侧线；侧线 2 和侧线 4 紧随其

后；直到个体达到 83 mm 时，侧线 1 才开始出现。

四、侧线发育过程中神经丘缺失的三种假说

辐鳍鱼纲鱼类的神经细胞和侧线孔是由神经细胞周围的管腔骨化而成的。有人认为这是神经丘受体诱导侧线管形态形成的结果。研究表明，尽管六线鱼的 5 条侧线中有 4 条没有神经丘，但所有 5 条侧线的侧线鳞表现出相同的发育模式。

神经丘只存在于主侧线而不存在于其他 4 条侧线，有三个可以解释这一现象的假说：①神经丘诱导侧线管骨化同时发生在所有 5 条侧线中，然后除主侧线之外，其余都退化了；②神经丘细胞沿一条侧线分化，这些神经丘细胞诱导主侧线形成，未分化的神经丘前体足以诱导其他 4 条侧线形成；③神经丘不直接诱导侧线管的形态发生，因此在没有神经丘或其前体的情况下，侧线管也可以发育。以上三种假说哪种正确，还需要继续验证。

五、六线鱼多重侧线的演化

叉线六线鱼和白斑六线鱼的侧线 3 是其他硬骨鱼类单一侧线的同源体，而侧线 1、2、4、5 是这两种六线鱼类的非同态特征，这种特征也属于六线鱼属其他鱼类。这个结论基于三个发现：第一，侧线 3 是唯一存在神经丘的侧线；第二，侧线 3 中的神经细胞和侧线管周围的浅表神经细胞在分布和形态上与其他单侧线硬骨鱼相似；第三，构成侧线 3 的侧线鳞上的单个管段与其他硬骨鱼的单侧线一样，由头向尾方向发育。

为了使侧线成为侧线系统的功能部件，它必须含有神经丘受体。另一种选择是，侧线管腔必须与神经丘支撑管相接触，这样水流运动就可以从缺少神经丘的侧线中传输到神经丘支撑管中，从而有可能刺激该侧线中的神经丘。侧线 1、2、4、5 中未见神经丘，可见这些管腔与侧线 3 或头部侧线不接触。因此，这 4 条侧线不可能是六线鱼的机械感觉侧线系统的功能组成部分。这一形态学发现推翻了多侧线增加了六线鱼侧线系统的接受域的假设。

第三章

六线鱼繁殖生物学

繁殖是有机生命过程中的一个重要环节，与其他生命环节相互联系，是维持种族延续不可缺少的生命活动。地球上现有已知鱼类物种超过3万种，鱼类作为水生动物，在江河、湖泊、港湾和海洋等水体中以有性生殖方式繁衍后代。由于栖息环境不同，每种鱼类经过世代遗传形成了自己独特的繁殖特点，具有基本固定的性腺发育规律和生殖方式，这是鱼类对环境长期适应的结果。由于栖息环境的多样性，鱼类演化出繁殖习性的多样性，有的鱼类，如松江鲈，在淡水中生长，到繁殖时要溯河洄游到大海产卵；而另一些鱼类，比如大麻哈鱼，生长在海洋里，繁殖时要溯河洄游到江河上游产卵。鱼类一般是雌雄异体，异体受精；但也有一些鱼类雌雄同体，异体受精，如赤点石斑鱼；一些鱼类有性逆转现象，雌雄同体，雄性先熟，之后精巢萎缩，卵巢发育，变为雌性，如黑鲷；还有一些鱼类雌雄同体，雌雄同时成熟，可自体受精。鱼类的生殖方式也有很大不同，有卵生、胎生、卵胎生。鱼卵按相对密度可分为沉性卵、浮性卵和双性卵，六线鱼卵属于沉性卵；按有无黏性，可分为黏性卵和非黏性卵，六线鱼卵为黏性卵。

研究鱼类的繁殖生物学，掌握鱼类的性腺发育规律、繁殖习性、繁殖力、受精卵性状，对开展人工繁殖、选种与育种、移植驯化、增殖放流及鱼类资源的合理开发利用等具有十分重要的指导意义。

第一节　六线鱼的性腺发育

性腺是鱼类机体的重要组成部分，是繁殖活动的中心，也是重要的内分泌器官，鱼类的一系列生理现象都围绕此中心进行。鱼类的生殖方式有多种，但其性腺的组织形态、发育分期和机能分化都有着共同的特征和规律。

鱼类的性腺是由体腔背部第二个隆起嵴（生殖褶）发育而成。生殖褶由上皮细胞转化成原始性细胞时，是无法区分雌雄的；当进一步分化成卵原细胞和精原细胞之后，它们就以不同的方式发育成卵子或精子。鱼类性腺的发育进程主要由卵子和精子的发生过程决定。六线鱼属鱼类的精巢和卵巢发育进程具有相似性，本书以大泷六线鱼为代表，介绍六线鱼的性腺发育过程。

一、精巢发育特征

大多数硬骨鱼类有一对精巢，位于鳔的腹面两侧（六线鱼无鱼鳔）。精巢向后延伸的部分形成输精管。精巢由间质和小叶组成，间质位于小叶之间，由间质细胞、成纤维细胞和血管、淋巴管组成。精巢壁由两层被膜构成，外层为腹膜，内层为白膜，从白膜向精巢内部伸进许多隔膜，把精巢分成许多精小叶，各种鱼类的小叶排列形式不同，每个小叶中精原细胞经多次有丝分裂产生许多小囊，每个小囊中生殖细胞的发育是同步的，不同小囊内所含生殖细胞可属不同发育时期。当生殖细胞发育成熟以后，精子破囊壁而出，到小叶腔中去，通过输精管流入泄殖腔排出体外。

（一）精巢结构

大泷六线鱼具有一对精巢，体积较小，位于腹腔背部两侧，各由一层薄的结缔组织膜包被，并以系膜与体壁相连。左右侧精巢各有一条输精管，在精巢末端汇合，在尾端合并成一条很短的输精管。输精管通到泄殖窦，通过泄殖孔与外界相通。非繁殖期的精巢为线条状或扁带形，淡黄色（彩图 13）；繁殖期精巢则肥大呈椭圆球状，白色或乳白色（彩图 14）。

大泷六线鱼精巢为典型的小叶型结构。生殖上皮随着结缔组织向精巢内部延伸，形成许多隔膜，把精巢分成许多不规则的精小叶，从其横切面上可见许多精小叶紧密排列，但没有一定的规律。在精小叶之间存在着疏松结缔组织、微血管和间质细胞。精小叶为精巢的实质部分，因其呈管状又可称为精小管。精小叶由许多精小囊组成，精小囊壁上有大量的支持细胞。随着精巢的发育，精小叶内各精小囊间生精细胞发育不同步，而在同一精小囊内生精细胞发育是同步的。精小叶中央为小叶腔，小叶腔在精巢内相互连接成网状，最后连通输精管。精原细胞位于精小叶的边缘处。在分化过程中，生殖细胞在精小囊内发育成为成熟的精子，精小囊破裂后成熟的精子释放到小叶腔中，各小叶腔内的精子最后汇集到输精管内并可借助输精管排出体外，因此成熟的精子只在小叶腔和输精管内存在。生殖细胞可分为精原细胞、初级精母细胞、次级精母细胞、精子细胞和精子。

（二）精巢发育的目测等级分期

确定鱼类性腺发育的时期划分及其量度主要有两种方法：目测等级法和组织学划分法。目测等级法是最为常用和实用的方法，根据鱼类性腺的外形、颜色、血管分布、精液和卵粒的情况等特征进行划分，一般采用将精巢和卵巢发育划分为Ⅰ～Ⅵ期的传统方法。

解剖分离大泷六线鱼精巢，依据精巢的颜色、体积以及输精管中是否充满精液，肉眼可以区分其发育水平（图 3-1）。

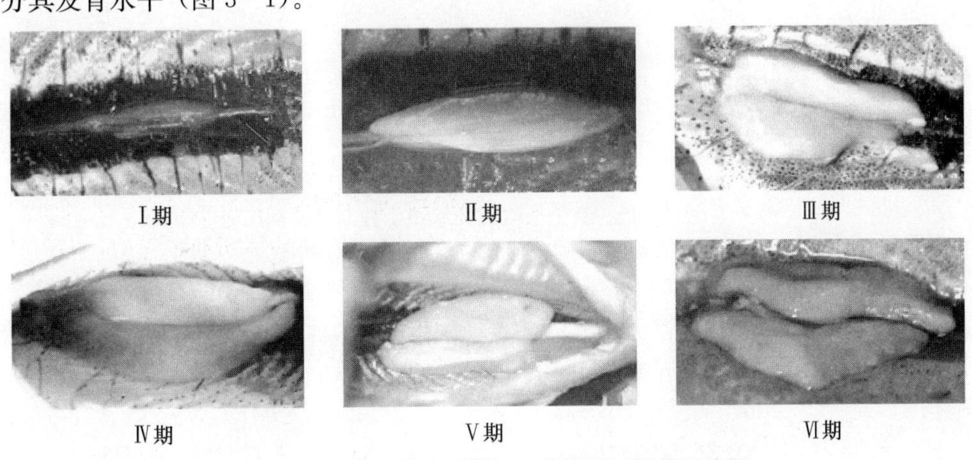

图 3-1　大泷六线鱼精巢Ⅰ～Ⅵ期的目测等级分期

Ⅰ期：精巢尚未发育期。性腺细小，半透明，呈无色或淡黄色，紧紧附在体壁内侧上，肉眼还不能分辨雌雄。

Ⅱ期：精巢开始发育期。尚不发达，细带状，呈白色。

Ⅲ期：精巢正在成熟期。扁带状，白色或红白色，血管还不明显。

Ⅳ期：精巢即将成熟期。体积明显增大增厚，红白色或乳白色，有明显的血管，输精管细小，挤压鱼体腹部还没有精液溢出。

Ⅴ期：精巢完全成熟期。体积达到最大，明显变得饱满肥厚，红白色或乳白色，表面的血管更加明显，输精管变得粗大，明显可见其内有乳白色精液，轻轻挤压鱼腹就有精液从泄殖孔涌出。

Ⅵ期：精巢退化吸收期。体积萎缩，淡红白色，血管明显充血。

（三）精巢发育的组织学分期

组织学划分法是将新鲜性腺制备成组织学切片，在显微镜下观察，根据性腺细胞不同发育阶段的特点进行划分，比目测等级法更加准确。卵巢和精巢的发育是一个生长、成熟和衰退的连续过程，其间并没有绝对的界限，阶段性与连续性共存，而且划分的方法也都是基于不同研究对象本身细胞发育的特点。因此各种鱼类具有不同的分期方法，并且都各具一定的合理性，这也是鱼类物种多样性的体现。

大泷六线鱼精巢发育的组织学分期，主要依据组织学切片不同视野内，面积占最大比例的精小囊或小叶壁中生精细胞所处的发育阶段，以及在小叶腔内能否看到大量成熟精子，将精巢发育划分为Ⅰ～Ⅵ期（图 3-2）。

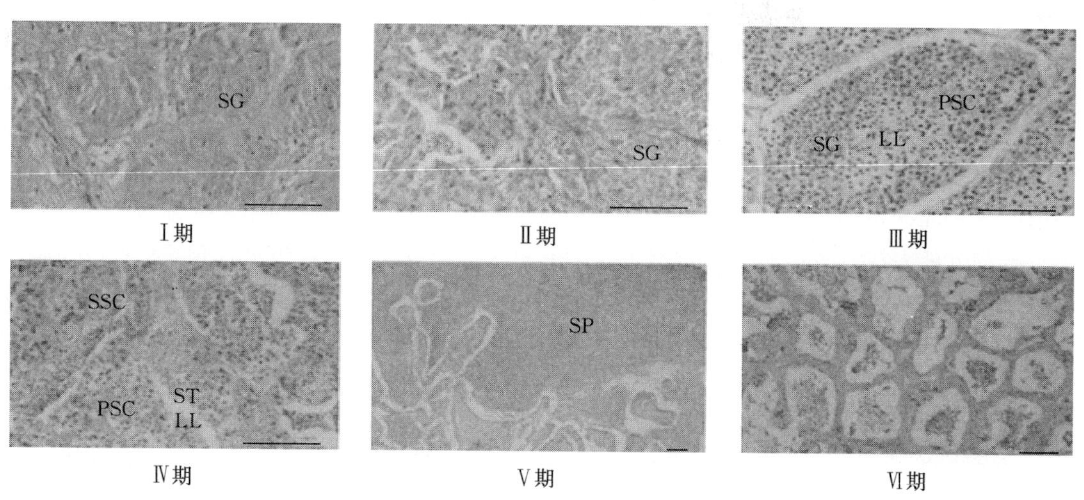

图 3-2　大泷六线鱼精巢Ⅰ～Ⅵ期的组织学分期（比例尺为 50 μm）

SG. 精原细胞　PSC. 初级精母细胞　SSC. 次级精母细胞　ST. 精子细胞　SP. 精子　LL. 小叶腔

Ⅰ期：可见体积较大的精原细胞分散分布，胞径 3.01～6.88 μm，核径 1.53～1.78 μm。

Ⅱ期：精小叶还没出现空腔间隙，其间有结缔组织，精原细胞增多，在精小叶中成群排列。胞径 4.14～8.65 μm，核径 1.54～3.69 μm。

Ⅲ期：精原细胞经有丝分裂变为初级精母细胞，除少数精原细胞外，均是同型的初级精母细胞，在精小叶内成群排列成层，中间出现了小叶腔。精原细胞圆形，紧贴小叶壁，体积最大，胞径 2.67～6.17 μm，核径 2.71～4.28 μm。初级精母细胞的体积稍小，胞径 2.37～

6.06 μm，核居中或偏于一侧，圆形或者椭圆形，核径 1.67～3.02 μm。精小囊壁上存在大量支持细胞，只能看到其细胞核，呈不规则的椭圆形或长方形，紧贴初级精母细胞。

Ⅳ期：精小叶内出现初级精母细胞、次级精母细胞和精子细胞，染色程度依次加深。不同发育阶段的各类生精细胞组成的精小囊发育不同步，同一个精小囊内生精细胞发育同步。初级精母细胞经过第一次成熟分裂后形成两个等大的次级精母细胞，圆形，胞体小，胞径 2.82～5.38 μm，核径 1.87～2.74 μm。次级精母细胞经过第二次成熟分裂形成精子细胞，体积更小，核大，核径 1.38～1.85 μm。尚未变态为成熟精子的精子细胞仍聚集在一大的精小囊内，靠近小叶腔，小叶腔中未出现或者仅存在极少数精子。

Ⅴ期：精小叶的空腔扩大，内部充满成熟的精子。精小叶的内壁由精子细胞和正在变态的精子组成，精子细胞经过变态成为成熟的精子，此时精小囊破裂，成熟的精子进入小叶腔。成群的精子在小叶腔中呈旋涡状，尾部隐约可见，头部染色最深，体积最小，直径 1.51～1.63 μm。雄鱼可在此期多次排精。

Ⅵ期：多数小叶腔中的精子已经排空，有的腔内还存有稀少的衰老精子或未排出而退化待吸收的精子，还剩余少数精原细胞和精母细胞。

（四）精巢性腺指数（GSI）的周年变化

性腺指数（GSI）是生殖腺重量相对体重的比例，是性成熟度的指标之一，可以用来确定鱼类的繁殖期。其公式如下：

$$GSI=(生殖腺重量/体重)\times 100\%$$

大泷六线鱼在一年中其精巢发育指数（GSI）呈周期性变化。大泷六线鱼的 GSI 在当年 11 月至第二年 1 月出现峰值，平均为 0.948 5%；之后开始显著下降（$P<0.05$），次年的 2—4 月降到均值 0.075 1%；5—7 月继续下降到达最低点 0.026 8%；8—10 月 GSI 显著升高（$P<0.05$），达到均值 0.453 3%（图 3-3）。

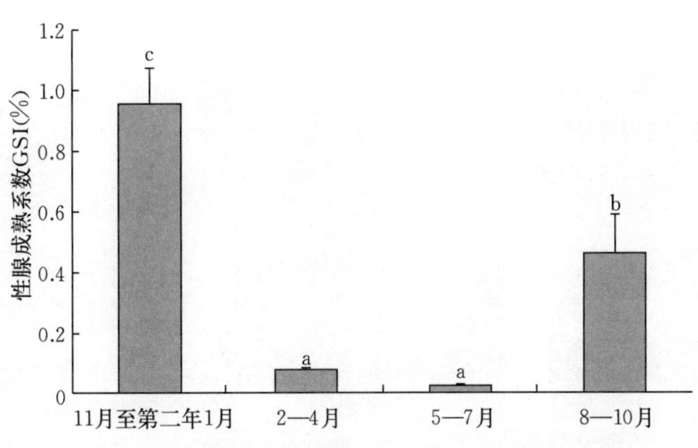

图 3-3　大泷六线鱼精巢性腺指数（GSI）季节变化

大泷六线鱼的精巢周年发育变化中 4 月直到 7 月为生精活动的静止期，此时精巢处于重复发育Ⅲ期。从 8 月起开始生精活动的启动期，10 月大部分六线鱼开始旺盛的生精活动，这一阶段精巢为Ⅳ期，小叶壁上有大量的各期生精细胞组成的精小囊，小叶腔中未出现或者仅存在极少数精子。11 月精巢已经处于发育Ⅴ期，自此生精活动一直持续到第二年的 1 月，小叶腔逐渐增大，小叶壁上的精小囊的数量逐渐减少，直到精子完全释放，越来越多的成熟精子充满整个小叶腔。到2月精巢处于退化吸收Ⅵ期，多数小叶腔中的精子已经排空，有的小叶腔中尚存在稀少的衰老精子或者没有排出退化待吸收的精子。

二、卵巢发育特征

大多数硬骨鱼类有一对卵巢，位于鳔的腹面两侧（六线鱼无鱼鳔），卵巢表面是一层腹膜，腹膜下面是一层由结缔组织构成的白膜，它从卵巢壁向卵巢腔伸进许多由结缔组织、生殖上皮及微血管组成的板状构造，称为产卵板。从胚胎学观点，卵巢由中胚层增殖而来，然后转移到生殖上皮。此后，卵细胞的发育经历增殖期、生长期和成熟期三个阶段，卵细胞由卵原细胞发育为初级卵母细胞，继而进入营养物质积累阶段（即卵黄颗粒形成积累阶段）；卵黄和脂肪的积累使卵母细胞的体积剧增，其边缘出现空泡，卵膜变厚，出现放射纹，称为放射膜。由于放射膜的出现，放射膜在卵母细胞膜的动物极构成一漏斗状的膜孔通向卵质形成受精孔，在受精孔内嵌合一个特殊的细胞，为受精孔细胞，是由滤泡细胞分化而来的，有些硬骨鱼类不存在受精孔和精孔细胞。卵母细胞不断生长的同时，滤泡细胞也在增殖，其上皮细胞由一层分裂为两层，即鞘膜层（外层）和颗粒层（内层）。鞘膜层含有成纤维细胞、胶原纤维和毛细血管，一些鱼类的鞘膜层还含有特殊鞘膜细胞；颗粒层则由排列紧密的单层柱状上皮细胞组成。

（一）卵巢结构

大泷六线鱼具一对卵巢，左右对称，成熟卵巢呈长囊状，位于体腔内。整个卵巢被一层透明的膜包被，膜上血管清晰可见，卵巢系膜发达，与腹膜壁层联系紧密，卵巢后段汇合成一短的输卵管通生殖孔（彩图15、彩图16）。

（二）卵巢发育的目测等级分期

根据卵巢的颜色和体积、卵粒大小和血管分布等特征，肉眼可以区分其发育水平（图3-4）。

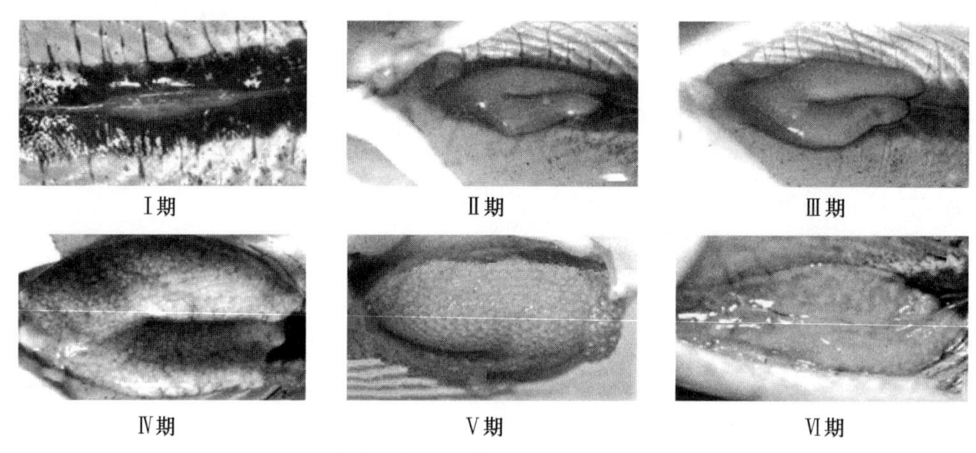

图3-4　大泷六线鱼卵巢Ⅰ～Ⅵ期的目测等级分期

Ⅰ期：卵巢尚未发育期。性腺细小，半透明，呈无色或淡黄色，左右分离，附于体腔壁背侧，肉眼还不能辨别雌雄。

Ⅱ期：卵巢开始发育期或产后恢复期。卵巢不发达，细带状，呈红黄色，前端左右分离、后端与输卵管聚合，卵巢壁厚，表面有细小血管分布，肉眼尚看不见卵粒。产后恢复期的卵巢颜色较深，血管发达，或可见残余的闭锁卵粒。

Ⅲ期：卵巢正在成熟期。卵巢体积增大，呈红橙色，肉眼可见黄色和白色小卵粒，尚不能从卵巢膜上分离剥落。血管较发达，分支较多。

Ⅳ期：卵巢即将成熟期。体积变大，约占腹腔的1/2，结缔组织和血管十分发达。卵巢膜有弹性，其中可见灰色半透明的大卵粒和黄色的小卵粒，与黏性液体均匀混合在一起，可分离剥落。

Ⅴ期：卵巢完全成熟期。体积达到最大，卵巢壁变得松软、透明，血管极发达。大小卵粒发生位移，卵巢明显分为前后两层，未成熟的黄色小卵粒聚集在卵巢前部背侧，成熟的灰色大卵粒（黄色的油球十分明显）聚集在后部腹侧，等待通过输卵管从泄殖孔排出体外。此时轻压腹部即有成熟卵粒流出。

Ⅵ期：卵巢退化吸收期。刚产完卵的卵巢呈淡黄色，体积大大萎缩，组织松弛，背面血管充血显著，可见残余的闭锁卵粒。

（三）卵巢发育的组织学分期

大泷六线鱼卵巢发育的组织学分期，主要依据组织学切片观察，根据不同视野内，面积占最大比例的卵母细胞所处的发育阶段，以及能否看到空囊泡或闭锁卵母细胞，将卵巢发育划分为Ⅰ～Ⅵ时期（图3-5）。

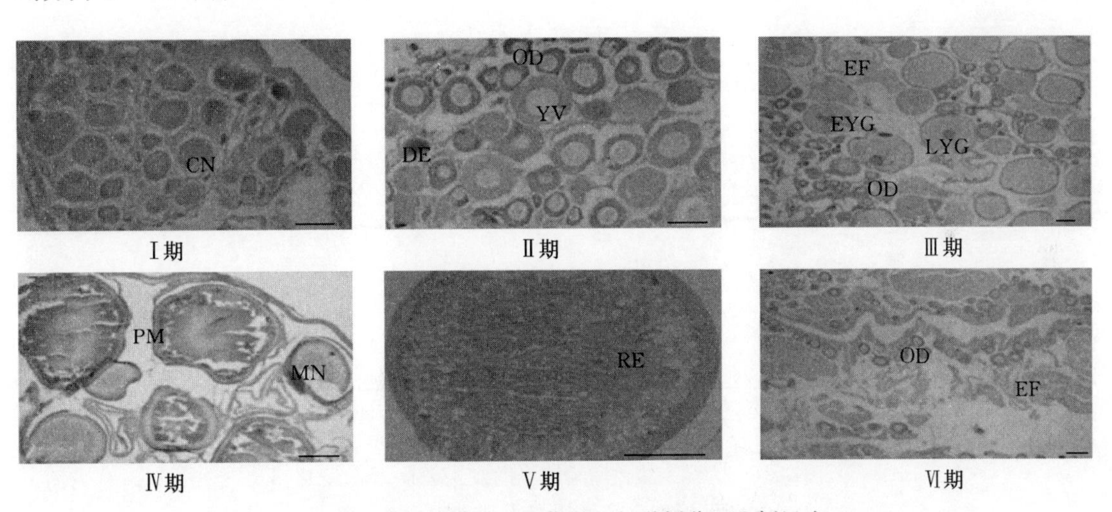

图3-5 大泷六线鱼卵巢Ⅰ～Ⅵ期的组织学划分（比例尺为50 μm）

CN. 染色质核仁时相 YV. 滤泡时相 OD. 油球时相 EYG. 卵黄球前期时相 LYG. 卵黄球后期时相 MN. 核移时相 PM. 接近成熟时相 RE. 成熟卵粒 EF. 空囊泡 DE. 退化的闭锁卵母细胞

Ⅰ期：处于卵原细胞阶段，或正向初级卵母细胞过渡。卵原细胞的细胞质很少，胞径25.22～69.76 μm，有明显的细胞核，核径15.14～32.68 μm。卵巢内结缔组织及血管均十分细弱。

Ⅱ期：处于小生长期的初级卵母细胞。近卵膜处出现数层滤泡细胞，向核中央扩展。卵径34.69～153.65 μm，核大，圆形，核径28.79～75.32 μm。卵膜加厚，开始出现放射纹。核周围出现许多小油滴，并逐渐形成油球层。产后恢复期的卵巢中可见空囊泡和正在退化的闭锁卵母细胞。

Ⅲ期：初级卵母细胞开始进入大生长期，呈圆球形，排列较疏松，卵径97.17～

249.17 μm，核圆，核径 62.13～97.23 μm。卵膜边缘出现卵黄颗粒沉积，开始时层次少且颗粒细，后来逐渐增大，形成较大的卵黄层。另可见Ⅱ时相的卵母细胞。

Ⅳ期：初级卵母细胞体积继续增大，产卵板的界线不明显，卵径 331.54～572.77 μm。细胞质中卵黄颗粒体积不断增大，逐渐充满整个细胞，其间夹杂着较多油球。核径 80.64～104.19 μm，核偏位，由中央向动物极移动，在此期肉眼可见蓝紫色半透明卵粒。卵膜逐渐增厚，放射膜明显。另可见Ⅱ、Ⅲ时相的卵母细胞。

Ⅴ期：核仁已消失，油球夹杂在卵黄颗粒之间，卵黄颗粒发生水合作用，逐渐融合成大的均质状卵黄板。放射膜增加到最厚，放射纹消失。滤泡膜很薄，松散分布在卵细胞周围，局部或大部分断裂，脱离卵细胞。卵径 838.36～1 403.78 μm。发育同步性高，但仍有Ⅳ时相卵母细胞和空囊泡。

Ⅵ期：有许多皱缩的空囊泡、粗大的结缔组织和血管，未产出的卵母细胞逐渐退化被吸收，之后在当前繁殖季节停止排卵。

（四）卵巢性腺指数（GSI）的周年变化

大泷六线鱼雌鱼的 GSI 在 11 月到第二年的 1 月出现最高峰值，平均为 12.478 5%；之后开始显著下降（$P<0.05$），第二年的 2—4 月降到均值 0.471 6%；5—7 月继续下降到最低点 0.301 1%，8—10 月 GSI 显著升高（$P<0.05$），达均值 6.629 8%（图 3-6）。

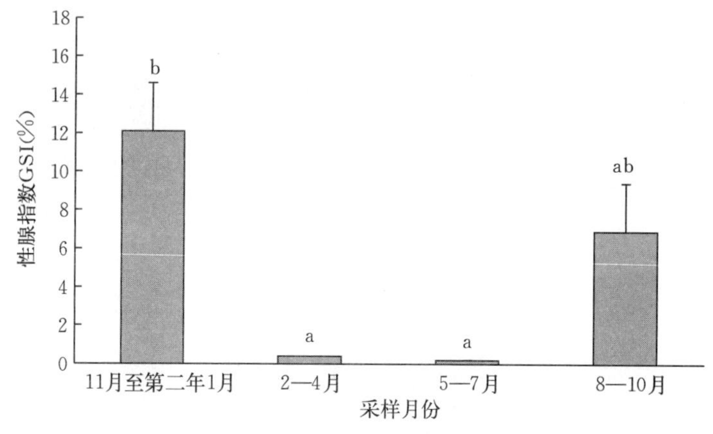

图 3-6　大泷六线鱼卵巢性腺指数（GSI）季节变化

不同上标字母表示有显著性差异

三、精子和卵子的形态特征

（一）精子形态特征

动物精子形态结构的研究是生殖细胞的结构与机能研究的重要组成部分，是发育生物学的重要研究内容。精子的结构及生理、生化作用往往会影响其受精生物学过程。硬骨鱼类种类繁多，国内外已对 300 多种鱼类进行了精子的超微结构的观察研究，大泷六线鱼精子的超微结构观察研究充实了六线鱼的繁殖生物学基础理论资料。

大泷六线鱼的精子主要由头部、中段和尾部 3 部分组成。头部的主要结构为细胞核；中段与头部紧紧相连，主要由中心粒复合体、袖套和线粒体等构成；尾部的主要结构为鞭毛，由轴丝构成。

1. 头部结构

大泷六线鱼精子的头部呈钝顶锥形，直径为 1.28～1.49 μm［图 3－7（1）、图 3－7（2)］，主要被细胞核占据，顶部稍窄，前端无顶体。细胞质很少，细胞质膜表面不平整。精子头部质膜与核膜之间的空隙很小，在质膜和核膜之间分布着一些囊泡结构，位置不固定［图 3－7（3)］。细胞核内染色质密集，并呈颗粒状，分布均匀。核膜与染色质之间存在一

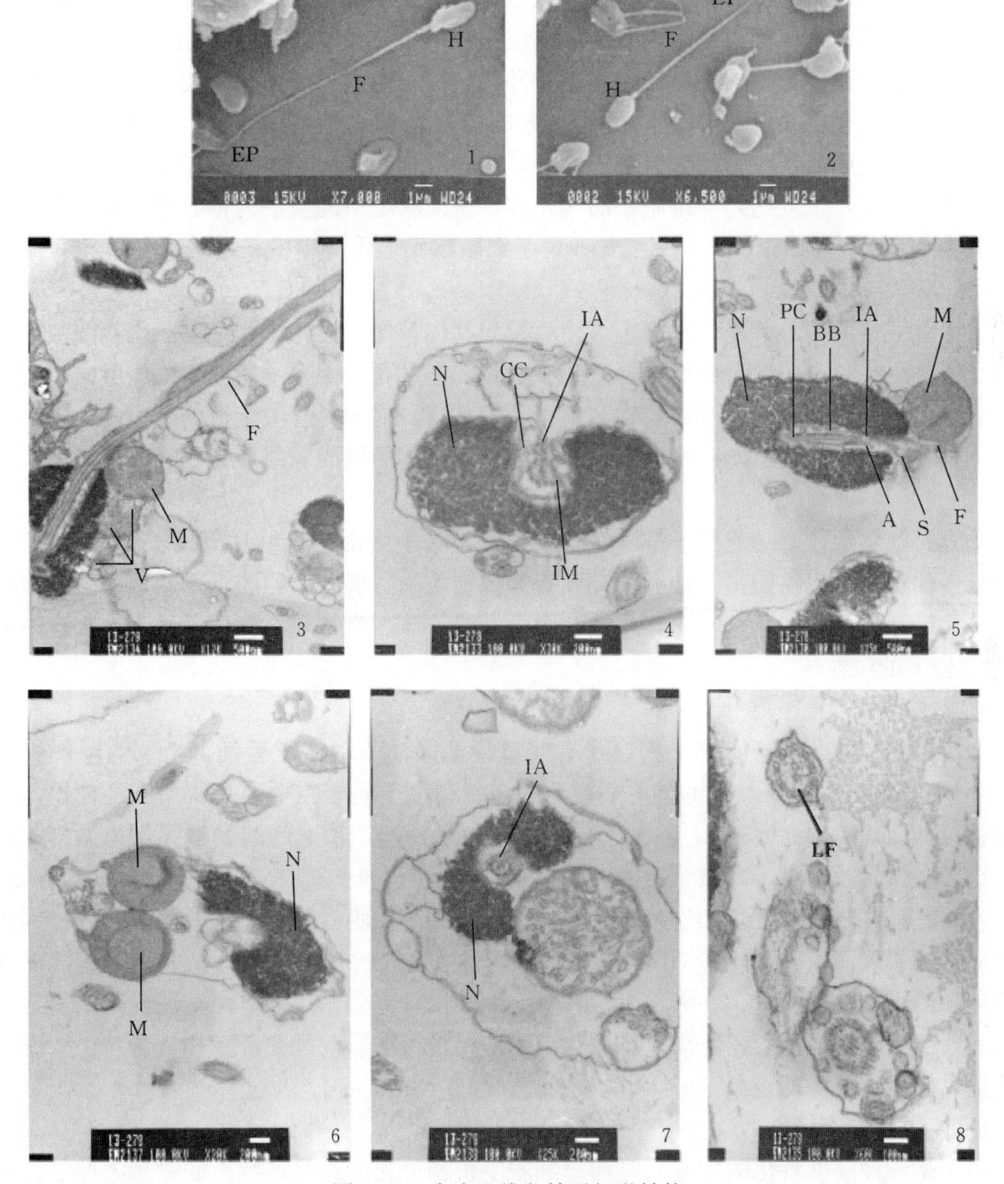

图 3－7　大泷六线鱼精子超微结构

1、2. 精子整体　3. 精子纵切　4. 精子头部横切面　5. 精子头部纵切面　6. 经线粒体的精子纵切面　7. 经线粒体的精子横切面　8. 带有侧鳍的精子鞭毛横切面

A. 轴丝　BB. 基体　CC. 中心粒复合体　EP. 鞭毛末端　H. 精子头部　LF. 侧鳍　IA. 轴丝的起始端　IM. 袖套内膜　F. 鞭毛　M. 线粒体　N. 细胞核　PC. 近端中心粒　S. 袖套腔　V. 囊泡

定的空隙，多靠近头部最前端。此空隙不是真空隙，是由于染色质浓缩聚集导致核基质染色较浅的结果。在细胞核的后端有一个较深的凹陷，为植入窝（也称核隐窝），可起到关节窝的作用，以减少鞭毛运动时对精子头部的震动。大泷六线鱼的植入窝较为发达，凹入深度约占核长径的 5/6。

2. 中段结构

中心粒复合体位于精子头部后端的植入窝内，包括近端中心粒和基体（也称远端中心粒）。近端中心粒在植入窝的内端，位于细胞核中；基体在植入窝的外端，位于细胞核的底部。近端中心粒和基体都由 9 组三联微管构成，在中心粒和基体内部和之间的空隙处都有体积很小的囊泡存在。基体的头端较粗，呈一环状结构，由电子致密物质构成；末端略细并与轴丝相连，在精子的横切面图上，可见清晰的微管结构，呈现 9 个电子致密斑［图 3－7（4）］。核膜与质膜的空隙中除含有细胞质外，还含有袖套和线粒体等结构。袖套位于头部的后端、基体下方，较发达，与细胞核后端相连，呈筒状中央的空腔为袖套腔，袖套中还有少量的囊泡和空腔［图 3－7（5）］。线粒体位于细胞核后端质膜和核膜之间，1～2 个，线粒体呈球形，较大［图 3－7（6）］。

大泷六线鱼的中心粒复合体中近端中心粒与基体首尾相对，排列在同一条直线上，主轴与精子长轴平行。一般硬骨鱼类中，近端中心粒和基体的排列往往呈 T 或 L 形，即近端中心粒长轴与精子长轴垂直、基体长轴与精子长轴平行。褐牙鲆、大菱鲆的近端中心粒与基体的排列是相互垂直的，由此看出硬骨鱼类中心粒复合体的组成及组成方式在种间具有明显的差异。

袖套是大多数硬骨鱼类精子都存在的结构，是精子内部能量物质等的“储藏仓库”，主要为精子的运动等提供能量。袖套内外膜皆为细胞质膜，属于生物膜，由双层脂质和蛋白质构成。大泷六线鱼的袖套基本对称，袖套中含有线粒体、囊泡和细胞质基质等，袖套内分布 1～2 个较大的线粒体。

3. 尾部结构

大泷六线鱼精子属于有鞭毛型精子，通过鞭毛摆动驱动精子运动。精子的尾部长度为 10.2～16.1 μm，为一条细长的鞭毛。鞭毛的起始端位于袖套腔中，并从袖套中伸出，由基体向外延伸而成［图 3－7（3）］。鞭毛的核心结构是轴丝，轴丝的起始端无中央微管，由外周 9 组二联微管及中央 1 对微管组成。轴丝具有典型的“9＋2”结构［图 3－7（4）、图 3－7（7）］，其前端与基体尾端相连接，轴丝的外部有细胞质膜。鞭毛轴丝的外侧可观察到由细胞质向两侧扩展而成的侧鳍［图 3－7（8）］，侧鳍呈波纹状且不连续，因此鞭毛表面的细胞质膜起伏不平。除了侧鳍，在大泷六线鱼鞭毛的轴丝外侧偶尔还能看见一些少量的囊泡，囊泡内无明显可见的电子致密物质，推测这一囊泡结构可能是一种储能结构，为精子变态和变态后提供营养物质和能量。

（二）卵子形态特征

卵子是一种高度特化的细胞，是卵母细胞生长和分化的最终产物。硬骨鱼类卵子的基本结构是相似的，主要由含有卵黄质的细胞质、卵核和核膜构成。对大多数硬骨鱼类而言，卵子的直径、表面色泽、透明度、沉浮性、油球的形态和分布状况，可在一定程度上反映其质量的优劣。卵子直径可作为决定卵子活性的一个重要指标，但是较大卵径并不一定代表较高的受精率和孵化率。

1. 卵子形态

大泷六线鱼鱼卵为圆形端黄卵，卵膜较厚，具有黏性，油球小而多且较分散，透明度差，卵径 1.62～2.32 mm。

2. 卵子超微结构

大泷六线鱼成熟卵壳膜上布满比较浅的网纹，网纹纵横交错，走向不确定。相对平滑的壳膜上，较整齐地分布着众多直径 0.56～0.87 μm 的微小孔［图 3-8（2）］。扫描电镜下可以看到壳膜的表面有一个很小、很浅的凹陷区域，这就是受精孔区［图 3-8（1）］。受精孔区包括受精孔和前庭［图 3-8（3）］。受精孔位于凹陷区域的中央位置，受精孔处又稍微往外隆起，呈小丘状，使得受精孔看起来像“火山口”［图 3-8（4）］。受精孔完全敞开，外口直径约 8.3 μm，内口直径约 3 μm。受精孔的前庭呈现不明显的沟脊，前庭内微小孔不像壳膜其他部位微小孔那样排列均匀，此处微小孔大小不等、形态各异［图 3-8（4）］。

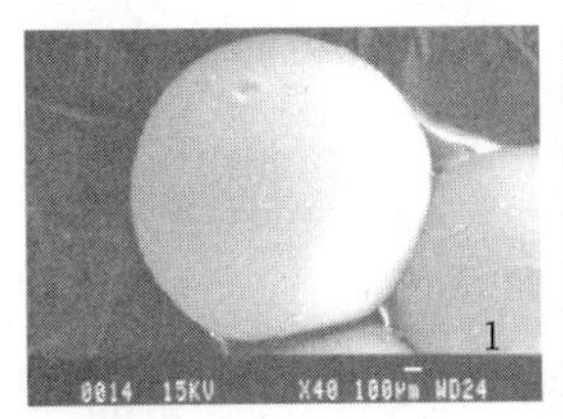

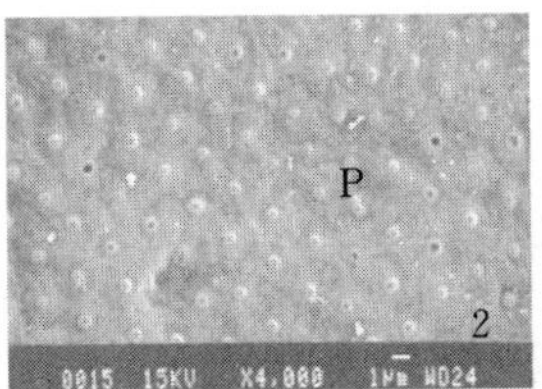

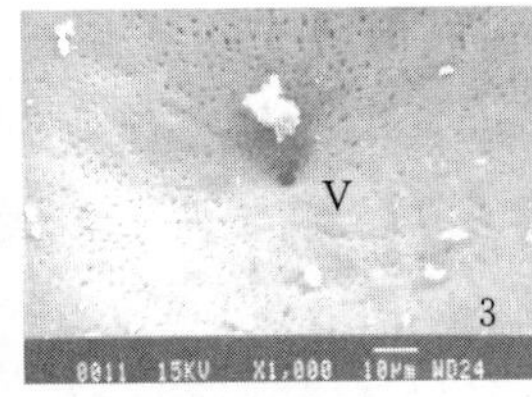

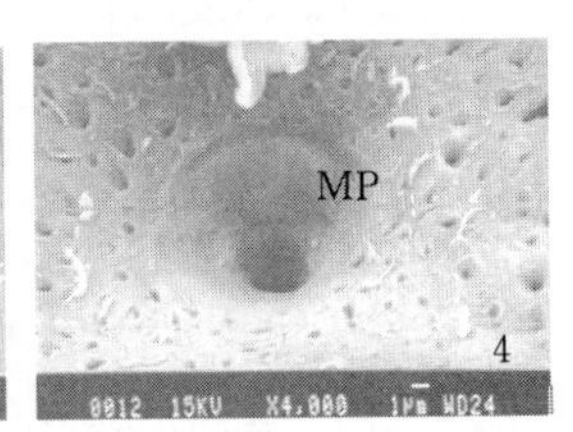

图 3-8　大泷六线鱼卵子超微结构

1. 卵子　2. 壳膜表面的微小孔　3. 受精孔区　4. 受精孔

MP. 受精孔　P. 微小孔　V. 前庭

四、六线鱼精子和卵子的保存

（一）精液超低温冷冻保存

精液常温保存原理是精子在弱酸性环境中自身活动被抑制，从而减少运动消耗，一旦 pH 恢复到中性环境中，精子即可恢复活力。因此创造适宜精子存活的弱酸性环境，从而抑制精子活动，减少其能量消耗并维持受精能力，便可达到短期内储存精液的效果。据报道，淡水鱼类精子活力最强时的 pH 在 7.5～9.0，而海水鱼类则稍高于这一范围。

精子渗透性抗冻保护剂是一类含有羟基的小分子化合物，这些抗冻保护剂可以自由地穿透细胞膜并容易发生水合作用，增加溶液黏性，减缓水的结晶和精子细胞在低温下的收缩，从而达到保护目的。加入适当的渗透性抗冻保护剂，可以提高精子的内部渗透压，降低冰点，从而减少因冰晶带来的系统损伤。大泷六线鱼精子细胞膜对 EG（乙二醇）的通透性较高，可以有效提高其内部渗透压从而减少冰晶的产生，提高精子活率。

在鱼类受精过程中除了对精子活率有较高的要求外，还需其有较快的游动速度才能迅速完成受精。因此，精子运动速率也是评价精子质量的一个重要的指标。

大泷六线鱼的精液保存采用分步降温法，选用 EG 作为抗冻保护剂，以 HBSS 为稀释液（8 g/L NaCl，0.4 g/L KCl，1 g/L 葡萄糖，60 mg/L KH_2PO_4，47.5 mg/L Na_2HPO_4，调节 pH 至 7.2）进行稀释，制成比例为 20%的抗冻保护液。精液与抗冻保护液以 1∶3 的比例混合，精子活率和平直速度较好，对大泷六线鱼的精液保护效果最好。

HBSS缓冲液的pH在7.2左右，处于酸碱中性，因此可以对大泷六线鱼精液起到较好的抑制效果。稀释液中还可添加部分抗生素和营养物质，进一步提高对精液的短期保存效果。

（二）卵子和胚胎的低温保存技术

鱼类卵子和胚胎的低温保存技术的研究在水产养殖、遗传育种及种质资源保护上具有极其重要的意义和应用价值。

近些年来，许多学者对硬骨鱼类卵子和胚胎的冷冻保存技术进行了大量研究，并取得一些进展。迄今已对大西洋鲱、虹鳟、美洲红点鲑、大麻哈鱼、河鳟、银大麻哈鱼等10余种鱼的卵子进行了低温或超低温保存研究，并取得了在－30 ℃和－196 ℃下保存鱼胚胎解冻后仍能成活的结果。不少学者还对鱼类卵子或胚胎的冷冻损伤机理、适宜的抗冻剂及其浓度以及冷冻方法和降温速率等进行了研究。

鱼卵体积大，卵膜由渗透性不同的两层膜组成，卵内还含有大量卵黄，水分及抗冻剂进出卵和胚胎速度很慢，因此，仅靠添加抗冻剂的方法不足以克服鱼卵和胚胎冷冻保存的障碍。目前认为，影响鱼卵或胚胎冷冻保存效果的主要因子有：抗冻保护剂、胚胎发育阶段、冷冻方法、降温速度、解冻方法和冻后处理等。

在鱼卵和胚胎冷冻保存中，常采用分段慢速降温法，即将样品从室温慢速（2～5 ℃/min）降到冰点，然后再以极慢的速度（0.05～0.5 ℃/min）降至－60 ℃，停留一会后快速（20～35 ℃/min）降到保存温度（－196 ℃）。利用这种降温方法保存鲢、金鱼和鲤等鱼的胚胎，取得了一定效果，但技术和方法尚不成熟，仍需大量的实验研究。六线鱼卵子和胚胎的冷冻保存技术，目前尚未有研究报道，这项技术在种质保存方面有重要的研究价值，值得深入研究。

五、六线鱼的性周期

鱼类达到性成熟后，性腺周期发育，此发育周期就是性周期。其实质是每批卵母细胞从形成到发育成熟所经历的周期。这种周期性是鱼类在历史发展过程中所固定下来的一种适应性。鱼类的性腺没成熟之前，没有性周期，鱼类达到性成熟之后，一般年重复1次。但是也有例外，如部分生活在热带或亚热带的鱼类，其性腺一年成熟两次，性周期相对较短；还有一生只产1次卵的大麻哈鱼等。卵巢和精巢的发育过程虽基本类似，但各期出现和经历的时间并不完全相同，六线鱼雄鱼的潜在性成熟年龄稍早于雌鱼，通常雄鱼1龄即可性成熟，雌鱼要到2龄才能性成熟。

不同类群的鱼，由于繁殖习性不同，性腺发育周年季节规律也不同，春季产卵的鱼和秋季产卵的鱼就有不同的季节节律。六线鱼为秋季产卵的鱼类，春季鱼体内脂肪含量很高，卵巢中老一代卵子全部处于退化状态，有的已被吸收完毕，新生的卵母细胞开始积累卵巢，卵巢处于Ⅱ～Ⅲ期。春末夏初，体内脂肪含量逐渐减少，6—7月间卵巢中新生卵母细胞在不断地积累卵黄营养，但还不饱满，卵巢处Ⅲ～Ⅳ期。7—8月上旬开始，卵母细胞生长很快，卵巢积累甚为迅速，腹部逐渐膨大，卵巢进入第Ⅳ期。秋末至冬季，卵巢长势迅猛，增重显著，体内脂肪大大减少，肝脏也缩小。卵巢已完成Ⅳ期成熟阶段，此时雌鱼腹部非常膨大，只要水温适宜，即可进行催产。冬末初春，已产过卵，卵巢明显萎缩，老一代卵子已退化被吸收，3—4月出现新生一代的初级卵母细胞，正处于生长发育阶段，鱼体内的脂肪物质逐渐积累。

六、六线鱼的繁殖力

鱼类繁殖力的研究，对于正确估计种群及其数量变动规律有着十分重要的意义。种群的补充、生长和死亡是决定种群数量及其变动类型的两个相互联系的过程，要阐明种群补充过程的基本规律，就必须对它的各个环节加以深入的研究。繁殖力的变动及其调节规律就是补充过程最主要的环节之一。

繁殖力的大小关系到鱼类种群的补充数量，往往产卵后不进行护卵、受敌害和环境影响较大的鱼，繁殖力较高，卵径也较小；相反，那些产卵后进行护卵、后代死亡率较小的鱼繁殖力较低，卵径也较大。这是鱼类长期适应环境的变动而形成的繁殖策略，同种鱼类在不同环境条件下可能会出现差异。

（一）绝对繁殖力和相对繁殖力

绝对繁殖力亦称个体繁殖力，是指一尾雌鱼在一个生殖季节中怀卵的总数（怀卵量）。

相对繁殖力是雌鱼在一个生殖季节中，单位体重（或单位体长）所具有的卵子数量，即绝对繁殖力除以雌鱼体重（一般用去内脏体重），可以用来比较大小不同的不同种或同种群鱼的繁殖力。相对繁殖力高，意味着鱼所怀的卵体积小、数量多，每个卵发育成成体的机会少，通过大量的卵来抵御环境压力；相对繁殖力低，卵含卵黄多，有更多的营养物质供仔鱼利用，卵发育成成体的机会增多。

各种鱼类的怀卵量不相同，一般来讲，鱼类的怀卵量比其他高等脊椎动物要多得多。鱼类的产卵数目对于保存种群来讲是有重大意义的。怀卵量不仅在不同种类有很大差别，即便同种鱼类，在不同环境、不同营养条件以及不同年龄的情况下，亦有明显的差异。

（二）六线鱼繁殖力和生长、年龄等方面的关系

鱼类的繁殖力随着体长和体重的增长而发生变化。同样长度的鱼中，其繁殖力往往表现出随体重而增长，亦即随丰满度的提高而提高。因此，当营养条件有利、生长速度加快、丰满度提高时，同样大小的六线鱼的个体繁殖力将提高；反之，则下降。繁殖力的变化可用体长或体重变化来反映，鱼类繁殖力随着体重的增重而增加，它们之间关系是一种直线的增长关系，它的相关公式是：

$$F=\mathrm{a}+\mathrm{b}w$$

式中：w 为去内脏体重，F 为繁殖力，a、b 均为常数。

综合我国学者和日本学者的研究结果来看，六线鱼个体越大，绝对怀卵量越高。全长23.5～45.0 cm，体重146～1 065 g，年龄2～9龄的雌鱼，其绝对怀卵量为3 455～16 803粒，绝对怀卵量可用一次回归方程表示：

$$F=2\,703+13w，相关系数\ r=0.954。$$

六线鱼雌鱼的相对怀卵量变化于14.55～34.55粒/g。

鱼类繁殖力与年龄的关系，一般情况下是随年龄而增大，但到了高龄以后繁殖力增长减缓，甚至下降。六线鱼中，越是高龄的个体，相对怀卵量越低。

同一年龄组的怀卵量是随体重、体长的增长而增加。鱼类繁殖力与年龄的关系不如与体重、体长密切。此外繁殖力与营养条件、栖息环境有关。营养条件恶化时鱼的绝对繁殖力会下降。生活在不同水域中的同种鱼类或同属鱼类繁殖力有明显的差别。

七、六线鱼性别比例

鱼类是脊椎动物中最低等但却是分布最广、种类最多的生物，鱼类在进化上比较原始，与高等脊椎动物相比，其性别决定的遗传力较小。鱼类的性别发育以遗传因素为基础并受到外界环境和自身内分泌调节的影响，是三者相互作用的结果。因此鱼类的性别决定机制复杂多变而且没有一个普遍的模式。鱼类中存在从雌雄同体到雌雄异体，从遗传决定型到环境决定型的各种性别决定类型。性逆转在鱼类中也是较为常见的现象。由于鱼类基本上具有所有脊椎动物的性别决定方式，因此鱼类是一个极好的研究性别决定机制进化过程的模型。

鱼类的性别决定机制较为复杂，随着分子生物技术的不断更新，对鱼类性别决定及分化相关基因的鉴定和研究有了新的进展，环境因子如温度、光照、pH、低氧、水压等均能影响大多数鱼类的性别决定和分化过程。

关于六线鱼的性别决定机制，目前尚未发现这方面的报道。纪东平对荣成俚岛海域的斑头鱼和大泷六线鱼的性比进行了调查，调查共获得斑头鱼雌性个体 492 尾，雄性个体 288 尾，未达性成熟个体 38 尾，性比为 1.71 : 1，雄性个体数仅在 1 月和 3 月超过雌性个体，其他各月雌性个体数均明显多于雄性。体长范围 80～220 mm 的个体中，雌性明显多于雄性。同时，获得大泷六线鱼雌性个体 225 尾，雄性个体 162 尾，未达性成熟个体 112 尾，性比为 1.39 : 1，雄性个体数仅在 7 月超过雌性，其他各月雌性个体数均明显多于雄性。体长范围 90～250 mm 的个体中，雌性均明显多于雄性。

有研究显示，十线六线鱼中 79%的个体均为雌性。十线六线鱼采用这种繁殖策略，是由于在种群延续过程中需要更多雌性个体在短暂的繁殖季节内产卵，而仅需较少雄性个体进行筑巢和长时间的护巢（3～4 个月）。

八、产卵类型和卵粒性质

（一）产卵类型

六线鱼是一次或分批产卵类型，通常在繁殖季节内至少产卵 3 次，原因如下：①目测等级法的结果显示，在Ⅲ～Ⅴ期卵巢中存在大小不同的发育中的卵粒；②组织学划分法的结果显示，在Ⅱ～Ⅵ期的同一个卵巢中存在不同发育时相的卵母细胞，尤其是在Ⅴ期中存在即将成熟的卵母细胞和空囊泡；③卵径分布存在 3 个波峰。Kurita 等（1995）的研究结果也指出很多六线鱼都有相同特征，这表示分批产卵可能是六线鱼的一个普遍特征。

根据卵巢的发育顺序，当卵巢发育到Ⅳ期时，出现蓝紫色的大卵粒和土黄色的小卵粒，由黏性液体使其均匀混合分布在一起。Ⅴ期时，大小卵粒发生位移，卵巢明显分为两层，成熟的紫黑色大卵粒（棕色的油球十分明显）聚集在后部腹侧，准备通过输卵管从泄殖孔排出体外，而未成熟的土黄色小卵粒聚集在卵巢前部背侧，它们随即回到Ⅳ期，重新发育至Ⅴ期，再形成一批成熟卵粒。当所有可以发育成熟的卵粒全部排出后，卵巢则发育至Ⅴ期，在当前繁殖季节停止排卵，未产出的卵粒会逐渐退化并被吸收（图 3－9）。肉眼明显可见残余的黑色闭锁卵母细胞，它们将在卵巢中存在超过 1 年，直至退化被吸收；与此同时，空囊泡也会存在大约 4 个月，直至被全部吸收。

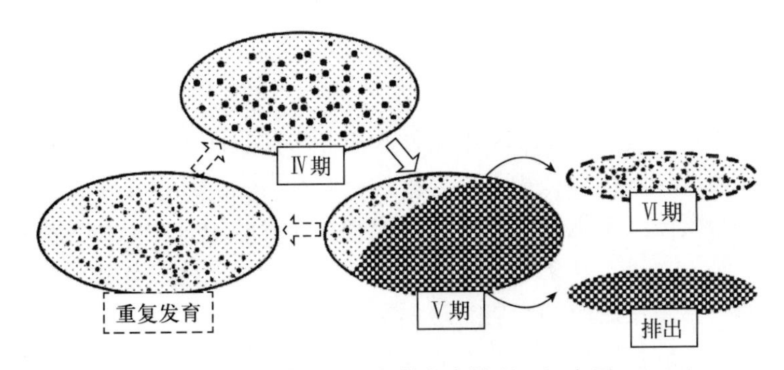

图 3-9　六线鱼产卵期的卵巢发育情况（纪东平，2014）

（二）卵粒性质

六线鱼产黏性卵，遇海水即相互黏附成不规则块状，并附着于海底岩礁、砾石、贝壳或海藻上，由于有雄鱼护卵机制，六线鱼卵子受精率和孵化率较高。

第二节　环境因素对六线鱼性腺发育的影响

鱼类性腺发育既受体内的生理调节，又受外部环境条件的影响。在鱼类性腺发育、成熟和产卵的过程中，营养对卵母细胞的生长、卵黄发生和积累具有决定性的作用，而光照和水温也是鱼类完成其生殖活动必不可少的外部条件。概括地讲，影响鱼类性腺发育的综合因素包括营养、温度、盐度、光照、水流和溶解氧等。

一、营养对性腺发育的影响

鱼类性腺发育与营养的关系甚为密切。雌性大泷六线鱼的 GSI 在 11 月到第二年的 1 月出现峰值，平均为 12.478 5（n=7），说明成熟卵巢要积累大量营养物质。一般说来，卵巢水分占 55%～75%，蛋白质为 20%～33%，脂质为 1%～25%，灰分是 0.7%～2.2%，其中除了水分外，在所有成分中蛋白质含量最高，说明鱼类性腺发育过程中，营养物质中的蛋白质至关重要。在成熟卵内，蛋白质中以卵黄蛋白占其大部分，卵黄蛋白在化学上不是单一的蛋白，其主要成分是卵黄脂磷蛋白（脂蛋白）。它是构成鱼卵卵黄的主体，以供胚胎发育的需要。因此，亲鱼在性腺发育过程中，母体需要从外界摄入大量的营养物质，特别是蛋白质和脂肪，这些是母体将其转化为卵黄脂磷蛋白的前身物。因此，饲料种类和数量直接影响到性腺的发育成熟。一般在投喂饲料充足的条件下，成熟卵子数增加；在饲料不足或饥饿条件下，往往成熟卵子减少，成熟系数下降，甚至推迟产卵期，或不能顺利产卵。

卵巢中蛋白质含量变动的基本趋势是随性腺发育成熟而上升，成熟产卵后下降，变动幅度较大。卵巢中蛋白质的含量在性成熟早期增加最多，而此时期正是原生质生长阶段，故两者的发展趋势是一致的。Ⅲ期以后，主要增长的是卵黄磷蛋白和磷脂类，所以蛋白质增加的相对比例反而不如早期多。从Ⅱ期到Ⅲ期，鱼体内蛋白质转化为鱼卵蛋白质仅占 5%，而 95%的蛋白质要依靠外源提供；后期卵巢蛋白质含量仍直线上升，80%以上的蛋白质仍然靠外界营养供给。

卵巢中蛋白质的形成，主要是在雌激素的刺激下，先在肝脏内合成血浆特异性蛋白质，释放到血液后，作为卵黄的前身物被卵细胞吸收，构成卵黄球的成分。而卵黄泡内含有的是通常的血浆蛋白成分。在卵母细胞形成过程中，肝脏起着积极的脂质转移作用。研究发现，性腺正在成熟的个体，其肠系膜脂肪中的中性脂肪和游离脂肪酸减少。与此同时，在肝脏和血浆中这些成分却增加，脂质从蓄积部位以中性脂肪和游离脂肪酸的形式释放到血液中，进入肝脏参与卵黄磷脂蛋白（脂蛋白）的合成。此外，在肝脏里也由碳水化合物和蛋白质进行脂质合成。

卵巢中增长的主要是蛋白质和脂质。这两类物质的比值（蛋白质/脂质）的变化就直接反映了卵母细胞中所生成物质性质的改变。Ⅱ期卵巢比值最高，反映原生质生长阶段主要是蛋白质，Ⅲ期以后比值下降，反映卵黄中脂质含量较高。

鱼卵中脂类物质的作用是作为胚胎和仔鱼发育的能源和生物膜发生的结构物质。一方面，中性脂类被认为是鱼卵和仔鱼内最重要的能量储存，而磷酸甘油酯不仅用于细胞分裂，还可以作为能源。而另一方面，在亲鱼的饵料组成中，脂类物质是对卵子组成最具影响力的化学物质。其中，不饱和脂肪酸的摄入、储存和发育需求是研究的重点。对于繁殖期间长期停食或摄食量大幅度降低的鱼类来说，性腺发育和卵子内物质储存所需的脂类物质主要来自体内储备，饵料中脂类物质对性腺发育及卵子质量基本无影响。

在六线鱼的性腺发育周期中，产后的春季和夏季，卵母细胞处于生长早期，卵巢的发育主要由外界食物供应蛋白质和脂肪等原料。因此，应重视抓好春秋季节的亲鱼培育。入秋后，亲鱼卵巢进入大生长期，需要更多的蛋白质转化为卵巢的蛋白质，仅凭借体内贮存的蛋白质不足以供应转化所需，必须从外界获取，所以秋季培育需投喂含蛋白质高的饲料。但是，应防止单纯地给予丰富的饲料，而忽视了其他生态条件。否则，亲鱼可以长得很肥，而性腺发育却受到抑制。可见，营养条件是性腺发育的重要因素，但不是决定因素，必须与其他条件密切配合，才能使性腺发育成熟。

二、温度对性腺发育的影响

温度是影响鱼类成熟和产卵的重要因素。鱼类是变温动物，温度的变化可以改变鱼体的代谢强度，加速或抑制性腺的发育和成熟过程。虽然维持鱼类生存的温度范围较广，但适于生殖的温度范围一般较窄。如大泷六线鱼的繁殖水温是 12～16 ℃，斑头鱼整个产卵期水温是 4～16 ℃，叉线六线鱼的繁殖水温是 8～12 ℃，十线六线鱼的繁殖水温是 8～12 ℃，白斑六线鱼繁殖水温是 4～12 ℃。

温度对鱼类的性腺发育具有重要作用。六线鱼早期卵母细胞生长即卵黄发生的开始阶段，卵黄泡形成或内源卵黄发生期需要较高的温度刺激，而晚期卵母细胞即卵黄颗粒形成需要较低的温度刺激。卵母细胞生长和发育，正是在环境水温下降而身体细胞停止或降低生长率的时候进行的。对冷水性鱼类而言，水温越低，卵巢重量增加越显著，精子的形成速度也越快。

温度与鱼类排精、排卵也有密切的关系。即使鱼的性腺已发育成熟，但如温度达不到排精或排卵阈值，也不能完成生殖活动。每种鱼在某地区开始排卵的温度是一定的，排卵温度的到来是排卵行为的有力信号。如六线鱼，水温高于 16 ℃，即使雌鱼卵母细胞的卵黄积累很充分，已发育成熟，并与雄鱼混养在起，雌鱼也不会排卵。若水温逐步降低到 16 ℃以下，雌鱼很快即进行排卵。如果正在产卵的六线鱼遇到水温突然上升，则会发生停产现象，水温下降后又重新开始产卵。

三、盐度对性腺发育的影响

固定生活在海水或淡水中的鱼类，它们在繁殖时仍需要与生长相同的盐度。对黑鲷的人工繁殖研究发现，亲鱼在性成熟前一年的10月之前适时升盐越冬是十分重要的，盐度对中枢神经、下丘脑脑垂体分泌的化学物质有调节作用，这种作用可能与温度有“积温效应”一样，盐度也有“积盐效应”，若卵达不到“积盐”要求，孵出的仔鱼难以成活。盐度在六线鱼人工繁育过程中的作用，目前尚未有研究报道，但在人工养殖的过程中，发现在海水井低盐度养殖过程中，性腺的发育速度低于高盐度自然海水中养殖性腺的发育速度，推测可能与卵巢发育的“积盐效应”有关。

四、光照对性腺发育的影响

作为重要的环境条件，光照对鱼类的生殖活动具有相当大的影响力，影响的生理机制也比较复杂。一般认为，光周期、光照度和光的有效波长对鱼类性腺发育均有影响。

光周期指一段时间内（一年或一天）的光照时间。各种鱼类的繁殖需要在一定的季节中进行，这也是由光周期长短影响所致。有的学者将鱼类按照性腺成熟与光照的关系人为地分为长光照型鱼类和短光照型鱼类。长光照型鱼类一般指从春天到夏天这一长光照时期产卵的鱼类，如鲤、鲫、真鲷、黑鲷、银鲳、梭鱼、带鱼、牙鲆等。若提前把这些鱼的光照时间比自然状态延长一些，就能使之提早成熟和产卵。鲑、鳟、鲈、六线鱼等秋冬季产卵的属短光照型鱼类，这类鱼相反，把光照时间比自然状态缩短一些，就能提前产卵。

研究鱼类光照周期对性腺发育成熟的影响证明，光刺激通过眼睛和松果体而起作用。一般认为，光照周期对鱼类性腺发育的影响是通过鱼体下丘脑分泌的GnRH（促性腺激素释放激素）起作用的。减少光照时间，可在端脑的视窗前区通过增加GnRH神经元以加速*GnRH*基因的表达，合成的GnRH被运送至脑垂体，脑垂体中积累的GnRH刺激GTH（促性腺激素）的合成和分泌，从而加速性腺早熟。长光照周期只能延缓但不能阻止性腺早熟，因为一旦下丘脑—脑垂体—性腺系统处于活动状态，不管光照周期如何，性腺发育成熟过程是持续进行的，这样通过光照周期信号输入系统，短光照变化激活端脑和视窗前区的GnRH神经元以加速性腺成熟，而长光照只能延缓GnRH神经元的激活以及性腺成熟。

光照周期是影响鱼类繁殖周期和产卵时间的最主要的环境因素，它的作用是通过下丘脑—脑垂体—性腺系统的功能来实现的。

光照除了影响性腺发育成熟外，对产卵活动也有很大影响。通常，鱼类一般在黎明前后产卵，如果人为地将昼夜倒置数天，产卵活动也可在“人为的”黎明产卵。这或许是昼夜人工倒置后，脑垂体GTH昼夜分泌周期也随之进行昼夜调整所致。

第三节 六线鱼性腺发育的外源激素调控

鱼类体内的性激素水平对其性腺发育成熟起着直接的调节作用。不同的外源性激素在三个不同水平上对鱼类的性腺产生作用，即促性腺激素释放激素、促性腺激素和性类固醇激素等水平。值得一提的是，迄今有关外源激素作用于鱼类性腺发育阶段的研究较少。一般认为卵母细胞成熟之前的性腺发育是由环境因子通过体内的神经—内分泌调节来实现的。通常情况下，卵巢恢复发育期可经环境因子调控而提前进行。卵子的最后成熟和产卵的启动，在自然状态下需环境因子的诱导，而在人工繁育过程中可借助外源激素诱导。目前，外源激素对鱼类性腺发育的作用只涉及卵母细胞的最后成熟阶段。使用激素进行性腺成熟诱导必须认清以下两点：一是激素起作用的发育阶段；二是适合的激素、剂量及处理方法。

诱导鱼类性腺成熟的激素处理方法是诱导成熟产卵成功与否的关键之一。迄今许多诱导剂已应用到鱼类性腺成熟产卵的诱导方面。然而，传统的注射液体激素制剂的方法对于某些鱼类已不足以诱导其成熟，以此方式进入鱼体的激素在循环系统中很快被清除掉。因此，完全成熟需要持久的激素影响，重复注射是比较有效的。但是，操作所产生的压力会引起外源激素的副作用，并通过内源激素（氢化可的松）的变化而对性腺发育成熟产生影响。激素的持续输导技术是将激素向鱼体内缓慢释放，使鱼体长时间处于激素的影响之下，从而有效地诱导性腺的成熟和产卵。

LRH－A（促黄体生成素释放激素类似物）作为一种有效的鱼类性腺成熟诱导剂而被广泛地应用于研究和生产中，LRH－A 在鱼体内的效应部位是脑垂体，其生理功能是刺激 GTH 合成和分泌。大泷六线鱼在性腺发育早期经 LRH－A 注射诱导（4 μg/尾，每 7 d 1 次，共计 28 d），结果发现，LRH－A 实验组的性腺指数明显高于 17β-雌二醇组和生理盐水组。这可能因为无论外源诱导剂如何，关键要使内源内分泌激素水平或其变化满足性腺发育的需要，虽然 17β-雌二醇是鱼类早期性腺发育所必需，但外源激素是否与内源激素有一样的功效，还有待进一步探讨。再者，诱导剂的处理方法和剂量也是影响因素。由于多肽在鱼体内半衰期较短，因而经 LRH－A 诱导形成的内源 GTH 高峰较短，以致 LRH－A 注射不能激活长时期产卵的内部机制。对于那些分批产卵鱼类，LRH－A 的注射处理，只能对一次产卵活动有效。

GnRH－A 和 GTH 可以用来刺激精液的生产。有证据表明，上述作用是通过性腺孕酮，特别是双羟孕酮执行调节功能的。GnRH－A 及 17β-雌二醇孕酮单独或结合使用，可以有效地增加产精量。通过注射 GnRH－A 以诱导大龄六线鱼雄鱼（20～100 μg/kg）产精，结果发现，雄鱼的产精量能增加 2 倍，而且不影响精液的质量和浓度。

如前所述，很多鱼类体内存在着多巴胺抑制系统，由于其抑制功能主要作用于脑垂体，降低脑垂体对 GnRH 的敏感性，并抑制 GTH 的分泌，因而对于具有多巴胺抑制系统的鱼类，单纯用 LRH－A 作为性腺发育成熟的诱导剂是不够的，如石斑鱼体内存在着多巴胺抑制系统，只有在 LRH－A 与多巴胺拮抗物质结合使用的条件下，才能获得满意的效果。多巴胺在性腺发育早期对鱼类促性腺激素的释放能更有效地抑制，这也是在性腺发育早期 LRH 的诱导作用不如 HCG 好的原因，同时也是鱼类性腺发育后期应用 LRH－A 效果较好的原因。

HCG（绒毛膜促性腺激素）是一种高分黏蛋白性质的 GTH，由于其结构和功效稳定且成本低，已被广泛地用来诱导鱼类的成熟和产卵。也有研究认为，重复使用可能导致鱼体产生免疫反应，这可能是由异体活性物质的种族特异性引起的。

外源激素不仅仅局限于诱导卵母细胞的最后成熟和产卵，激素处理还能对生殖腺的早期发育产生作用。给大泷六线鱼注射17β-雌二醇，每7 d注射1次，每次4 μg/尾，实验进行28 d，结果发现实验组与对照组（生理盐水）的性腺指数无显著差异。在鱼类性腺发育早期和中期，食物中的类固醇激素具有抑制性腺发育的作用，这种抑制作用可能是通过作用于促性腺激素分泌的负反馈机制来实现的，食物类固醇激素在性腺发育末期则反转为正反馈作用。

第四章

六线鱼发育生物学

鱼类的发育过程贯穿于整个生命周期，其形态的变化在发育进程中可划分出几个在本质上截然不同的时期。硬骨鱼类的个体发育，总的是以连续的渐进方式进行的，但从一个发育阶段转向另一个发育阶段，往往是在短暂的时间内以突进方式完成的，鱼类早期发育阶段尤为如此。鱼类早期发育阶段的生长规律及其关键变态期的特性，不仅是解释鱼类早期生活史发生机理途径的重要基础，也是提高生产实践中鱼类苗种培育技术的重要理论依据。根据鱼类生命周期各发育阶段的特征划分，可将鱼类早期发育分为胚胎期、仔鱼期、稚鱼期 3 个发育阶段。

第一节　胚胎发育特征

鱼类的胚胎发育是由一个单细胞的受精卵，经历多细胞、胚层分化、器官发生而至仔鱼孵出卵膜的个体早期发育过程。研究鱼类胚胎发育具有十分重要的意义，可以探究鱼类早期发育的特点，掌握其阶段发育规律和要点，满足生理、生态要求，是指导生产中人工育苗取得成功的关键所在。虽然不同硬骨鱼类间存在发育季节、周期、温度、盐度等环境理化因子的差异，但是它们的基本发育程序是一致的，都需要经过卵裂期、囊胚期、原肠期、胚体形成、胚层分化及器官形成等一系列发育过程，最终达到具有运动能力生命个体的诞生。

大泷六线鱼受精卵为球形黏性卵，透明度差，端黄卵，多油球。笔者在水温 16.0 ℃，盐度 31，pH 8.0，光照 600～1 000 lx 的孵化条件下，对大泷六线鱼的胚胎发育作了观察研究，受精卵历经发育 20 d 后，仔鱼开始陆续破膜而出。

大泷六线鱼受精卵卵膜较厚，透明度极差，油球小而轻、多且较分散，覆盖在受精卵的上表层，翻转受精卵油球会随卵转动并迅速重新覆盖到卵的上表层，给胚胎观察造成较大困难。胚胎发育后期受精卵的透明度明显增加，一方面，大多数鱼类的胚胎具有起源于外胚层的单细胞孵化腺所分泌的孵化酶，孵化酶可以使卵膜变薄，有利于仔鱼的顺利孵出。另一方面，胚胎发育后期油球逐渐融合为 1～5 个，这也是受精卵透明度逐渐增加的原因之一。大泷六线鱼胚胎发育时序（表 4-1）及各期胚胎发育特征（彩图 17）如下。

卵裂期　卵裂方式为盘状卵裂。受精后 4 h 形成胚盘；5 h 首次分裂成两个等大的分裂球即 2 细胞期；7 h 30 min 发生第二次分裂到 4 细胞期，第二次分裂与第一次分裂垂直交叉；8 h 30 min 第三次分裂到 8 细胞期，分裂沟与第一次分裂平行；9 h 30 min 第四次分裂到 16 细胞期，分裂沟与第二次分裂平行；12 h 发生第五次分裂到 32 细胞期；14 h 发生第一次横裂，

表 4-1 大泷六线鱼胚胎发育时序（16.0 ℃）

发育持续时间	发育阶段	主要特征
0 h 00 min	受精卵	球形沉性卵，端黄卵，透明度差，卵径 1.62～2.32 mm
4 h 00 min	胚盘期	形成胚盘，油球轻
5 h 00 min	2 细胞期	第 1 次分裂
7 h 30 min	4 细胞期	第 2 次分裂，与第 1 次分裂垂直发生
8 h 30 min	8 细胞期	第 3 次分裂，与第 1 次分裂平行发生
9 h 30 min	16 细胞期	第 4 次分裂，与第 1 次分裂垂直发生
12 h 00 min	32 细胞期	第 5 次分裂
14 h 00 min	64 细胞期	第 6 次分裂，横裂，形成排列不均的 2 层细胞
1 d 4 h	高囊胚期	细胞堆积呈半球形，突出于卵黄上，高度约为卵黄径的 1/5
1 d 11 h	低囊胚期	囊胚层边缘逐渐变薄，高度逐渐降低
2 d 2 h	原肠期	原肠腔形成，胚盾明显
3 d	神经胚期	胚盾中间加厚，形成胚体雏形
5 d	器官发生期	胚体首尾分明，体节清晰可见，出现眼泡、心脏原基，体表出现色素沉淀
8 d	肌肉效应期	胚体绕卵 3/5，晶体形成，听囊明显。肠道形成，肛门清晰可见。心脏搏动有力，48～56 次/min，血液无色，胚体出现间断性收缩，色素点进一步增多，颜色变深
18 d	孵出前期	胚体绕卵 1 周半，发育成仔鱼雏形，血管清晰，血液浅红色，卵黄囊进一步缩小为椭圆形，油球 1～5 个，胚体浅绿色，胚体全身分布星芒状色素细胞，颜色较深
20 d	孵出期	胚体抖动幅度和频率进一步加大，卵黄囊继续缩小，随着胚体的扭动，胚体按照先尾部后头部的顺序破膜而出

形成排列不均的 2 层细胞；随后逐渐分裂并在动物极处形成多层表面粗糙的细胞群，进入桑葚期［彩图 17（7）］。

囊胚期 受精后 28 h，细胞持续分裂堆积呈半球形，突出于卵黄上，高度约为卵黄径的 1/5，形成高囊胚；35 h，细胞继续分裂，囊胚层边缘逐渐变薄，高度逐渐降低，进入低囊胚期，为原肠下包做好准备，并开始形成原肠腔［彩图 17（8）、彩图 17（9）］。

原肠期 受精后 50 h，原肠腔形成，原肠胚边缘下包，进入原肠早期；胚盘继续下包，胚盾渐明显；随后原肠腔壁加厚，胚胎进入原肠晚期［彩图 17（10）］。

神经胚期 受精后 3 d，胚盾中间加厚，形成胚体雏形。胚环向下伸展形成原口［彩图 17（11）］。

器官发生期 受精 5 d 后，胚体首尾分明，胚体前端膨大形成头部，尾部膨大成圆形，胚体体节清晰可见。随后胚体头部出现眼泡，头部下方出现心脏原基，胚体绕卵 1/2。胚体开始出现黑色素沉淀［彩图 17（12）］。

肌肉效应期 受精 8 d 后，胚体绕卵 3/5。色素点进一步增多。晶体形成，听囊明显。肠道形成，肛门清晰可见。心脏搏动有力，48～56 次/min，血液无色。胚体尾部离开卵黄，胚体出现间断性收缩（肌肉效应），肌肉扭动频率 8～15 次/min［彩图 17（13）］。

孵出前期 18 d 后，胚体盘曲绕卵 1 周半，不时扭动，已发育成仔鱼雏形，胚体浅绿色。血管清晰，血液开始出现红色，血流速度快。由于胚体的压力，卵黄进一步缩小为椭圆形，油球融合为1～5个。胚胎眼球有黑色素出现，眼球颜色随发育逐渐加深，这与多数海水硬骨鱼类不同，而较接近于卵胎生鱼类如许氏平鲉（*Sebastodes fuscescens*）等种类。胚体全身分布黑色素细胞，并具有扩散能力，呈现星芒状，颜色较深［彩图17（14）、彩图17（15）］。

孵出期 20 d，胚体抖动幅度和频率进一步加大，卵黄囊进一步缩小，随着胚体的扭动，胚体按照先尾部后头部的顺序破膜而出［彩图17（16）］。初孵仔鱼全长平均0.62 cm［彩图17（17）］。

第二节 仔、稚、幼鱼发育特征

一、大泷六线鱼仔、稚、幼鱼早期发育阶段的划分

有关海水鱼类仔、稚、幼鱼胚后发育阶段的划分，不同学者对同种或不同鱼类的划分不尽相同。大泷六线鱼仔、稚、幼鱼发育阶段的划分尚未见报道，我们依据大泷六线鱼早期发育过程中卵黄囊、侧线、鳞片、体色等形态特征的变化，将大泷六线鱼仔、稚、幼鱼的发育分为4个时期：从鱼苗孵出至卵黄囊消失为前期仔鱼期（0～6日龄）；从卵黄囊消失至侧线开始形成为后期仔鱼期（6～28日龄）；从侧线开始形成到体表遍布鳞片，侧线完全形成，体色绿色开始褪去向黄色转变，背鳍凹处出现一黑斑为稚鱼期（28～60日龄）；此后进入幼鱼期（60日龄以后），鱼体体形、体色等均与成鱼相似。

二、仔、稚、幼鱼的发育

在水温16.0℃，盐度31，pH=8.0的条件下，大泷六线鱼仔、稚、幼鱼各期生长发育特征如下（彩图18、图4-1、图4-2）。

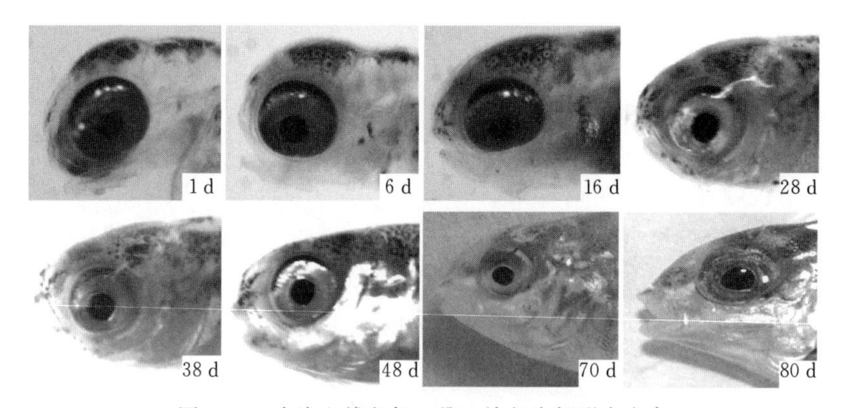

图4-1 大泷六线鱼仔、稚、幼鱼头部形态发育

初孵仔鱼 全长（6.18±0.50）mm（*n*=60），体高（0.96±0.19）mm（*n*=60），肛前长（2.38±0.22）mm（*n*=60），眼径（0.55±0.04）mm（*n*=60）；卵黄囊膨大成梨形，长径（1.74±0.24）mm（*n*=60），短径（1.39±0.19）mm（*n*=60）；油球球形，鲜黄色，1个（极少数2～5个），位于卵黄囊前端下缘［彩图18（0 d）］。

仔鱼通体透明，浅绿色，头部、背部、卵黄囊上缘、脊柱体侧均有点状、星芒状黑色素

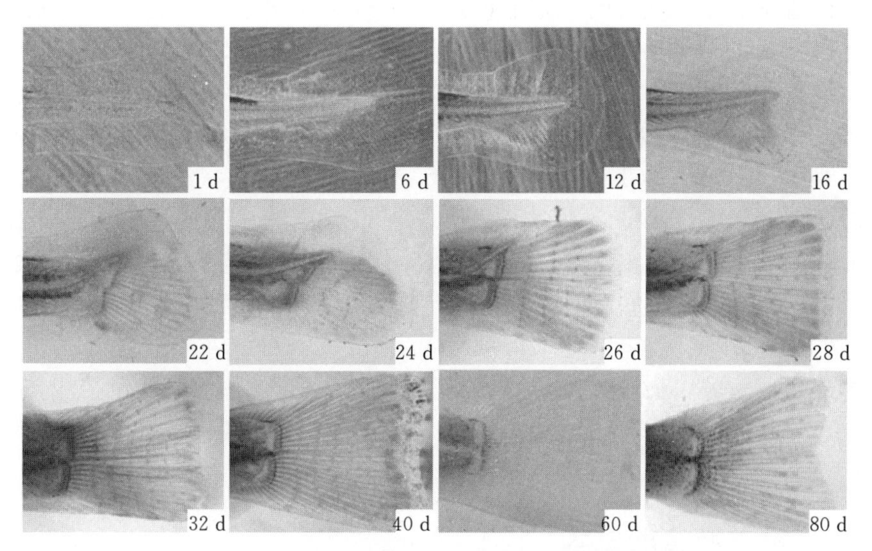

图 4-2　大泷六线鱼仔、稚、幼鱼尾部形态发育

细胞分布；眼侧位，眼球色素浓黑；听囊清晰；全身从背部到尾部为一连贯的透明鳍膜（仔鱼膜）；肌节明显，53～57 对；心脏规律性搏动，50～70 次/min；卵黄囊上血管密布，淡红色血液在卵黄囊、吻端、躯干脊椎下方流动清晰可见，尾部血管不分支；消化道初步形成，平直，口时有吞咽动作；鳃形成，鳃弓明显，鳃丝浅红色。仔鱼出膜后很快展直身体，侧卧水底，活力较弱，1～2 h 后开始间歇性运动，并上浮到水面。

1 日龄仔鱼　鱼体延长，全长（6.49±0.52）mm（n=30）；卵黄囊收缩，油球缩小，少数仔鱼仍有多个油球；头部、卵黄囊、背部、体侧黑色素细胞继续增多、颜色加深；消化道贯通；鳍膜从听囊后部开始，经尾部直至肛前卵黄囊下方结束，尾鳍膜弧形有放射线出现；胸鳍发达，扇形［彩图 18（1 d）、图 4-1（1 d）、图 4-2（1 d）］。

3 日龄仔鱼　全长（6.93±0.56）mm（n=30）；卵黄囊明显收缩，油球尚存；鱼体浅绿色，色素细胞继续增多加深，头部、卵黄囊上侧开始变得不透明；尾鳍基出现；部分仔鱼开始摄食轮虫［彩图 18（3 d）］。

6 日龄仔鱼　全长（7.36±0.62）mm（n=30）；油球消耗殆尽；鱼体腹部不透明，鳍部透明，故水中所见仍为透明仔鱼；尾鳍基更加明显，尾椎骨开始上翘，尾鳍条可见；臀鳍原基开始出现；消化道开始出现弯曲［彩图 18（6 d）、图 4-1（6 d）、图 4-2（6 d）］。

16 日龄仔鱼　全长（12.70±0.74）mm（n=30）；尾部棒状骨开始形成，尾鳍鳍条明显，开始出现分节；背鳍、臀鳍波浪形原基形成，鳍条可见［彩图 18（16 d）、图 4-1（16 d）、图 4-2（16 d）］。

28 日龄稚鱼　全长（18.50±0.90）mm（n=30）；生出侧线鳞，背鳍连续、中间微凹的前后两部分，前部鳍棘 18，后部鳍条 20；尾鳍条 29，最多分 6 节；臀鳍条 20［彩图 18（28 d）、图 4-1（28 d）］。

38 日龄稚鱼　全长（40.00±1.98）mm（n=30）；背鳍鳍条 41，臀鳍鳍条 20，腹鳍鳍条 6，胸鳍鳍条 17，除尾鳍外各鳍鳍条均达定数；尾鳍条 44，部分尾鳍分支；眼睑上出现皮质突起［彩图 18（38 d）、图 4-1（38 d）］。

48 日龄稚鱼 全长（43.70±3.02）mm（n=30）；背鳍、臀鳍鳍条最多分 6 节，胸鳍鳍条最多分 11 节，腹鳍鳍条最多分 7 节；尾鳍中间微凹，截形，鳍条 46，分节鳍条 14，最多分 12 节，尾鳍中部鳍条分支后又出现 2～3 节，除尾鳍条外，其他鳍条均不分支；上颌牙齿 18～22 个，下颌齿明显少于上颌，仅有数个。稚鱼开始潜入水底，仅摄食时游到水面[彩图 18（48 d）、图 4-1（48 d）]。

60 日龄幼鱼 全长（52.00±4.06）mm（n=30）；体表遍布鳞片；侧线清晰明显，纵贯体侧中部偏上位置，侧线上方体色浅绿色，其间散布许多黑色素点，下方腹部银色；口端位，多数吻端呈橘红色或褐色；部分幼鱼浅绿色开始从头向尾部方向逐渐褪去，变为浅黄褐色，背鳍凹处出现一圆形黑斑[彩图 18（60 d）、图 4-2（60 d）]。

80 日龄幼鱼 全长（62.00±3.10）mm（n=30）；鱼体体型、体色近成鱼，黄褐色，各鳍上均有黑、黄色素斑分布；多栖息于水底，寻找遮蔽物躲藏[彩图 18（80 d）、图 4-1（80 d）、图 4-2（80 d）]。

三、仔、稚、幼鱼的生长

在 16.0℃孵化水温下，大泷六线鱼初孵仔鱼全长（6.18±0.50）mm（n=60），游泳能力较弱，多沉在水底。孵出后 1～2 h 后开始浮上水面，在培育池中分布较为分散。初孵仔鱼由卵黄供给营养，无摄食能力，生长较缓慢。随着卵黄被迅速吸收及摄食、消化相关器官的逐渐完善，3～4 日龄仔鱼开始摄食轮虫，游泳能力逐渐增强，并开始集群。大泷六线鱼仔鱼开口时卵黄囊尚存，其开口期属于混合营养型。10 日龄后仔鱼能够摄食卤虫无节幼体，生长速度明显加快。48 日龄后，开始投喂配合饲料，幼鱼生长渐趋稳定，开始潜入寻找遮蔽物，仅摄食时游到水面上来，较少游动，夜间紧贴池底，尾部呈弯曲状，这也是岩礁鱼类的特性。

大泷六线鱼仔、稚、幼鱼全长与日龄呈现明显的正相关性（图 4-3），且呈现先慢后快再慢的趋势：0～7 日龄生长相对缓慢，平均生长率为 0.21 mm/d；7 日龄后进入快速生长期，平均生长率为 0.88 mm/d；48 日龄后生长速度再度趋缓，平均生长率为 0.57 mm/d。在水温 16.0℃、盐度 31、光照 500～1 000 lx 的培育条件下，依照 $TL=aD^3+bD^2+cD+d$ 的方程式（TL 为全长，D 为日龄）对前 80 日龄大泷六线鱼的全长与日龄进行回归，得到生长模型为 $TL_{(0\sim80)}=-0.0002D^3+0.0281D^2-0.1557D+7.376$（$R^2=0.9939$）（图 4-4）。

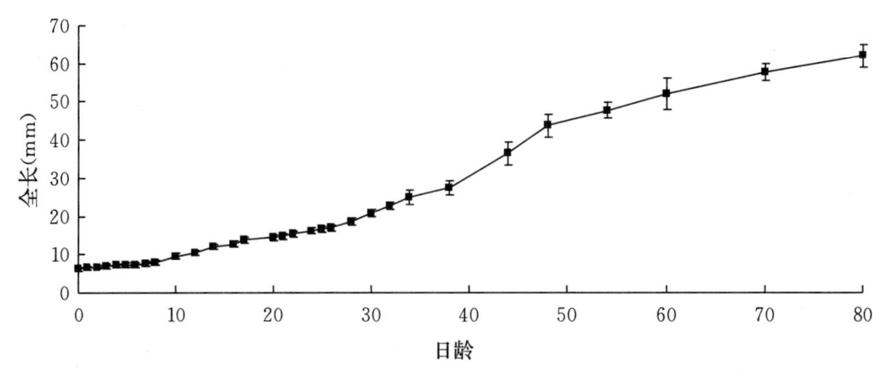

图 4-3 大泷六线鱼仔、稚、幼鱼全长生长曲线（16.0℃）

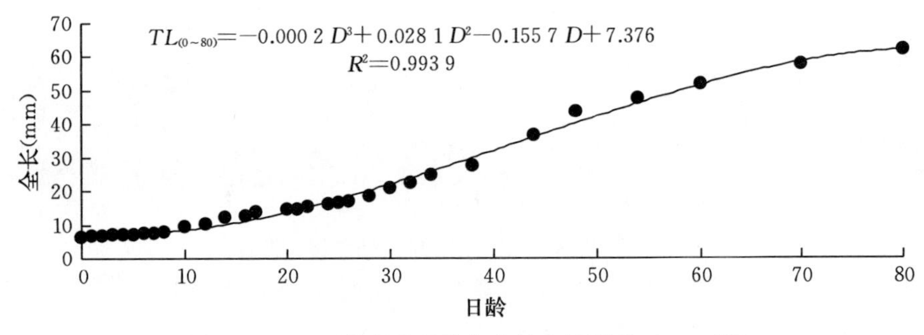

图 4-4　80 日龄大泷六线鱼全长生长模型（16.0 ℃）

对 3 个阶段即初孵仔鱼至 7 日龄、7～48 日龄、48～80 日龄分别回归，生长模型分别为（图 4-5）：$TL_{(0\sim7)}=0.004\ 6D^3-0.057\ 2D^2+0.383\ 1D+6.175\ 1$（$R^2=0.997\ 1$），$TL_{(7\sim48)}=0.000\ 5D^3-0.026\ 7D^2+0.931D+2.269$（$R^2=0.997\ 3$），$TL_{(48\sim80)}=-0.000\ 1D^3+0.018\ 7D^2-0.204\ 5D+24.646$（$R^2=0.999\ 8$）。

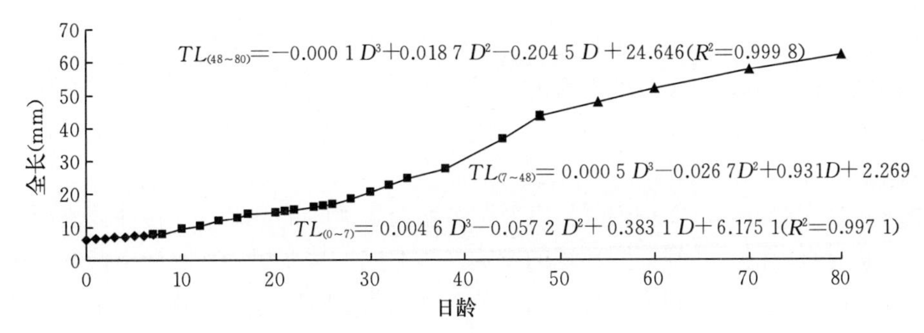

图 4-5　大泷六线鱼全长与日龄的关系（16.0 ℃）

初孵仔鱼至仔鱼开口前（0～3 日龄）完全靠自身卵黄营养，3～7 日龄仔鱼刚刚开始摄食轮虫，摄食能力较弱，摄食量小，生长较为缓慢；7 日龄后进入快速生长期，仔鱼孵出 6～7 日龄后，开始加投卤虫无节幼体，仔鱼由内源性营养成功过渡到外源性营养，摄食量逐渐增大，生长迅速；48 日龄后，开始投喂配合饲料，生长速度趋缓，并逐渐稳定。可以看出，这 3 个生长模型能够更好地反映 3 个阶段各自的生长规律。

四、仔、稚、幼鱼体色变化

大泷六线鱼鱼卵颜色有较大差异，主要有棕色、灰白、黄橙、灰绿、浅蓝等颜色。我们对大泷六线鱼的仔、稚、幼鱼的体色研究发现：胚胎发育后期，胚体分布星芒状色素细胞，胚体浅绿色；初孵仔鱼与胚胎发育期颜色相同，通体浅绿色，随着生长发育，体绿色逐渐加深，至幼鱼阶段体色逐渐转变为淡黄色，并最终加深为黄褐色（图 4-6）。大泷六线鱼早期发育过程中发现其蓝绿色体色并非是血液或皮肤体表的颜色，其可能是来源于体内骨骼的颜色，因为鱼类本身很少含有蓝绿色素细胞。其他鱼类的骨骼体色成因，如扁颌针鱼（*Ablennes anastomella*）的绿色、鲣（*Katsuwonus pelamis*）的蓝绿色，以及其他种类包括

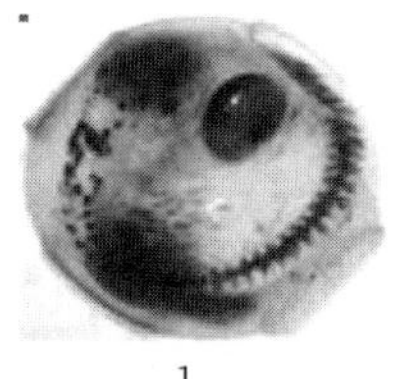 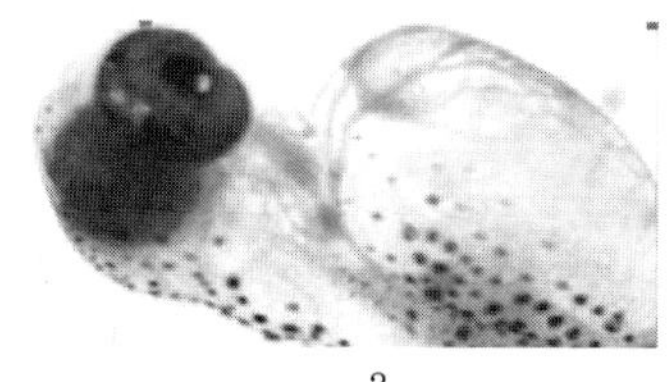 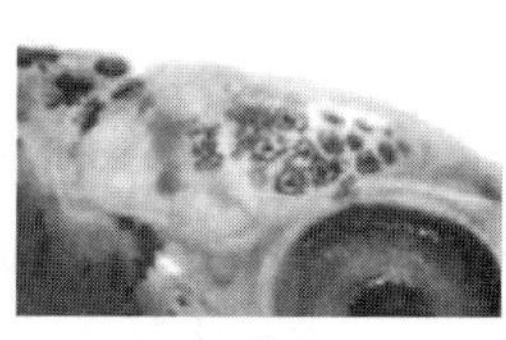 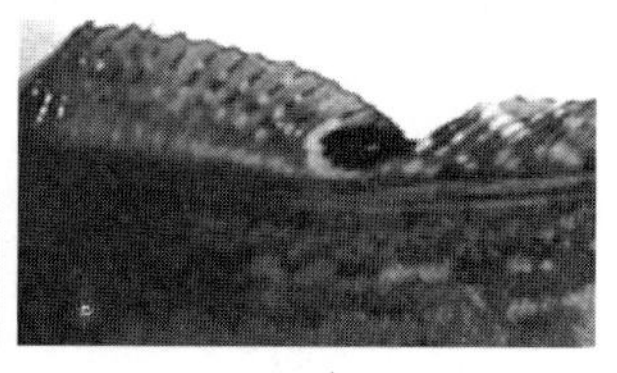

1　　2　　3　　4

图 4-6　大泷六线鱼仔、稚、幼鱼体色发育
1. 胚胎发育后期　2. 仔鱼色素细胞分布　3. 稚鱼体色　4. 幼鱼体色

杜父鱼属（*Cottus*）、绵鳚属（*Zoarces*）等由于骨内含有胆绿素而呈现出蓝绿色的体色。大泷六线鱼早期发育是否也是由于存在胆绿素的情况还需要进一步研究证实。

在大泷六线鱼着鳞培育实验中，当鱼的身长达到 45～50 mm 时，鱼体的颜色从绿色变为褐色，与大泷六线鱼着鳞时间趋同，因此也有学者推测鱼体颜色变化与鱼鳞形成有关。

第三节　骨骼的发育特征

鱼类骨骼系统包括外骨骼与内骨骼，外骨骼主要由鳞片、鳍条等组成，内骨骼主要由主轴骨骼与附肢骨骼组成，鱼类骨骼发育方式可分为两种，一种是由间充质细胞直接分化为骨细胞并骨化成骨骼，即膜内化骨；另一种是由间充质干细胞先分化为软骨细胞，软骨细胞再经骨化成骨骼，即软骨内化骨。

鱼类骨骼是支撑身体，保护内脏器官及配合肌肉运动的重要组织，各种骨骼形态、构造在长期的进化过程中由于受到周围环境的影响发育形成了与之相适宜的结构特点，在海水鱼类的人工育苗阶段，当其受到不适合生长的外界环境刺激时就会出现畸形现象，且这种现象普遍存在，人工繁育鱼苗畸形发育可导致鱼类运动困难、摄食能力降低、生长缓慢，对人工繁育成活率及苗种质量非常不利，并且会影响商品鱼外观及其经济价值。据统计，养殖鱼的畸形每年给整个欧洲水产养殖业带来的直接经济损失超过 5 000 万欧元；且通过对我国南方地区主要海水鱼类养殖的调研发现，畸形率在 17.5%～25.9%，因此，骨骼畸形发育是困扰海水鱼类养殖的主要问题之一，骨骼系统是否正常发育是衡量鱼苗质量好坏的重要指标之一。

人工繁育条件下，遗传因素，环境因素及营养因素对仔、稚鱼早期骨骼发育影响较为显著，因此，通过研究鱼类骨骼发育及骨骼畸形发生，不仅有助于了解鱼类早期发育阶段的功能趋向，为鱼类发育学、鱼类分类学提供理论基础，而且有助于揭示出养殖过程中，可能受到的来自营养、环境等因素的胁迫，从而科学的为调整养殖环境参数、确定添加外源营养素类型及时间点，为降低畸形率奠定基础。我们在大泷六线鱼大规模繁育过程中发现了骨骼畸形的现象，严重影响了鱼苗的生长及成活率，如何降低苗种骨骼发育畸形率成为人工繁育过程中必须解决的重要课题。

一、大泷六线鱼早期骨骼发育时序

鱼类骨骼系统包括外骨骼与内骨骼，外骨骼主要由鳞片、鳍条等组成，内骨骼主要由主轴骨骼与附肢骨骼组成，鱼类骨骼发育方式可分为两种，一种是由间充质细胞直接分化为骨细胞并骨化成骨骼，即膜内化骨；另一种是由间充质干细胞先分化为软骨细胞，软骨细胞再经骨化成骨骼，即软骨内化骨。

鱼类骨骼发育是一个非常复杂的过程，其会影响鱼类的外部形态与功能需求硬骨鱼类因种类不同，在骨骼发育方面存在明显的差异，目前，国内外很多学者已围绕鱼类骨骼系统发育开展了大量的研究，摸清了鞍带石斑鱼（*Epinephelus lanceolatus*）、大菱鲆（*Scophthalmus maximus*）、卵形鲳鲹（*Trachinotus ovatus*）、大黄鱼（*Larimichthys crocea*）、塞内加尔鳎（*Solea senegalensis*）、鲱小鲷（*Pagellus erythrinus*）、日本鬼鲉（*Inimicus japonicus*）等硬骨鱼类的骨骼发育时序规律。研究发现，鱼类早期骨骼发育遵循头部优先发育的原则，且骨骼早期发育时序的不同与仔、稚鱼的胚后发育和对环境的适应性密切相关，如塞内加尔鳎在孵化后 12 d 后脊柱和尾骨开始发育，这与其底栖生活习性有关，卵形鲳的脊柱硬化发生在孵化后的 7～9 d，骨骼的迅速发育使卵形鲳鲹仔、稚鱼能够具有较强的游泳与摄食能力，而青鳉（*Oryzias latipes*）的骨骼发育早在孵化之前就开始，这保证了其在仔鱼阶段能够自主游泳和摄食。

对于鱼类骨骼的发育时序分析可知，鱼类骨骼头部骨骼的骨化均起始于齿骨、颌骨、鳃盖骨等于呼吸和摄食相关的骨骼元件，如大菱鲆、赤点石斑鱼、贝氏隆头鱼等；鱼类脊柱骨骼的发育经历神经弓、脉弓、神经棘、脉棘软骨化骨、脊柱膜骨化骨的过程，不同鱼类骨骼的脊柱的骨化不仅相同，部分鱼类脊柱骨化由头区向尾区延伸，如塞内加尔鳎、鞍带石斑鱼，而在金头鲷和卵形鲳鲹中，脊柱骨化为由两端向中间发生骨化；鱼类鳍作为维持身体平衡和游泳能力的重要器官，其骨骼发育也遵循一定的顺序，胸鳍为最早出现的鳍，随后为尾鳍、背鳍、臀鳍和腹鳍，最晚完成骨化的鳍为胸鳍，以上发育模式已在鞍带石斑鱼、绯小鲷中被证实。

通过对人工繁育大泷六线鱼的仔、稚鱼骨骼发育进行连续观察，掌握仔、稚鱼骨骼系统发育过程，摸清不同骨骼的骨化时间节点，能够为大泷六线鱼早期发育学提供理论基础，同时也为六线鱼的分类鉴定，以及增殖和保护提供科学依据。

（一）大泷六线鱼仔、稚鱼骨骼染色方法

骨骼染色方法根据 Dingerkus 和 Uhler 改良后的软骨—硬骨双染色方法，具体方法如下：

1. 固定

将样本浸泡在 10%福尔马林溶液中固定至少 2 d，4 ℃保存。

2. 冲洗

用自来水流水冲洗样本后，放入蒸馏水中浸泡至少 2 d，中间需更换蒸馏水 2～3 次，以彻底清除样本表面残留的固定液。

3. 软骨染色

将样本取出，用吸水纸吸干后，置于软骨染色液（20 mg 阿利新蓝 8GX＋70 mL 无水乙醇＋30 mL 冰乙酸），样本在染色液中放置 1～2 d，具体时间按照标本大小进行调整，一般软骨染上鲜明蓝色即可，但需注意，不宜过度染色。

4. 复水

将样本从染色液中取出，用吸水纸吸干，将样本置于无水乙醇中 1～3 d，中间更换无水乙醇 1～2 次；将样本从无水乙醇中取出，换入 95%乙醇溶液，2～3 h 后再换入一次递减浓

度的乙醇中（75%、40%、15%），最终置于蒸馏水中，直至样本下沉。

5. 肌肉消化

将样本放入胰蛋白酶溶液（30 mL 饱和硼酸钠水溶液＋70 mL 蒸馏水＋1 g 胰蛋白酶）中数天，样本浸泡 2 d 左右需更换新胰蛋白酶溶液，如发现药液发蓝，则需提前更换新制剂，直至样本在药液中完全软化为止，这时标本已基本透明，透过残余组织可看清骨骼，注意：浸泡时间不宜过长，以免样本被过度消化以至完全解体，浸泡在胰蛋白酶溶液中的样本置于 36 ℃水浴锅中进行消化。

6. 硬骨染色

将已软化的标本置于硬骨染色液（0.5%KOH＋足够的茜素红，直至溶液呈现深紫色），样本在染液中放置 1～2 d，直至硬骨染为紫红色为止。

7. 脱色与漂白

将已染好的样本移至 0.5%KOH－甘油合剂中，此合剂中 KOH 和甘油的比例由 3∶1 依次改为 1∶1、1∶3，最后转入到纯甘油中进行保存。以上每一步至少需要 24 h，若鱼体表面存在色素，可在第一、二步每 100 mL 溶液中加入 3～4 滴 3%H_2O_2 溶液进行色素漂白。

8. 存储

将浸泡样本的纯甘油中加入麝香草酚，以抑制细菌及霉菌的滋生。

（二）大泷六线鱼早期骨骼发育

1. 大泷六线鱼头骨骨骼发育时序（表 4－2）

表 4－2 大泷六线鱼头骨骨骼发育时序

骨元件	全长(mm)						
	5	10	15	20	25	30	35
颅骨							
副蝶骨							
筛板							
鼻骨							
中筛板							
侧筛板							
骨小梁							
筛骨软骨							
缘带							
顶骨							
额骨							
鳃上骨							
基鳃软骨1							
基鳃软骨2							
角鳃骨							
鳃下骨							
颌骨							
上颌骨							
前颌骨							
齿骨							
舌续骨							
腭方骨							
角骨							

（续）

骨元件	全长(mm)						
	5	10	15	20	25	30	35
迈克尔氏软骨							
舌骨棒							
下舌骨							
基舌骨							
茎舌骨							
板状骨							
后翼骨							
外翼骨							
续骨							
内翼骨							
舌颌骨							
方骨							
鳃盖							
鳃盖骨							
前鳃盖骨							
间鳃盖骨							
下鳃盖骨							

注：软骨 ▬ 硬骨 ▬ 骨骼退化 ▬ ▬ 。

表 4-3 大泷六线鱼脊柱及鳍骨骼发育时序

骨元件	全长(mm)						
	5	10	15	20	25	30	35
脊柱							
神经弓							
神经棘							
脉弓							
脉棘							
椎骨							
椎体横突							
尾鳍							
尾下骨1							
尾下骨2							
尾下骨3							
尾下骨4							
侧尾下骨							
尾上骨1							
尾上骨2							
尾上骨3							
尾杆骨							
尾鳍条							
胸鳍							
肩胛骨							
乌喙骨							
胸鳍支鳍骨							
胸鳍条							
匙骨							
腹鳍							
腹鳍支鳍骨							
腹鳍原基							
腹鳍条							

（续）

骨元件	全长(mm)						
	5	10	15	20	25	30	35
背鳍							
背鳍支鳍骨							
背鳍条							
臀鳍							
臀鳍支鳍骨							
臀鳍条							

注：软骨 硬骨 骨骼退化 。

大泷六线鱼颅骨发育时序见图 4－7 和表 4－2。大泷六线鱼初孵仔鱼全长（6.00±0.31）mm［1 日龄，图 4－7（A）］，头部已存在部分软骨及骨原件，且此时存在的软骨原件基本与摄食和呼吸相关，如迈克尔氏软骨、腭方骨、舌棒骨、舌续骨、下舌骨、第一基鳃软骨、4 对角鳃骨、骨小梁、筛板。此外，缘带出现在眼睛上方。当仔鱼全长达到（6.71±0.27）mm［4 日龄，图 4－7（B）］时，第二基鳃软骨出现在第一基鳃软骨后端，缘带向后延伸，且软骨桥出现，将头盖骨分为前囟和后囟，当全长达到（8.52±0.16）mm［9 日龄，图 4－7（C）］时，3 对鳃下骨、第五对角鳃骨可见，全长至（10.12±0.31）mm［13 日龄，图 4－7（D）］时，迈克尔氏软骨背中部突，4 对鳃上骨、鼻骨、中筛板、侧筛板相继出现，筛骨软骨出现在筛板前端、翼骨突出现在腭方骨前端并向筛板方向延伸，舌棒骨后端逐渐变宽。全长达到（12.22±0.42）mm 至（16.17±0.40）mm 时［16 日龄，图 4－7（E～I）］，基舌骨出现在第一基鳃软骨前方，与此同时，下舌骨、上颌骨、前颌骨、鳃丝相继出现，迈克尔氏软骨前端逐步发生退化。当全长达到（18.02±1.27）mm

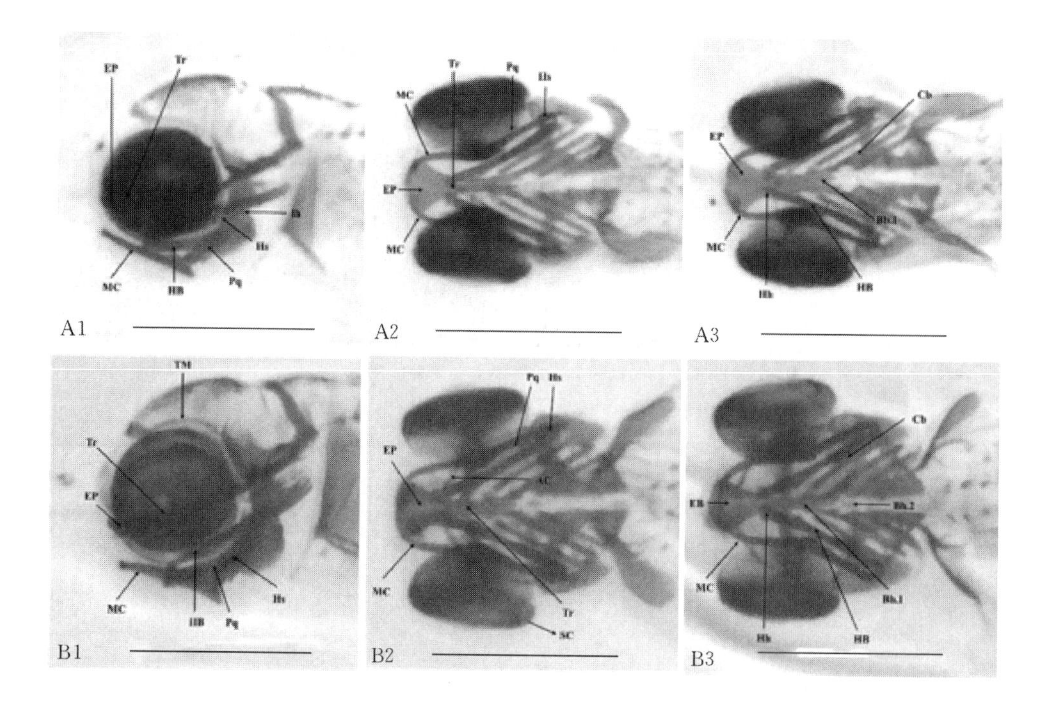

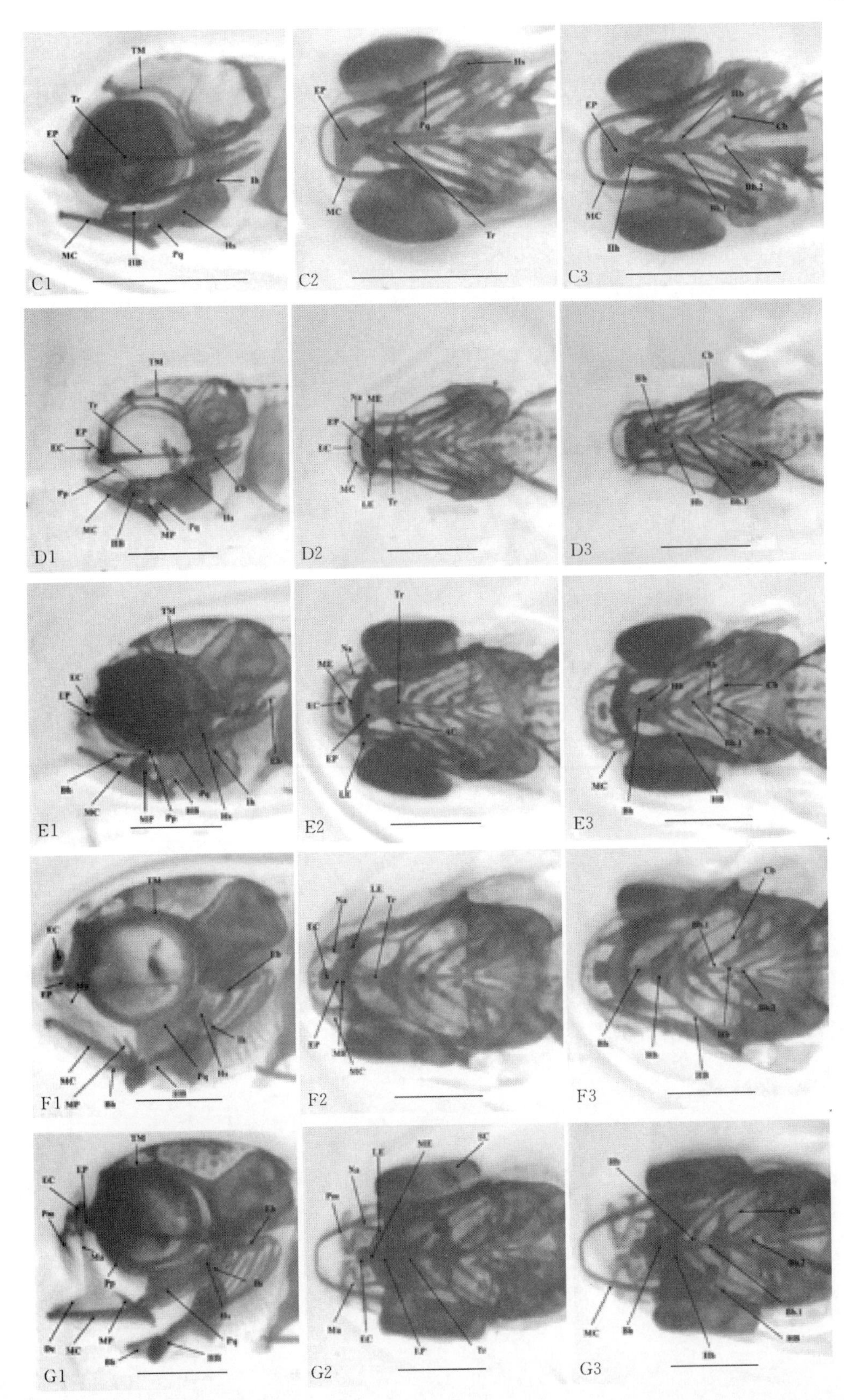

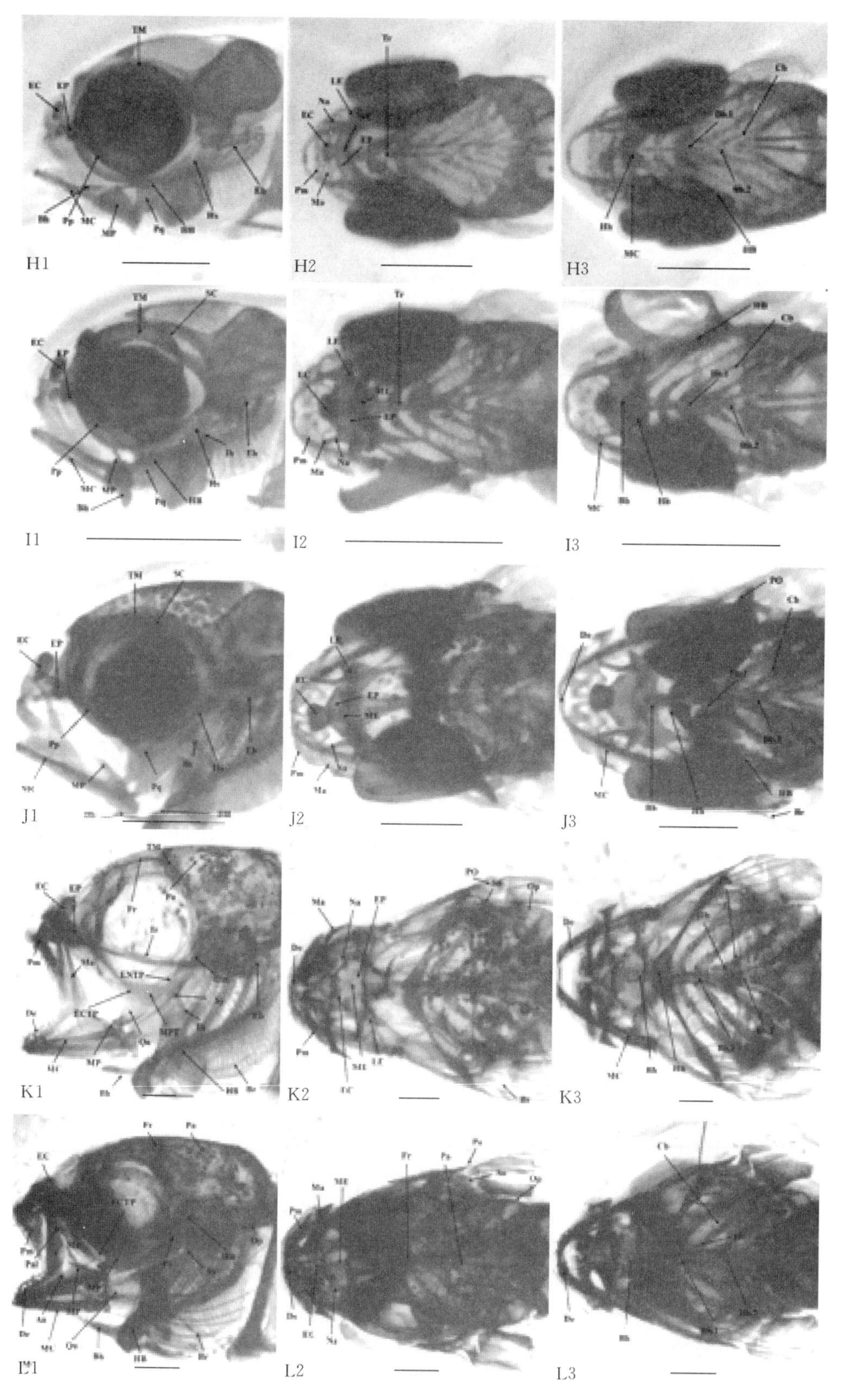
H1
H2
H3
I1
I2
I3
J1
J2
J3
K1
K2
K3
L1
L2
L3

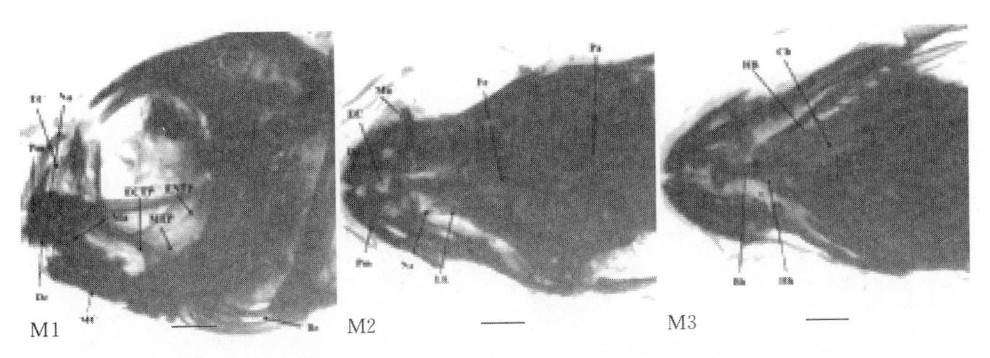

图 4-7　大泷六线鱼仔、稚鱼头部骨骼发育时序

A. 仔鱼全长（6.00±0.31）mm（1 日龄）　B. 仔鱼全长（6.71±0.27）mm（4 日龄）　C. 仔鱼全长（8.52±0.16）mm（9 日龄）　D. 仔鱼全长（10.12±0.31）mm（13 日龄）　E. 仔鱼全长（12.22±0.42）mm（16 日龄）　F. 仔鱼全长（13.35±0.22）mm（17 日龄）　G. 仔鱼全长（13.73±0.14）mm（18 日龄）　H. 仔鱼全长（14.45±0.37）mm（19 日龄）　I. 仔鱼全长（16.17±0.40）mm（21 日龄）　J. 仔鱼全长（18.02±1.27）mm（23 日龄）　K. 仔鱼全长（25.16±1.36）mm（35 日龄）　L. 仔鱼全长（31.43±1.54）mm（50 日龄）　M. 仔鱼全长（35.38±2.79）mm（60 日龄）

A1-M1 为侧面观，A2-M2 为背面观，A3-M3 为腹面观

An. 角骨　Bb. 1. 第一基鳃软骨　Bb. 2. 第二基鳃软骨　Bh. 基舌骨　Br. 鳃盖条　Cb. 角鳃骨　De. 齿骨　EP. 筛板　EC. 筛骨软骨　Eb. 鳃上骨　ECTP. 外翼骨　ENTP. 内翼骨　Fr. 额骨　HB. 舌骨棒　Hb. 鳃下骨　Hh. 下舌骨　Hs. 舌续骨　Hm. 舌颌骨　Io. 间鳃盖骨　LE. 侧筛板　MC. 迈克尔氏软骨　Ma. 上颌骨　ME. 中筛骨　MPT. 后翼骨　MP. 背中部突　Na. 鼻骨　Op. 鳃盖　Pal. 上腭　Pm. 前颌骨　Pp. 翼骨突　Pq. 腭方骨　Pa. 顶骨　Po. 前鳃盖骨　Ps. 副蝶骨　Qu. 方骨　Sy. 续骨　So. 下鳃盖骨　Tr. 骨小梁　TM. 缘带（比例尺：1.00 mm）

[23 日龄，图 4-7（J）] 时，齿骨开始骨化；全长为 20.00 mm（26 日龄）时，前颌骨、上颌骨开始骨化，至全长达到（25.16±1.36）mm [35 日龄，图 4-7（K）] 时，前颌骨、上颌骨完成骨化，大泷六线鱼腭方骨已逐渐退化形成方骨，舌续骨也逐渐退化形成续骨和舌颌骨，与此同时，顶骨、额骨、鼻骨已发生骨化，另外，舌骨棒、角鳃骨从中间开始骨化，第一基鳃软骨与鳃下骨的连接处开始骨化。随着大泷六线鱼鱼体的增长，至（31.43±1.54）mm [50 日龄，图 4-7（L）] 时，副蝶骨、前鳃盖骨、缘带、后翼骨、鼻骨、续骨完成骨化，同时，角鳃骨由中间向两端骨化，鳃盖骨、下鳃盖骨及鳃盖条发生骨化。最后，筛板、基舌骨、下舌骨开始发生骨化，至全长为（35.38±2.79）mm [60 日龄，图 4-7（M）] 时，大泷六线鱼颅骨骨骼，除舌棒骨外，基本骨化完成。

2. 大泷六线鱼脊柱发育过程

脊柱的发育时序见图 4-8 和表 4-3，大泷六线鱼初孵仔鱼已具备完整的脊索及全部的神经弓、脉弓及椎体横突 [1～8 日龄，图 4-8（A、B）]。当仔鱼全长达到（9.43±0.28）mm [10 日龄，图 4-8（C）] 时，神经棘与脉棘由脊柱前端向后出现，直至全长达到（14.45±0.37）mm [19 日龄，图 4-8（E）] 时，神经棘与脉棘全部形成。当全长达到（20.35±0.56）mm [27 日龄，图 4-8（H）] 时，椎体横突开始骨化，至（21.71±0.28）mm [28 日龄，图 4-8（I）] 时椎体开始由前向后骨化，腹肋开始出现，同时神经弓、脉弓开始由前向后骨化 [图 4-8（J～K）]，至（28.76±1.16）mm [45 日龄，图 4-8（L）] 时，骨化完成。22.40 mm 左右神经棘和脉棘开始由前向后骨化，直至（31.43±1.54）mm [50 日龄，图 4-8（M）]，脊柱全部骨化完成。

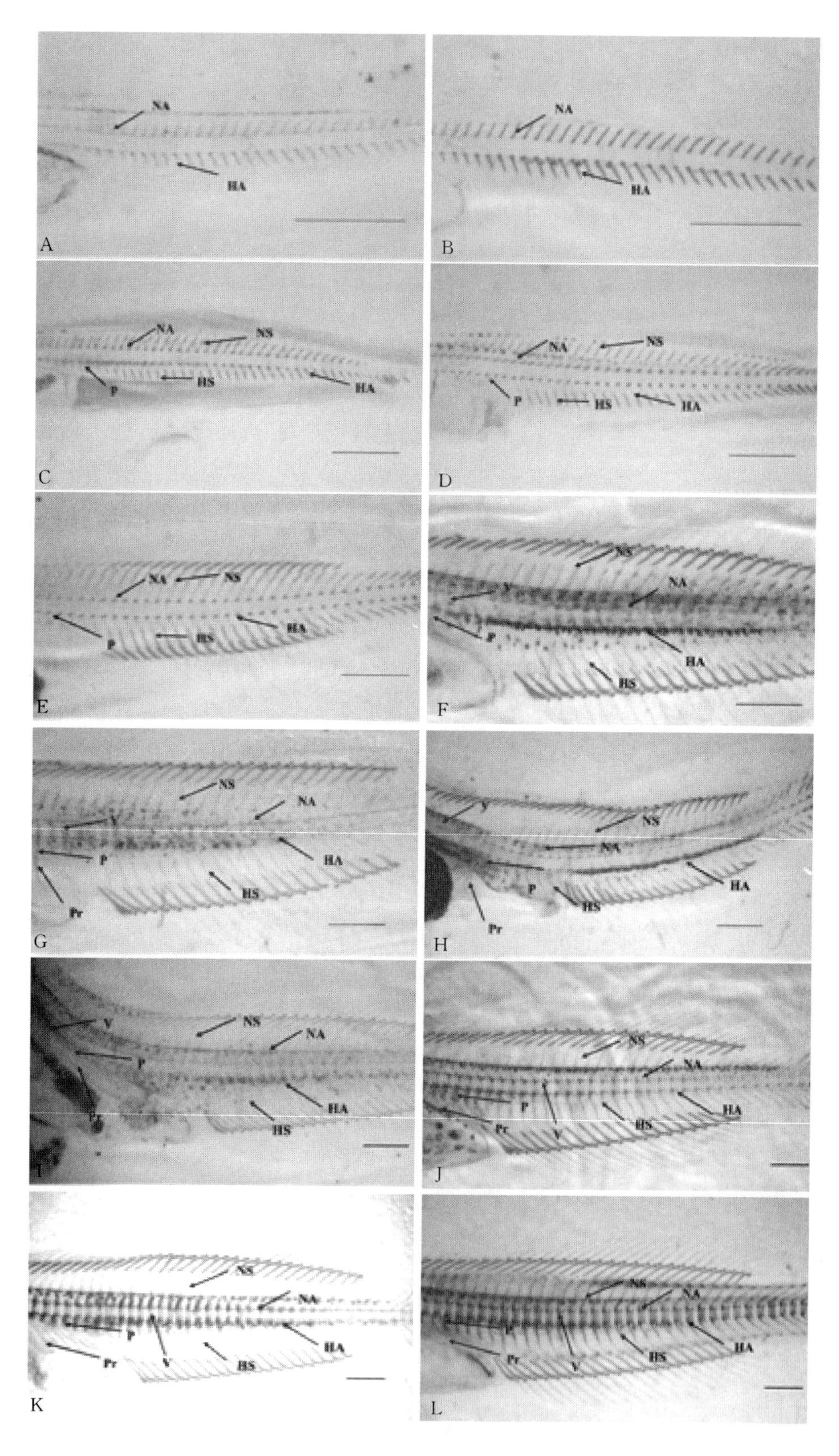
NA
HA
A
NA
HA
B
NA
NS
P
HS
HA
C
NA
NS
P
HS
HA
D
NA
NS
P
HS
HA
E
NS
V
NA
P
HA
HS
F
NS
NA
V
P
HA
Pr
HS
G
V
NS
NA
HA
P
HS
Pr
H
V
NS
NA
P
HA
HS
I
NS
NA
P
V
HA
Pr
HS
J
NS
NA
P
Pr
V
HA
HS
K
NS
NA
V
Pr
V
HS
HA
L

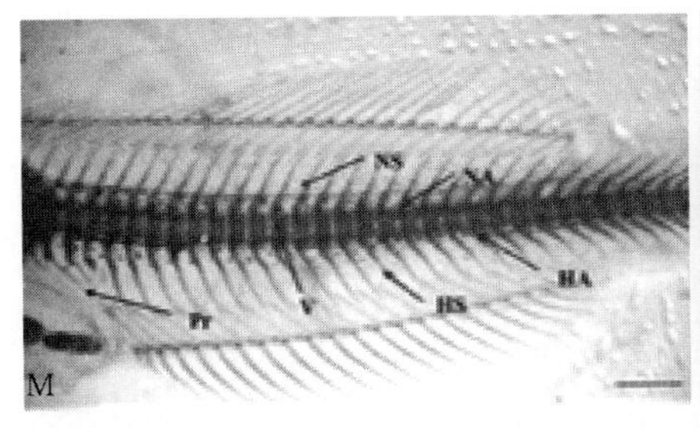

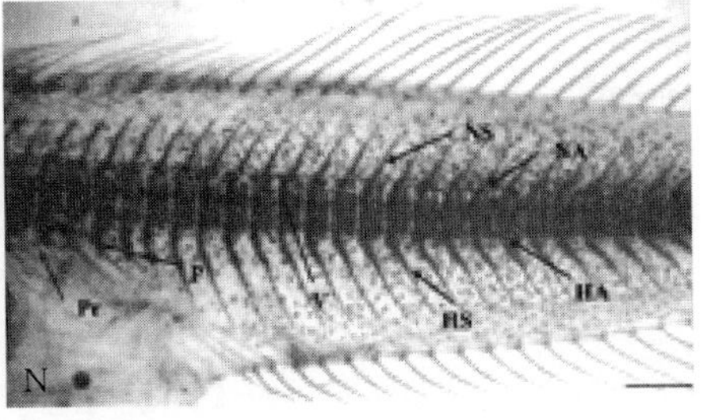

图 4-8 大泷六线鱼仔、稚鱼脊柱骨骼发育时序

A. 仔鱼全长（6.00±0.31）mm（1 日龄） B. 仔鱼全长（8.00±0.42）mm（8 日龄） C. 仔鱼全长（9.43±0.28）mm（10 日龄） D. 仔鱼全长（11.53±0.10）mm（14 日龄） E. 仔鱼全长（14.45±0.37）mm（19 日龄） F. 仔鱼全长（18.82±0.11）mm（24 日龄） G. 仔鱼全长（19.20±0.23）mm（25 日龄） H. 仔鱼全长（20.35±0.56）mm（27 日龄） I. 仔鱼全长（21.71±0.28）mm（28 日龄） J. 仔鱼全长（25.16±1.36）mm（35 日龄） K. 仔鱼全长（26.62±0.59）mm（40 日龄） L. 仔鱼全长（28.76±1.16）mm（45 日龄） M. 仔鱼全长（31.43±1.54）mm（50 日龄） N. 仔鱼全长（35.38±2.79）mm（60 日龄）

NA. 神经弓 HA. 脉弓 NS. 神经棘 HS. 脉棘 V. 椎骨 P. 椎体横突 Pr. 腹肋（比例尺：1.00 mm）

3. 大泷六线鱼尾鳍发育过程

尾鳍的发育时序见图 4-9 和表 4-3，早期仔鱼的脊索呈直线状［1 日龄，图 4-9（A)］，当仔鱼全长为（7.33±0.18）mm［6 日龄，图 4-9（B)］时，第一尾下骨形成，全长为（8.00±0.42）mm［8 日龄，图 4-9（C)］时，第二、三尾下骨形成，全长为（8.52±0.16）mm［9 日龄，图 4-9（D)］时，侧尾下骨形成，随后，全长达到（9.84±0.11）mm［12 日龄，图 4-9（E)］时，第一尾上骨与第四尾下骨形成，尾鳍条出现，全长达到（11.53±0.10）mm［14～15 日龄，图 4-9（F～G)］以上时，第一、二尾下骨及侧尾下骨开始融合，第二、三尾上骨形成。当全长达到（13.73±0.14）mm［18 日龄，图 4-9（H)］时，第三、四尾下骨发生融合。全长为（23.80±0.87）mm 时［31 日龄，图 4-9（K)］，大泷六线鱼尾部骨骼复合物中，尾杆骨开始骨化，随后是侧尾下骨、尾下骨与尾鳍条相继开始骨化，3 个尾上骨最后开启硬骨化过程［35～55 日龄，图 4-9（L～Q)］，至（35.38±2.79）mm［60 日龄，图 4-9（R)］时，尾部骨骼全部骨化完成。

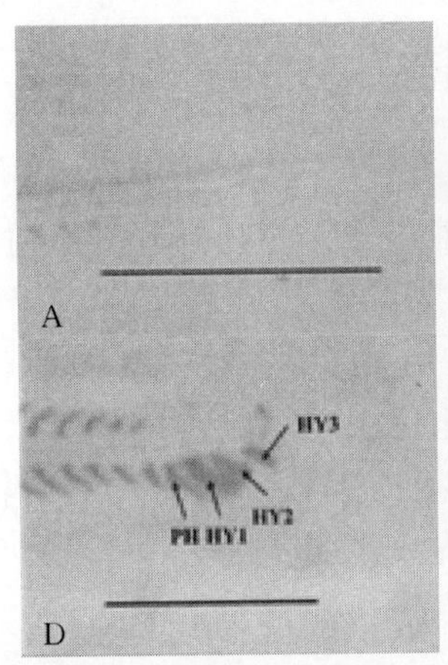

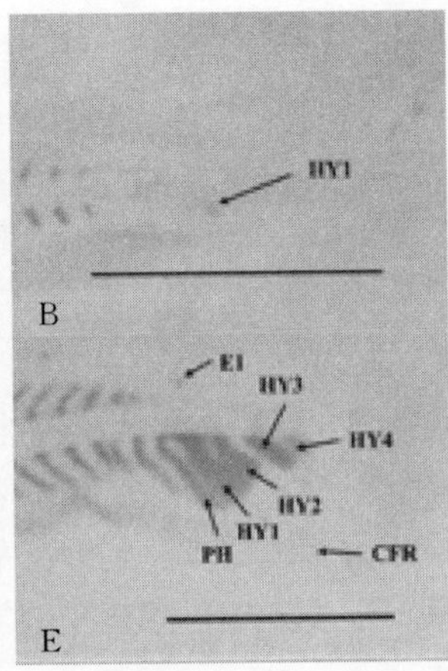

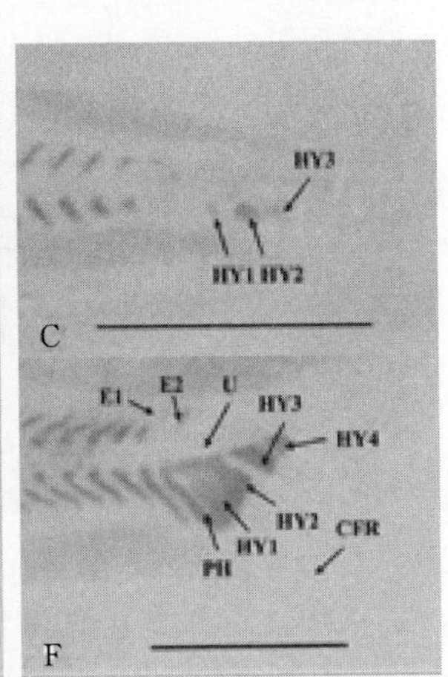

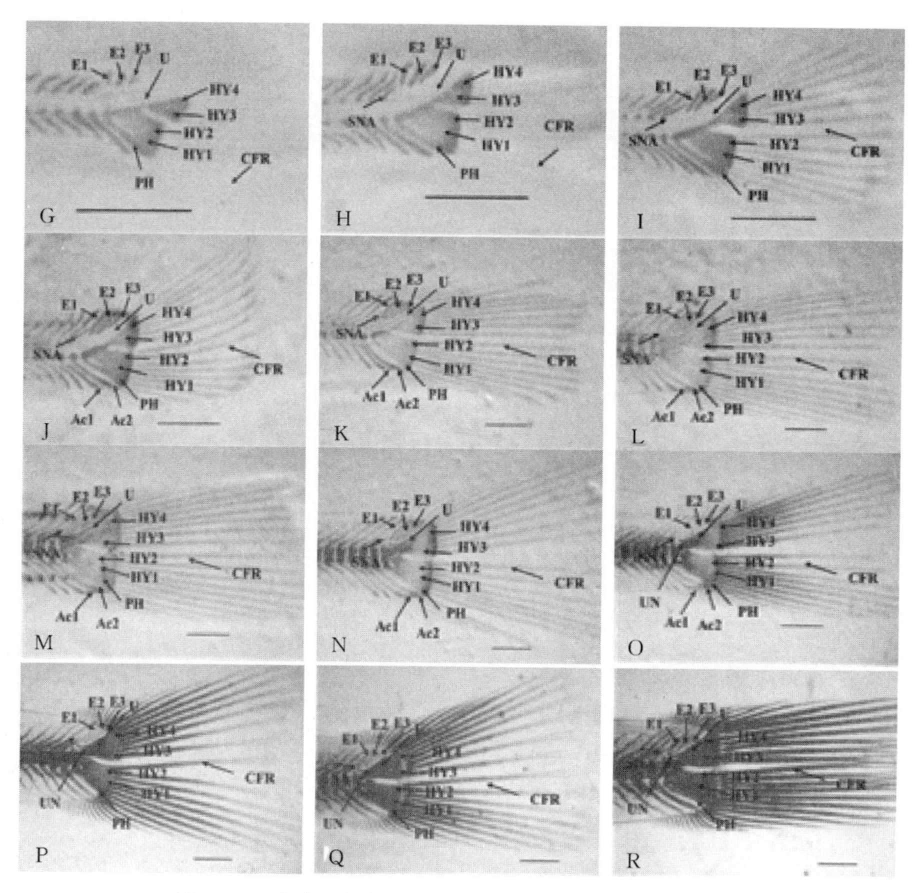

图 4-9 大泷六线鱼仔、稚鱼尾鳍复合物骨骼发育时序

A. 仔鱼全长（6.00±0.31）mm（1 日龄） B. 仔鱼全长（7.33±0.18）mm（6 日龄） C. 仔鱼全长（8.00±0.42）mm（8 日龄） D. 仔鱼全长（8.52±0.16）mm（9 日龄） E. 仔鱼全长（9.84±0.11）mm（12 日龄） F. 仔鱼全长（11.53±0.10）mm（14 日龄） G. 仔鱼全长（11.91±0.17）mm（15 日龄） H. 仔鱼全长（13.73±0.14）mm（18 日龄） I. 仔鱼全长（15.32±1.65）mm（20 日龄） J. 仔鱼全长（18.02±1.27）mm（23 日龄） K. 仔鱼全长（23.80±0.87）mm（31 日龄） L. 仔鱼全长（25.16±1.36）mm（35 日龄） M. 仔鱼全长（26.62±0.59）mm（40 日龄） N. 仔鱼全长（28.76±1.16）mm（45 日龄） O. 仔鱼全长（31.43±1.54）mm（50 日龄） P. 仔鱼全长（31.43±1.54）mm（50 日龄） Q. 仔鱼全长（32.95±2.28）mm（55 日龄） R. 仔鱼全长（35.38±2.79）mm（60 日龄）

HY1. 尾下骨 1 HY2. 尾下骨 2 HY3. 尾下骨 3 HY4. 尾下骨 4 E1. 尾上骨 1 E2. 尾上骨 2 E3. 尾上骨 3 U. 尾杆骨 PH. 侧尾下骨 CFR. 尾鳍条 SNA. 特殊神经弓 UN. 尾神经骨 Ac. 附件软骨（比例尺：1.00 mm）

4. 大泷六线鱼背鳍发育过程

背鳍的发育时序见图 4-10 和表 4-3，仔鱼全长达到（11.91±0.17）mm［15 日龄，图 4-10（A）］，第二背鳍支鳍骨出现先形成［图 4-10（B）］；仔鱼全长达到（14.45±0.17）～（19.20±0.23）mm 时［19～25 日龄，图 4-10（C～D）］，第二背鳍远端桡骨出现，随后第二背鳍鳍条出现，第一背鳍近端桡骨出现；当全长至（23.80±0.87）mm 时［31 日龄，图 4-10（E）］，第一背鳍远端桡骨出现，随后出现第一背鳍鳍条。当全长在 29.31～32.95 mm［图 4-10（G～H）］时，背鳍条已首先发生骨化，支鳍骨后发生骨化，当幼鱼全长达到（35.38±2.79）mm［60 日龄，图 4-10（I）］，背鳍基本骨化完成。

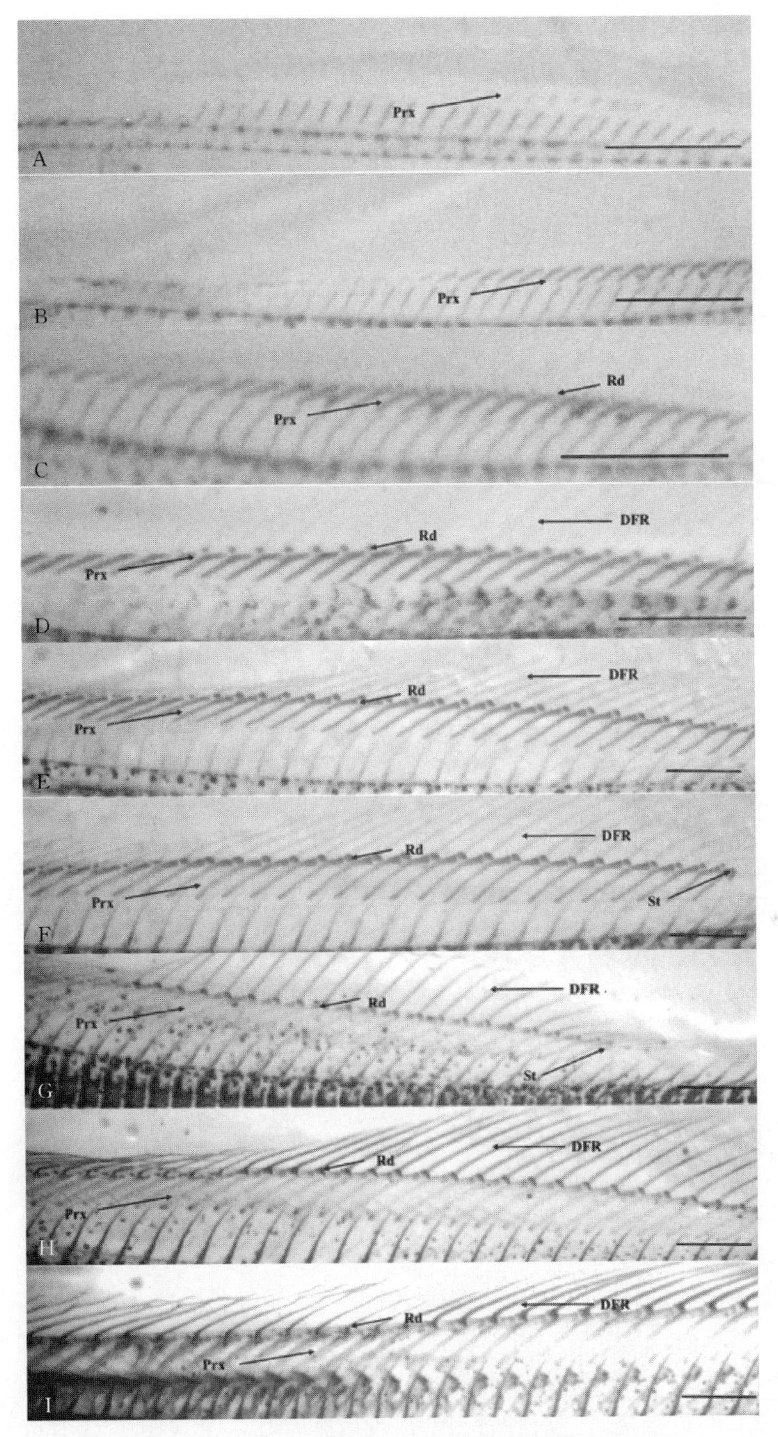

图 4-10　大泷六线鱼仔、稚鱼背鳍骨骼发育时序

A. 仔鱼全长（11.91±0.17）mm（15 日龄）　B. 仔鱼全长（13.35±0.22）mm（17 日龄）　C. 仔鱼全长（14.45±0.37）mm（19 日龄）　D. 仔鱼全长（19.20±0.23）mm（25 日龄）　E. 仔鱼全长（23.80±0.87）mm（31 日龄）　F. 仔鱼全长（28.70±0.56）mm（35 日龄）　G. 仔鱼全长（31.43±1.54）mm（50 日龄）　H. 仔鱼全长（32.95±2.28）mm（55 日龄）　J. 仔鱼全长（35.38±2.79）mm（60 日龄）

Rd. 远端桡骨　Prx. 近端桡骨　St. Stay 软骨　DFR. 背鳍条（比例尺：1.00 mm）

5. 大泷六线鱼臀鳍发育过程

大泷六线鱼臀鳍的发育时序见图 4－11 和表 4－3，仔鱼全长为（11.91±0.17）mm［15 日龄，图 4－11（A）］时，臀鳍支鳍骨近端桡骨开始出现；当全长达到（13.35±0.22）mm［17 日龄，图 4－11（B）］时，臀鳍支鳍骨远端桡骨出现，全长达到（15.32±1.65）～(25.16±1.36）mm［20～35 日龄，图 4－11（C～E）］时，Stay 软骨出现，且臀鳍条全部出现。当全长达到（26.62±0.59）mm［40 日龄，图 4－11（F）］时，前端臀鳍支鳍骨近端桡骨由中间向两端开始骨化，随后臀鳍条骨化开始，至（31.43±1.54）mm［50 日龄，图 4－11（G）］时，臀鳍条基本骨化完成；至（35.38±2.79）mm［60 日龄，图 4－11（H）］时，臀鳍基本骨化完成。

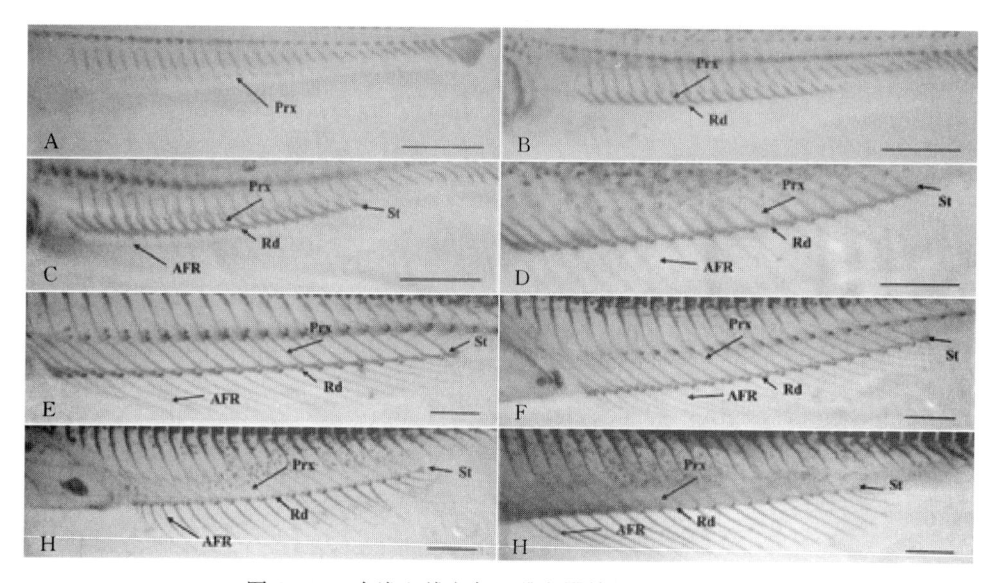

图 4－11　大泷六线鱼仔、稚鱼臀鳍骨骼发育时序

A. 仔鱼全长（11.91±0.17）mm（15 日龄） B. 仔鱼全长（13.35±0.22）mm（17 日龄） C. 仔鱼全长（15.32±1.56）mm（20 日龄） D. 仔鱼全长（20.53±0.56）mm（27 日龄） E. 仔鱼全长（25.16±1.36）mm（35 日龄） F. 仔鱼全长（26.62±0.59）mm（40 日龄） G. 仔鱼全长（31.43±1.54）mm（50 日龄） H. 仔鱼全长（35.38±2.79）mm（60 日龄）

Rd. 远端桡骨　Prx：近端桡骨　St. Stay 软骨　AFR. 臀鳍条（比例尺：1.00 mm）

6. 大泷六线鱼胸鳍发育过程

大泷六线鱼胸鳍的发育时序见图 4－12 和表 4－3，仔鱼全长为（6.00±0.31）mm［1 日龄，图 4－12（A）］时，乌喙骨、肩胛软骨出现，至（7.33±0.18）mm［6 日龄，图 4－12（B）］时，胸鳍板出现，全长为（14.45±0.37）mm 时［19 日龄，图 4－12（D）］，胸鳍板逐步变为远端桡骨与近端桡骨，肩胛骨上部出现肩胛骨孔。至（15.32±1.65）mm［20 日龄，图 4－12（E）］时，胸部鳍条出现。当仔鱼全长为（20.3±0.56）～(23.80±0.87）mm［27～31 日龄，图 4－12（F～G）］时，乌喙骨前方匙骨首先骨化，随后胸鳍条开始骨化。当仔鱼全长为（25.16±1.36）～(35.38±2.79）mm［35～60 日龄，图 4－12（I～L）］时，乌喙骨、肩胛骨、支鳍骨相继骨化，至实验结束，支鳍骨未完全骨化。

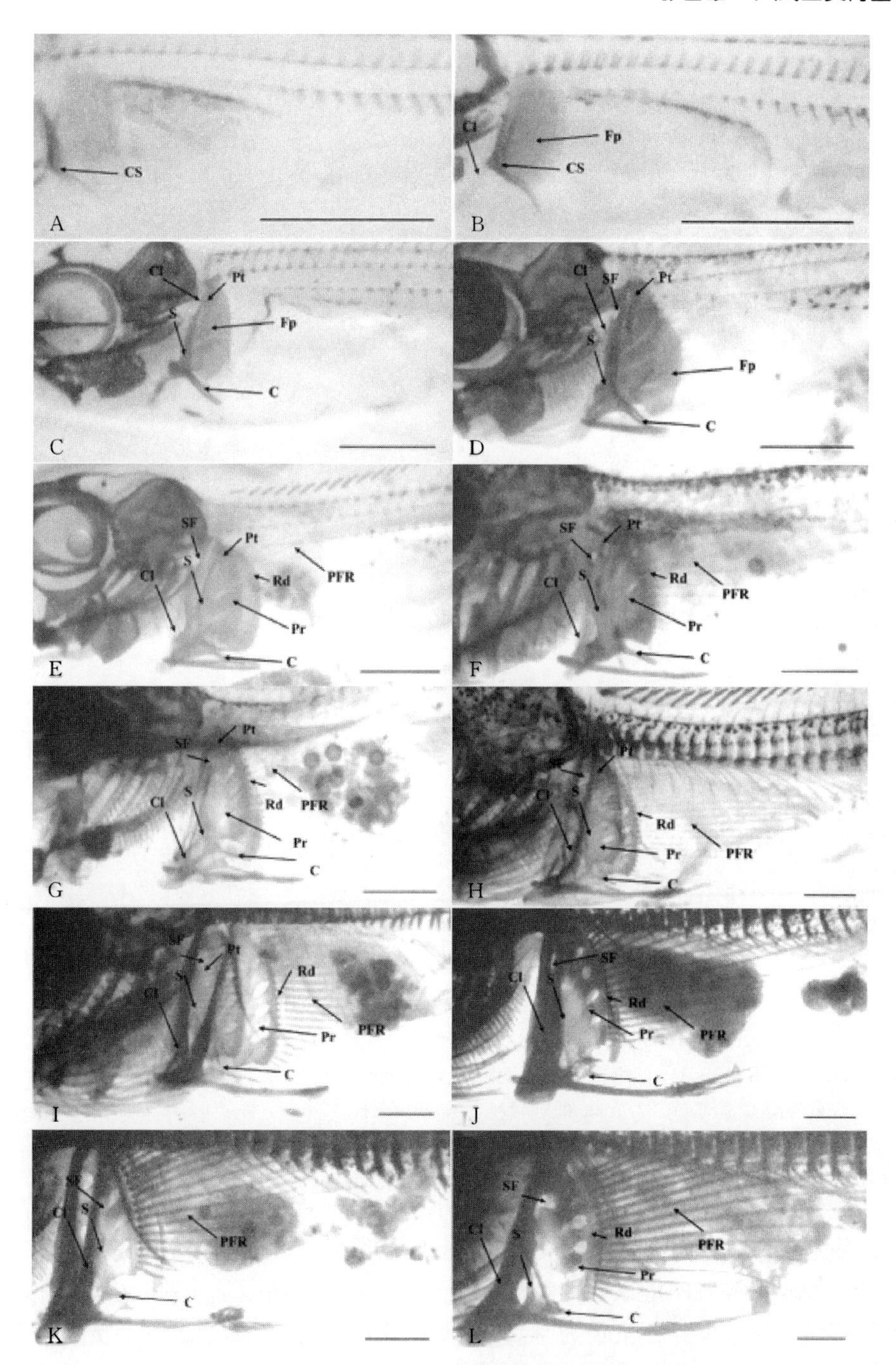

图 4-12　大泷六线鱼仔、稚鱼臀鳍骨骼发育时序

A. 仔鱼全长（6.00±0.31）mm（1 日龄）　B. 仔鱼全长（7.33±0.18 mm）（6 日龄）　C. 仔鱼全长（11.53±0.10）mm（14 日龄）　D. 仔鱼全长（14.45±0.37）mm（19 日龄）　E. 仔鱼全长（15.32±1.65）mm（20 日龄）　F. 仔鱼全长（19.20±0.23）mm（25 日龄）　G. 仔鱼全长（20.35±0.56）mm（27 日龄）　H. 仔鱼全长（23.80±0.87）mm（31 日龄）　I. 仔鱼全长（25.16±1.36）mm（35 日龄）　J. 仔鱼全长（31.43±1.54）mm（50 日龄）　K. 仔鱼全长（32.95±2.28）mm（55 日龄）　L. 仔鱼全长（35.38±2.79）mm（60 日龄）

Cl. 匙骨　CS. 乌喙骨-肩胛骨软骨　Fp. 鳍板　SF. 肩胛骨孔　S. 肩胛骨　C. 乌喙骨　PFR. 胸鳍条　Pt. 前鳍基软骨　Pr. 近端桡骨　Rd. 远端桡骨（比例尺：1.00 mm）

7. 大泷六线鱼腹鳍发育过程

大泷六线鱼腹鳍的发育时序见图 4－13 和表 4－3，仔鱼全长为（12.22±0.42）mm［16 日龄，图 4－13（A）］时，腹鳍支鳍骨出现；仔鱼全长达到（15.32±1.65）mm［20 日龄，图 4－13（C）］时，腹鳍支鳍骨末端出现腹鳍鳍基软骨，且随着鱼体的生长，基鳍软骨逐渐变大［图 4－13（D）］；全长达到（22.14±0.74）mm［29 日龄，图 4－13（E）］时，腹鳍条出现，至全长为（23.80±0.87）mm 时［31 日龄，图 4－13（F）］，支鳍骨首先由前之后发生骨化，随后腹鳍条开始骨化［图 4－13（G）］，至腹鳍支鳍骨与腹鳍条全部完成骨化后，鳍基软骨开始硬骨化［图 4－13（H）］，直至仔鱼全长达到（35.38±2.79）mm［60 日龄，图 4－13（I）］时，腹鳍骨骼骨化基本全部完成。

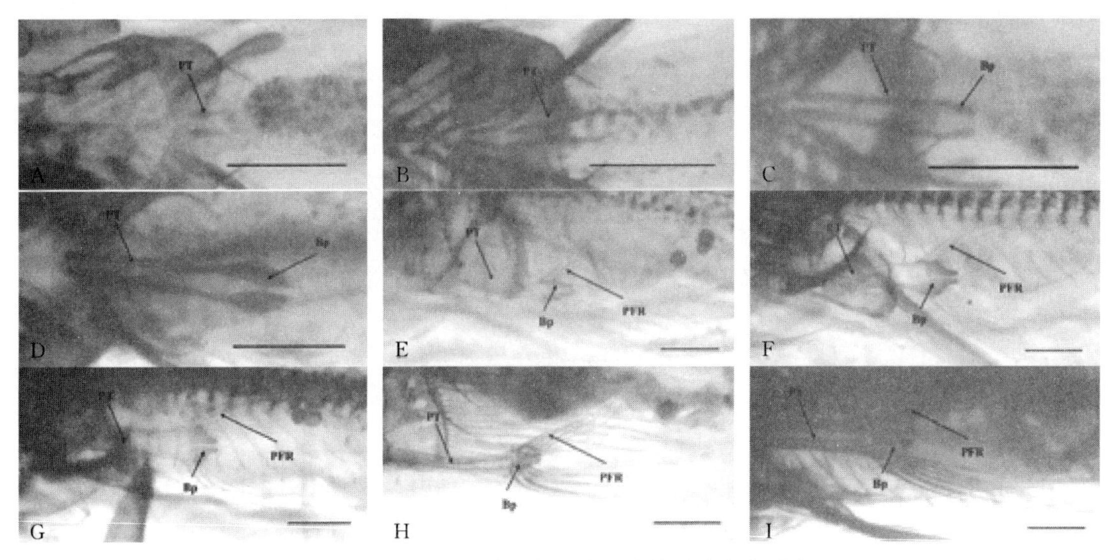

图 4－13　大泷六线鱼仔、稚鱼腹鳍骨骼发育时序

A. 仔鱼全长（12.22±0.42）mm（16 日龄）　B. 仔鱼全长（14.45±0.37）mm（19 日龄）　C. 仔鱼全长（15.32±1.65）mm（20 日龄）　D. 仔鱼全长（19.20±0.23）mm（25 日龄）　E. 仔鱼全长（22.14±0.74）mm（29 日龄）　F. 仔鱼全长（23.80±0.87）mm（31 日龄）　G. 仔鱼全长（26.62±0.59）mm（40 日龄）　H. 仔鱼全长（31.43±1.54）mm（50 日龄）　I. 仔鱼全长（35.38±2.79）mm（60 日龄）

PT. 腹鳍支鳍骨　Bp. 鳍基软骨　PFR. 腹鳍条（比例尺：1.00 mm）

大泷六线鱼骨骼发育起源于胚胎发育时期，初孵仔鱼已具备基本的迈克尔氏软骨、骨小梁、角鳃骨、舌棒骨等与仔鱼呼吸摄食相关的头骨元件、胸鳍原基及神经弓、脉弓等脊索元件。大泷六线鱼头骨中齿骨在全长为（18.02±1.27）mm（27 日龄）时首先发生骨化，舌棒骨为头骨中最后完成骨化的元件，至全长为（35.38±2.79）mm（60 日龄）时，头骨基本完成骨化；大泷六线鱼 10 日龄时，髓棘与脉棘分别由髓弓和脉弓末梢延长形成，并由脊柱前端向后出现，直至 19 日龄（14.45±0.37）mm 时，髓棘与脉棘全部形成。当全长达至（21.71±0.28）mm（28 日龄）时椎体开始由前向后骨化，直至（31.43±1.54）mm（50 日龄）时脊柱全部骨化完成；大泷六线鱼鳍骨骼的发育顺序为胸鳍、尾鳍、背鳍、臀鳍和腹鳍，直至 60 日龄，尾鳍、背鳍、臀鳍、腹鳍已全部完成骨化，胸鳍组成元件已全部开启骨化过程，但支鳍骨未完成骨化，即胸鳍为大泷六线鱼最后完成发育的鳍。

（三）大泷六线鱼骨骼畸形发育研究

骨骼畸形是影响鱼类外部形态、生存能力的重要因素之一，国内外的部分学者就骨骼畸形发育进行了观察与总结，从研究结果总结来看骨骼畸形主要有：畸形、愈合、变异和形成多余成分这四种类型，常见的鱼类骨骼畸形有颌骨畸形、缺失、脊柱畸形等，仔、稚鱼阶段骨骼畸形的出现时间依物种的不同有所差别。

鱼类头部骨骼畸形主要包括颌骨畸形和鳃盖畸形等，如迈克尔氏软骨弯曲在大西洋鲑骨骼畸形研究中被发现，上颌骨异位在七带石斑鱼中被发现，脊柱畸形在卵形鲳鲹骨骼畸形研究中被发现等；脊柱畸形类型主要包括脊柱前凸、脊柱后凸、脊柱侧凸和椎骨融合等，早期的脊柱畸形会对鱼类生长和存活造成极大的影响，目前脊柱畸形已在半滑舌鳎、青石斑，大菱鲆中发现；鱼类鳍畸形主要包括尾鳍畸形、背鳍畸形和臀鳍畸形，胸鳍和腹鳍畸形发生率较低，在欧洲鲈中发现了尾下骨融合、尾杆骨弯曲等尾鳍畸形类型，在白姑鱼和大菱鲆中发现了尾鳍分叉、融合、支鳍骨分叉、融合等畸形类型。

研究发现，骨骼畸形的状况研究发现野生鱼苗发生率较低，但在人工繁育的苗种中会大量出现，导致鱼类畸形的因素总结为遗传因素，温度、盐度、溶解氧等环境因素，对高不饱和脂肪酸、维生素、矿物质等营养因素及疾病因素等。骨骼畸形会导致鱼类抢食能力下降，摄食量降低，从而影响其生长和发育，甚至死亡。通过研究骨骼畸形的种类和发生率，可反映出养殖鱼类的生存状况，并为养殖提供参考。

1. 大泷六线鱼主要畸形类型与畸形率

通过对 600 尾大泷六线鱼苗种进行骨骼畸形率的研究，发现其中 117 尾存在骨骼畸形，畸形率为 19.5%；就骨骼畸形发生部位而言，骨骼畸形大泷六线鱼中，有 71 尾样本存在脊柱畸形现象，33 尾样本存在头部畸形现象，10 尾大泷六线鱼样本存在尾部畸形现象，12 尾样本存在臀鳍畸形现象，11 尾样本存在背鳍畸形现象，且有 13 尾大泷六线鱼畸形个体同时存在 2 个部位的畸形，有 2 尾同时存在 3 个部位的畸形，1 尾同时存在 4 个部位的畸形；就骨骼畸形发生次数而言，本研究共发现 189 次畸形，其中脊柱畸形 113 次，头部畸形 43 次，尾部畸形 10 次，臀鳍畸形 12 次，背鳍畸形 11 次。大泷六线鱼骨骼畸形类型及畸形率见表 4-4，由图 4-14 可知，63.25%的大泷六线鱼畸形个体仅存在 1 个畸形类型。

表 4-4 大泷六线鱼仔、稚、幼鱼骨骼畸形类型与畸形率

畸形部位	畸形类型	畸形率
头部	7 种类型	22.75%
	骨小梁弯曲	0.53%
	迈克尔氏软骨弯曲	7.41%
	角鳃骨弯曲	5.82%
	腭方骨异位	3.17%
	舌续骨异位	2.12%
	上颌骨异位	3.17%
	鳃盖缺失	0.53%

（续）

畸形部位	畸形类型	畸形率
脊柱	9个类型	59.79%
	脊柱后凸	15.34%
	脊柱前凸	13.23%
	脊柱侧凸	15.87%
	神经棘分叉	2.13%
	神经弓分叉	0.53%
	脉棘冗余	1.59%
	神经棘冗余	1.59%
	脊柱内缩	5.29%
	椎骨融合	4.22%
鳍	4个类型	17.46%
	尾鳍尾上骨缺失	4.23%
	尾鳍侧尾下骨与脉棘融合	1.06%
	背鳍远端桡骨融合	5.82%
	臀鳍远端桡骨融合	6.35%

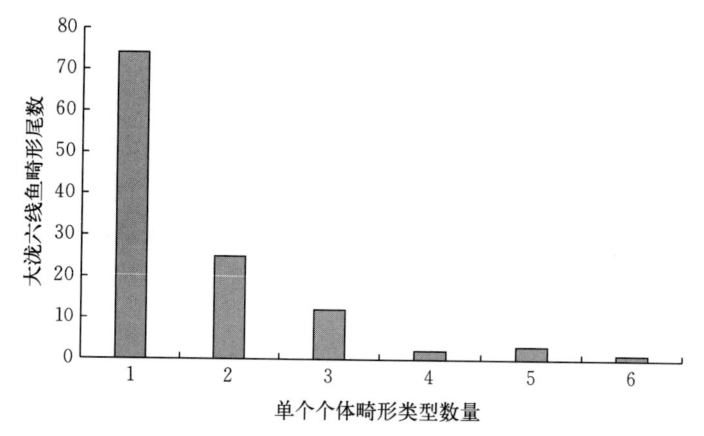

图4-14　大泷六线鱼畸形个体出现畸形类型数量分布

大泷六线鱼颅骨畸形见图4-15，颅骨畸形类型有迈克尔氏软骨弯曲、角鳃骨弯曲、骨小梁弯曲、腭方骨异位、舌续骨异位、上颌骨异位及鳃盖缺失，其中，发生频率最高的畸形类型为迈克尔氏软骨弯曲及角鳃骨弯曲，这些类型的颅骨畸形会导致鱼体外观受损，对大泷六线鱼仔、稚、幼鱼生长产生影响。

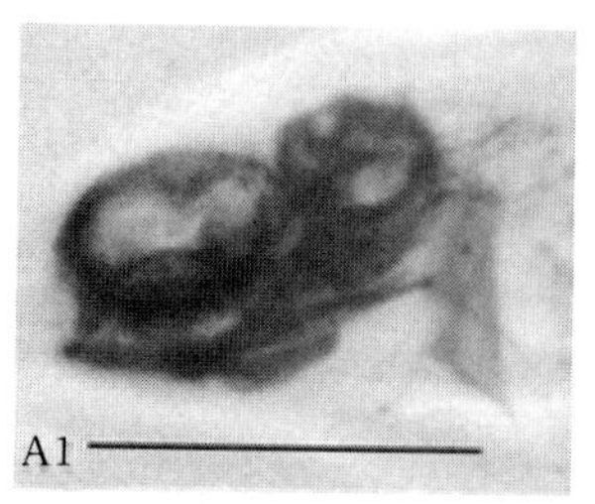

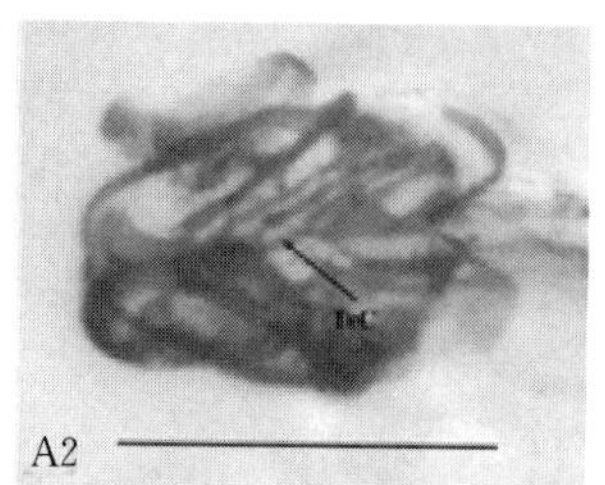

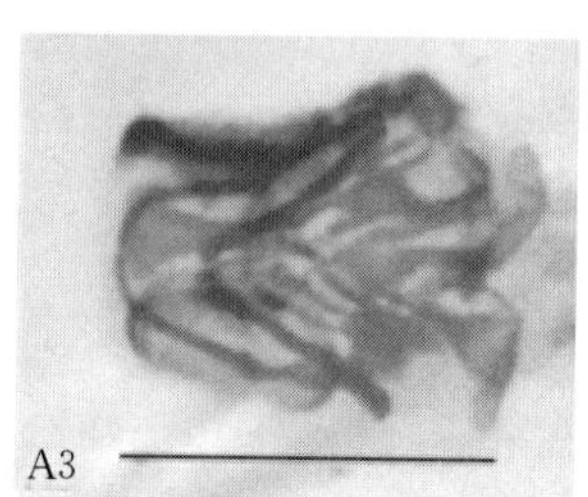

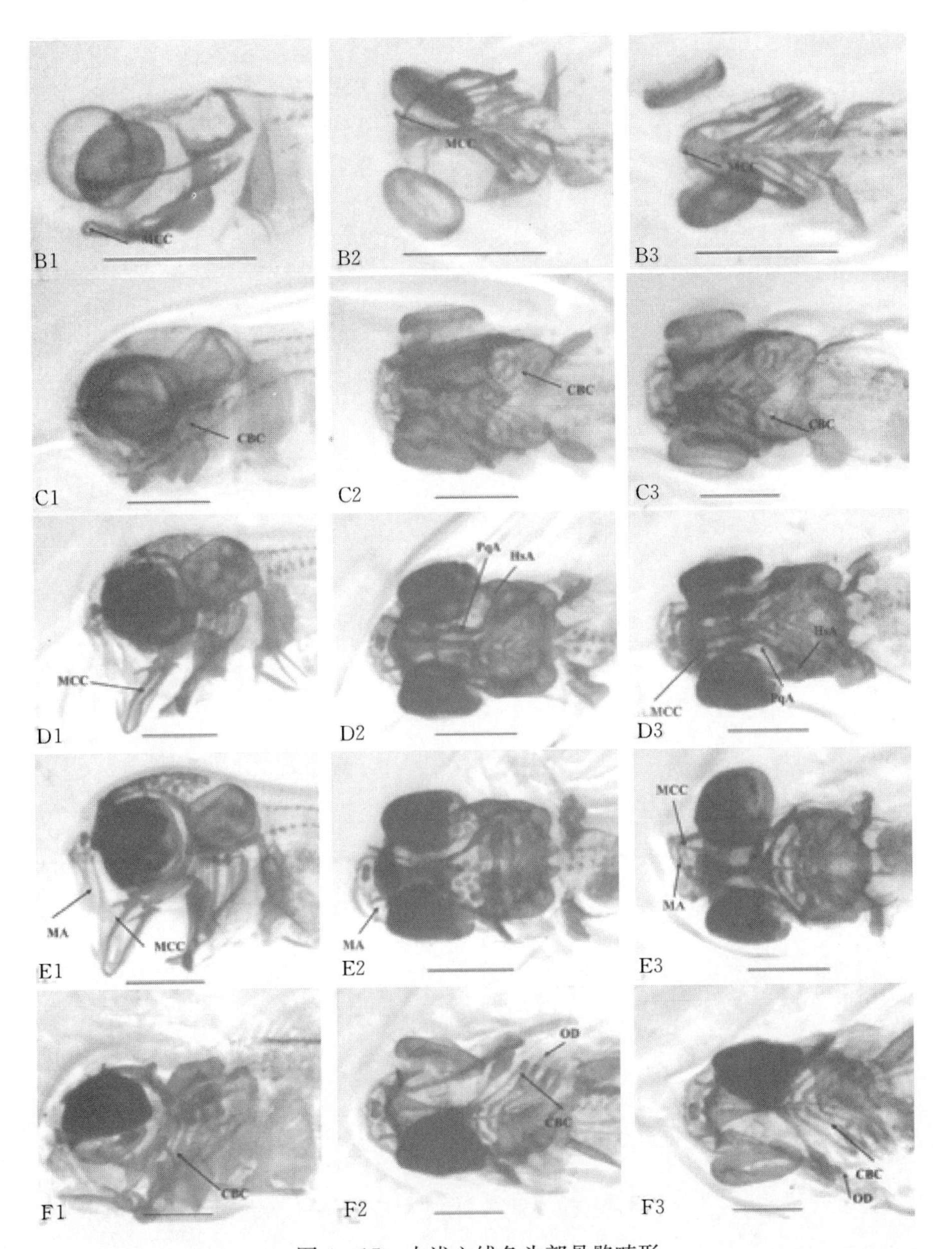

图 4-15　大泷六线鱼头部骨骼畸形

A1-F1. 侧面观　A2-F2. 背面观　A3-F3. 腹面观　CBC. 角鳃骨弯曲　HsA. 舌续骨异位　MA. 上颌骨异位　MCC. 迈克尔氏软骨弯曲　OD. 鳃盖缺失　PqA. 腭方骨异位　TrC. 骨小梁弯曲（比例尺：1.00 mm）

大泷六线鱼常见的脊柱畸形见图 4-16，严重的脊柱畸形如脊柱后凸、脊柱前凸、脊柱侧凸、椎骨融合、脊柱内缩等，这些脊柱畸形类型会对大泷六线鱼外部形态及生长产生影响，具体表现为身体扭曲及体型短小等；轻微的脊柱畸形如神经脊冗余、脉棘冗余、神经脊分叉、神经弓分叉等对鱼体外部形态的影响不明显。

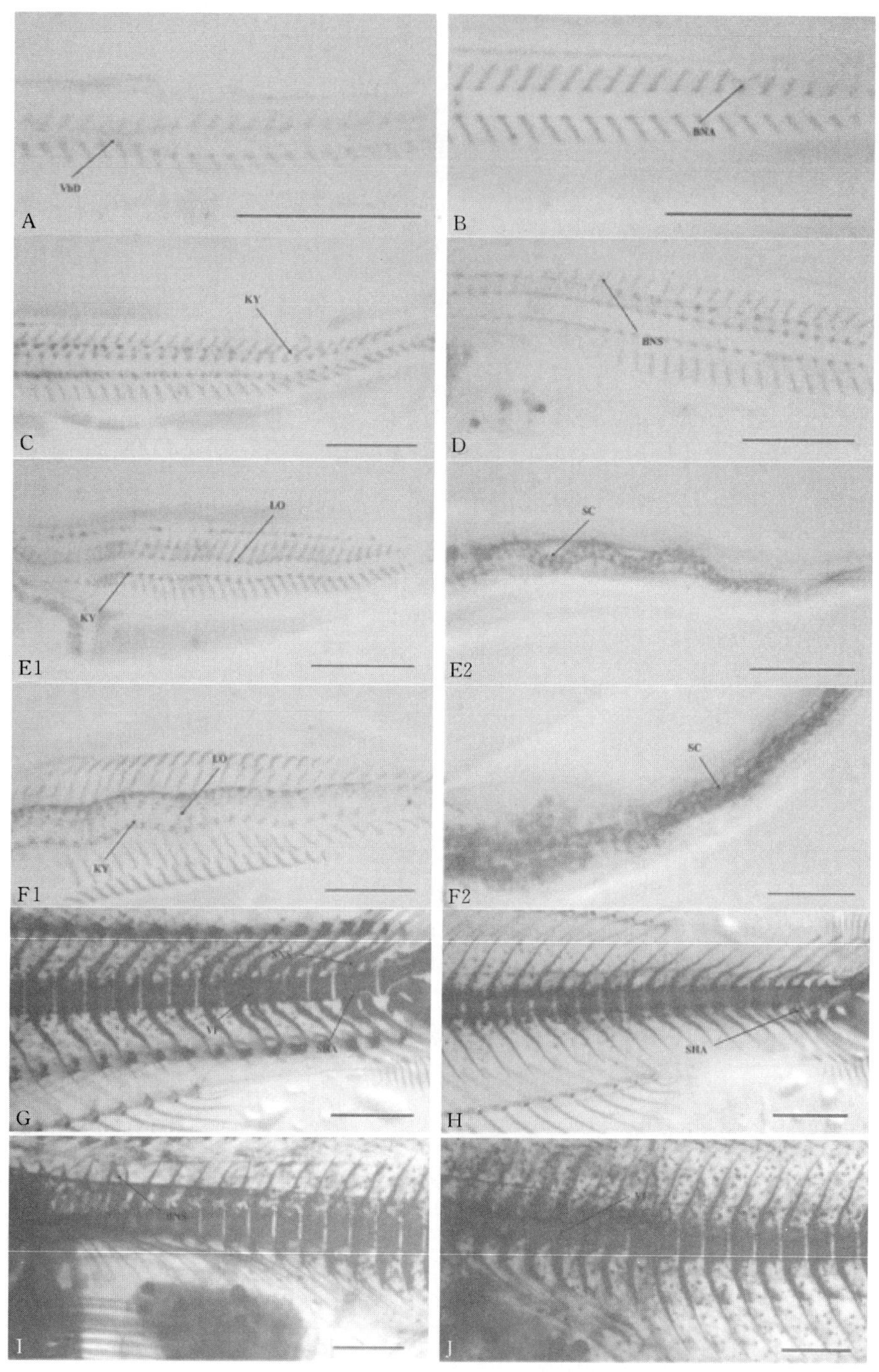

图 4－16　大泷六线鱼脊柱骨骼畸形

A、B、C、D、E1、F1、I、J 为侧面观，E2 和 F2 为 E1 和 E2 的腹侧面观

BNS. 神经棘分叉　KY. 脊柱后凸　LO. 脊柱前凸　BNA. 神经弓分叉　SC. 脊柱侧凸

SNS. 神经棘冗余　SHA. 脉棘冗余　VbD. 脊柱内缩　VF. 椎骨融合（比例尺：1.00 mm）

大泷六线鱼常见鳍畸形见图 4－17，主要为尾鳍畸形、背鳍畸形和臀鳍畸形，本研究中未发现胸鳍畸形及腹鳍畸形。尾鳍主要畸形类型为尾上骨缺失及尾鳍侧尾下骨与脉棘融合；

背鳍与臀鳍的畸形类型均为远端桡骨融合，在本研究中发现，大泷六线鱼仔、稚、幼鱼背鳍及臀鳍骨骼存在多处远端桡骨融合同时存在的现象。

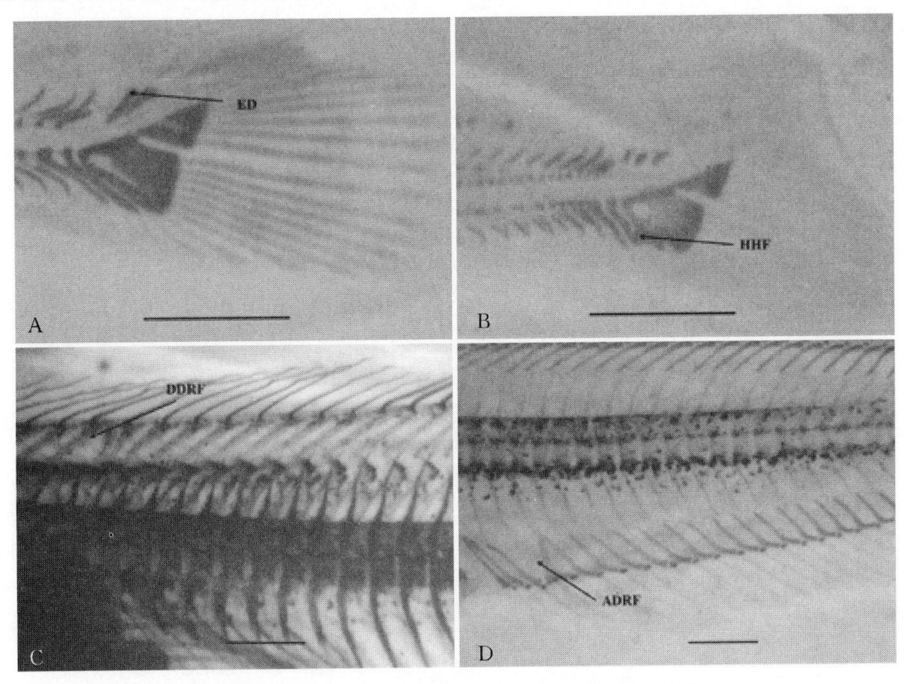

图 4-17　大泷六线鱼仔、稚、幼鱼鳍骨骼畸形

A、B. 尾鳍畸形，C. 背鳍畸形，D. 臀鳍畸形

ED. 尾上骨缺失　HHF. 尾鳍侧尾下骨与脉棘融合　DDRF. 背鳍远端桡骨融合　ADRF. 臀鳍远端桡骨融合（比例尺：1.00 mm）

2. 大泷六线鱼骨骼畸形率相关分析

由图 4-18 可知，以全长作为参考值，大泷六线鱼骨骼畸形的高发期为全长为 5.00～15.00 mm（P=0.00，<0.01）阶段，此阶段鱼体全部骨骼处于软骨与膜骨阶段，且为部分骨骼形成阶段；基于全长的大泷六线鱼脊柱、颅骨、尾鳍、背鳍、臀鳍发生畸形的数量分布见图 4-19 和图 4-20，由图可知，大泷六线鱼脊柱畸形的发生主要集中在鱼体全长为 5.00～10.00 mm 阶段，且该阶段主要的脊柱畸形类型为脊柱后凸、脊柱前凸及脊柱侧凸，此三种畸形类型均会对大泷六线鱼生长生存存在较大影响，因此该阶段大泷六线鱼成活率可

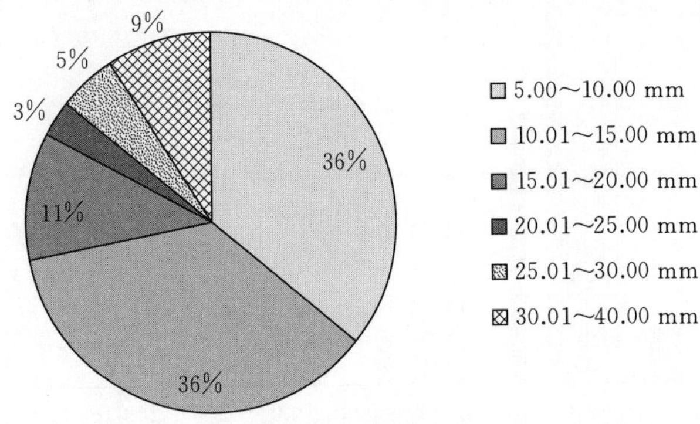

图 4-18　大泷六线鱼畸形个体的全长分布

能会因骨骼畸形而下降；头部骨骼畸形与鳍畸形的高发期均为全长为 10.01～15.00 mm 阶段，7 种头部畸形类型中的 5 种在此阶段发生频率最高，鳍畸形，尤其是尾部畸形全部发生在该全长阶段。

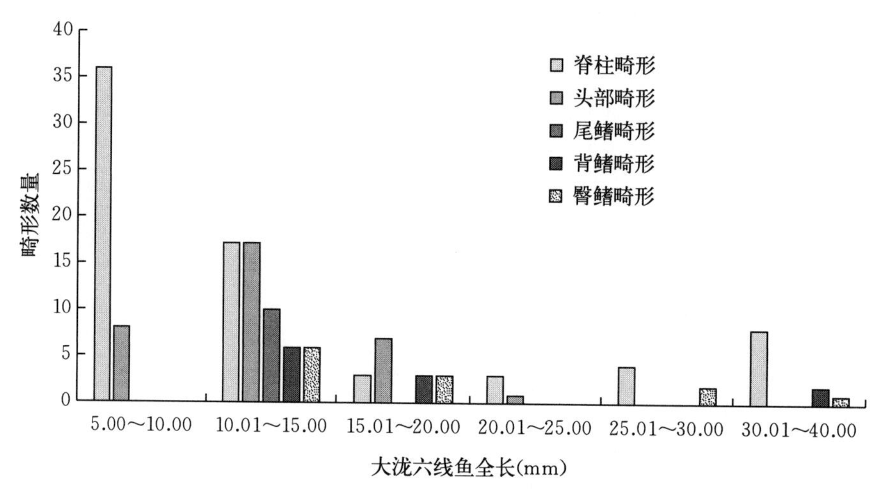

图 4－19　大泷六线鱼各部位畸形的全长分布

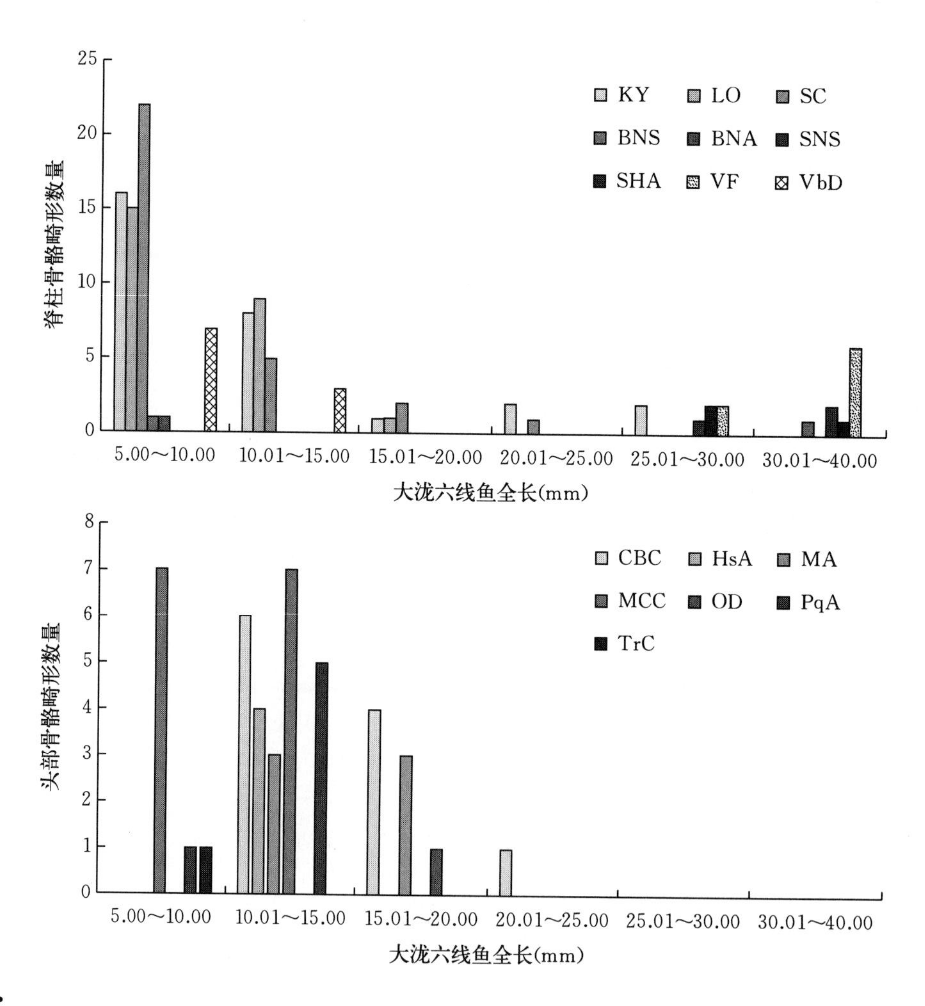

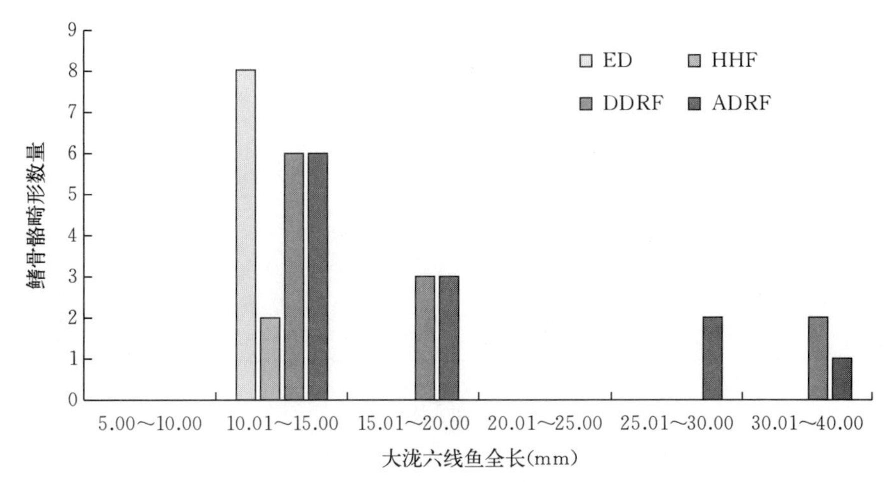

图 4-20　大泷六线鱼各类型骨骼畸形的全长分布

KY. 脊柱后凸　LO. 脊柱前凸　SC. 脊柱侧凸　BNS. 神经棘分叉　BNA. 神经弓分叉　SNS. 神经棘冗余　SHA. 脉棘冗余　VF. 椎骨融合　VbD. 脊柱内缩

CBC. 角鳃骨弯曲　HsA. 舌续骨异位　MA. 上颌骨异位　MCC. 迈克尔氏软骨弯曲　OD. 鳃盖缺失　PqA. 颚方骨异位　TrC. 骨小梁弯曲

ED. 尾上骨缺失　HHF. 尾鳍侧尾下骨与脉棘融合　DDRF. 背鳍远端桡骨融合　ADRF. 臀鳍远端桡骨融合

由图 4-21 可知，以日龄作为参考值，大泷六线鱼骨骼畸形的主要发生在 6～20 日龄阶段（$P=0.002$，<0.01），其中，高发期为 6～10 日龄和 16～20 日龄。基于日龄的大泷六线鱼脊柱、颅骨、尾鳍、背鳍、臀鳍发生畸形的数量分布见图 4-22 和图 4-23，由图可知，大泷六线鱼脊柱畸形高发期为 6～10 日龄，且该阶段主要的脊柱畸形类型为脊柱后凸、脊柱前凸及脊柱侧凸等。值得注意的是，当脊柱硬骨化后（40 日龄后），

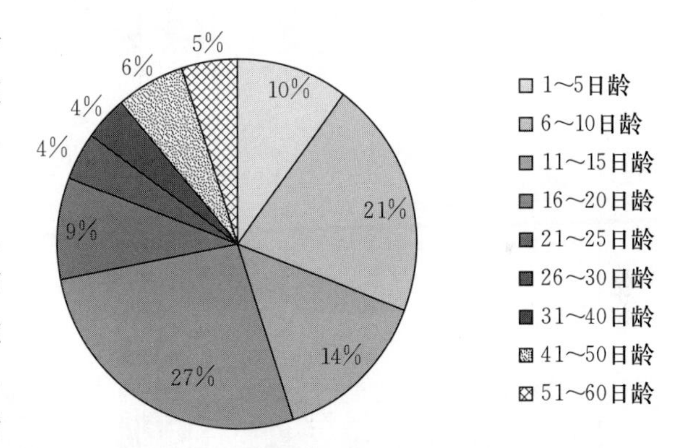

图 4-21　大泷六线鱼畸形个体的日龄分布

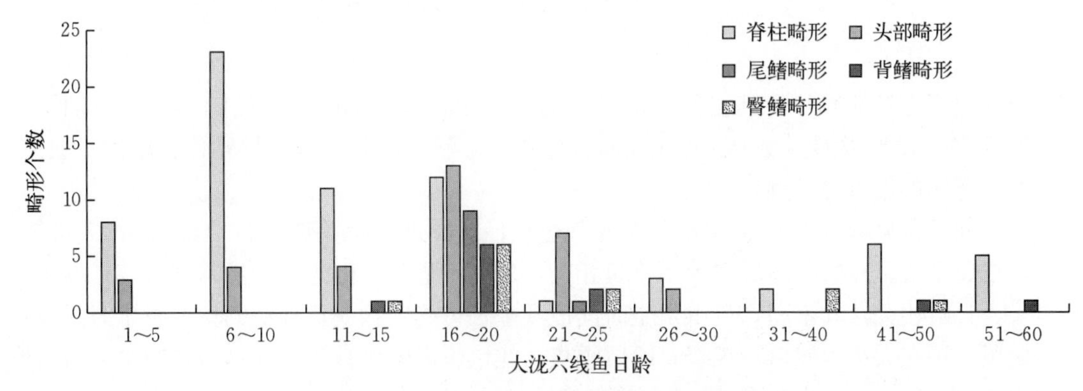

图 4-22　大泷六线鱼各部位畸形的日龄分布

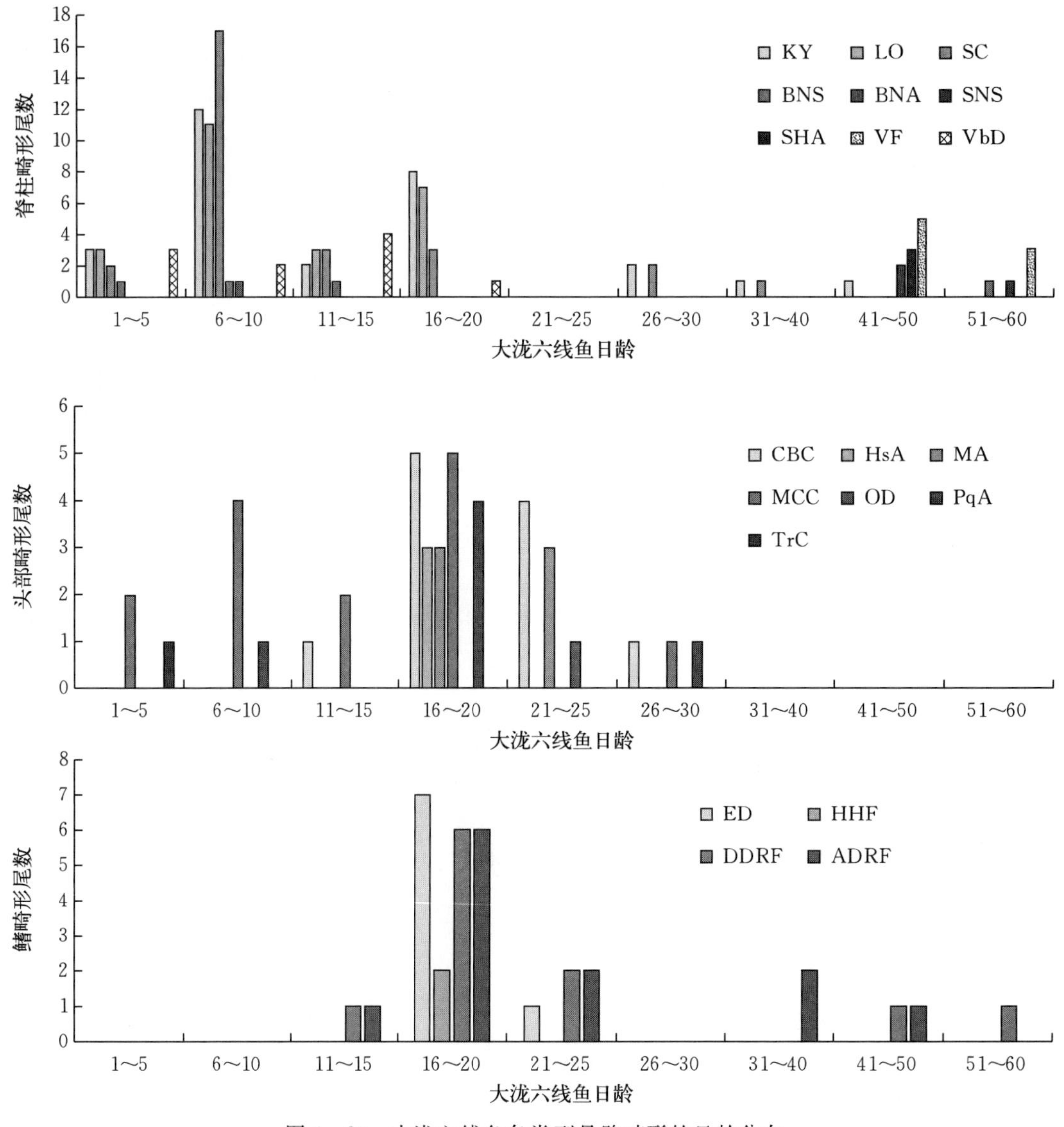

图 4－23 大泷六线鱼各类型骨骼畸形的日龄分布

图中畸形类型代码含义同图 4－22

脊柱畸形出现上升的趋势，其主要畸形类型为椎体融合；头部畸形与鳍畸形的高发期均为16～20 日龄，畸形类型主要为迈克尔氏软骨弯曲、角鳃骨弯曲、腭方骨异位、尾上骨缺失，以及背、臀鳍的远端桡骨融合。

对不同部位畸形发生数量与大泷六线鱼全长、日龄进行相关性分析，由表 4－5 可知，大泷六线鱼全长、日龄与畸形发生率呈负相关，但并不显著，因此，大泷六线鱼畸形发生率与全长、日龄相关性并不高，但由发生时间段及全长可确定六线鱼畸形的主要发生时间段及全长阶段，可在大泷六线鱼人工繁育阶段重点关注该阶段的培育条件，进一步减少骨骼畸形的发生，提高仔、稚鱼生存率。

表 4－5　大泷六线鱼全长、日龄与畸形发生数量的相关性分析

	全长（P 值/是否显著相关）	日龄（P 值/是否显著相关）
脊柱畸形	0.149/不显著负相关	0.138/不显著负相关
头部畸形	0.085/不显著负相关	0.151/不显著负相关
尾鳍畸形	0.460/不显著负相关	0.648/不显著负相关
背鳍畸形	0.696/不显著负相关	0.881/不显著负相关
臀鳍畸形	0.642/不显著负相关	0.824/不显著负相关

大泷六线鱼骨骼畸形率为 19.50%，研究共发现 20 个骨骼畸形类型，包括 7 个头部骨骼畸形类型、9 个脊柱骨骼畸形类型和 4 个鳍骨骼畸形类型，其中最主要的骨骼畸形类型为：脊柱侧凸、脊柱后凸、脊柱前凸和迈克尔氏软骨弯曲。大泷六线鱼骨骼畸形的高发期为全长为 5.00～15.00 mm（72%），6～20 日龄（62%）阶段，其中，脊柱畸形高发期为全长为 5.00～10.00 mm，6～10 日龄阶段；骨骼畸形与鳍畸形的高发期均为全长为 10.01～15.00 mm，16～20 日龄阶段。

第四节　鳞片的发育特征

鱼类骨骼系统包括外骨骼与内骨骼，外骨骼主要由鳞片、鳍条等组成，鳞片是鱼类皮肤最重要的衍生物，主要由钙质组成，其扁薄、柔软而坚硬，它们被覆在鱼类体表，起到保护作用；鱼类鳞片的形状、大小和排列有其固定的模式，可以作为分类的依据；鳞片的生长呈环状，类似于树木的年轮，因此也是测定鱼类日龄、年龄和生长的主要材料；鳞片的发生和发育也是幼鱼发育的重要标志。

大泷六线鱼鱼鳞形成的顺序如图 4－24，分 9 个发育阶段。每个发育阶段都通过该阶段鳞片覆盖身体的范围来确定。着鳞区域分成两种类型：一种是由散射或松散形状鳞片附着的区域 A；另一种是带有栉齿的鳞片紧密贴合的区域 B（图 4－25）。每个发育阶段的特点是：

A. 几个散射鳞片首先同时出现在躯干前部的末端和尾鳍侧面的中间。

B. 散射鳞片的着鳞区域沿侧线向前延伸，在尾鳍的背侧和腹侧表面可见小斑点。

C. 散射鳞片的着鳞区域逐渐向腹部延伸，并且在尾鳍的前部首次出现一些具有栉齿的鳞片。

D. 散射鳞片向背部和腹部延伸。尾鳍被完全覆盖，肛门鳍的基部也是如此。带有栉齿的鳞片延伸至背鳍刺状射线的垂直面前部。

E. 除了肛门鳍上的小块区域，尾部几乎被散射鳞片或栉齿鳞片完全覆盖，栉齿鳞片向头部发展，到达鳃盖。

F. 未着鳞区域只是在背鳍下方和腹鳍上方的小斑点。除了未成对的鳍基部，尾部几乎完全被带有栉齿的鳞片覆盖。

G. 唯一没有鳞片的区域是胸鳍基部周围。只有在尾鳍底部和腹部沿线才看不到带有栉齿的鳞片。

H. 除了胸鳍周围的小区域，身体表面被带有栉齿的鳞片覆盖。

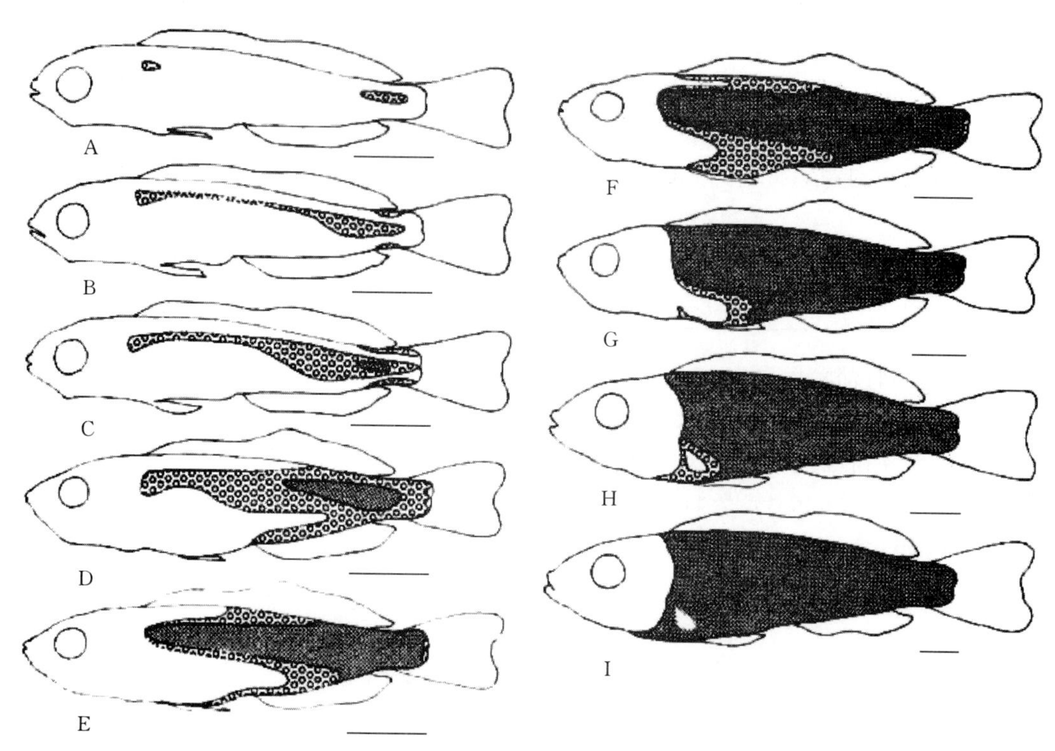

图 4-24　实验室培育的大泷六线鱼着鳞顺序（Osamu Fukufara，1983）

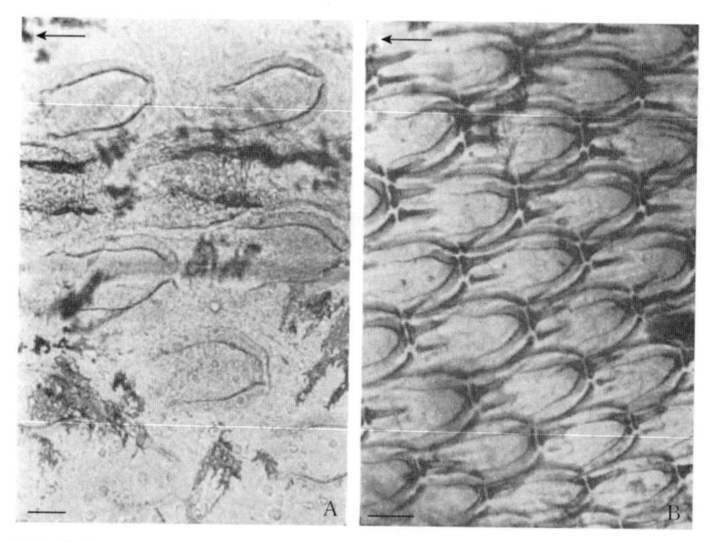

图 4-25　大泷六线鱼（*Hexagrammos otakii*）身体表面的着鳞示例（Osamu Fukufara，1983）

A. 散射鳞片　B. 紧密成形的栉齿鳞片

箭头代表头的方向，比例尺=100 μm，×40

I. 完全着鳞。

开放的圈和点分别表明散射鳞片和栉齿鳞片的着鳞区域（比例尺 5.0 mm）。

当大泷六线鱼为 27.0～32.0 mm 标准体长（SL）时，着鳞开始，并伴随着仔鱼的生长逐渐覆盖全身。最小的完全着鳞样本是一个 53.0 mm SL 的幼鱼。从这些观察结果可以看出，显然当幼鱼发育到 27.0～53.0 mm SL 时，鱼鳞开始。根据培育样本的生长曲线，推测着鳞阶段相当于鱼龄为孵化后 70～80 d。最大的无鳞样本是 29.0 mm SL。

这一实验是在实验室完成的，由于缺少野生鱼的着鳞信息，没有进行野生捕获样本和实验室培育样本之间的着鳞比较。在培育实验中，当鱼的体长达到 45～50 mm 时，鱼体的颜色从绿色变为褐色，推测鱼体颜色变化与鱼鳞形成有关。笔者推测，身体颜色具有将鱼隐藏在其栖息地中的作用，并且鱼鳞保护身体表面不受到环境条件的各种变化带来的刺激。相应地，完全着鳞的大约 50 mm SL（80 日龄）的幼鱼，可以比着鳞前承受更宽范围的环境变化。

第五章

六线鱼早期生态及生理特征研究

鱼类是脊椎动物中种类最为繁多、生物多样性最为复杂的类群，也是人类所需动物蛋白的主要来源之一。鱼类广泛生活于河流、湖泊、海洋等各种水域中，生态环境的多样性造就了鱼类外部形态和内部结构、生理和生态特征的多样性。鱼类生理学系统研究鱼类在各种不同的生态环境下身体各个器官系统的生理功能特点和适应变化情况。鱼类生理学的研究内容既具有重要的学术理论意义，有助于了解鱼类各组织器官及其生理功能在长期进化过程中的形成、变化和发展的规律性，亦具有重大实际应用价值，特别是为鱼类养殖业的持续健康发展提供必要的理论依据和技术支撑。只有充分掌握这些基本生物学知识，才能优化鱼类的养殖生态环境、建立合理的生产模式，达到稳产、高产的目的。

本章以大泷六线鱼为研究对象，研究了大泷六线鱼早期的生态生理特征，为大泷六线鱼人工养殖提供理论指导。由于几种六线鱼的生活环境相近，食性也相近，因此以大泷六线鱼为对象的研究成果，也可以指导同属其他鱼类的养殖生产。

第一节　胚胎发育的生态环境

鱼类苗种生产过程中和其他动物一样，死亡率最高的是早期发育阶段。鱼类胚胎发育受环境条件的制约，温度、盐度、溶解氧是鱼类生命早期最敏感的几种主要因子。为了提高鱼苗早期成活率，研究生态因子对鱼类个体发育早期阶段（胚胎）的影响是很必要的。

温度是影响大泷六线鱼胚胎发育的主要环境因子之一。在温度影响胚胎发育实验中设置6个温度梯度：4℃、8℃、12℃、16℃、20℃、24℃，每个梯度均设3个平行，进行大泷六线鱼受精卵的孵化实验。孵化海水盐度为31，pH为8.0，采用恒温连续充气的孵化方式，日换水2次，每次换水量为1/2。结果表明，水温对大泷六线鱼受精卵孵化影响明显，孵化时间随水温的升高逐渐缩短；孵化率随水温的升高呈先升高后降低的趋势，在16℃时达到最大值79%；畸形率随水温的升高呈先降低后升高的趋势，在16℃时出现最小值6%；水温24℃时，5d后胚胎停止发育并逐渐坏死（表5-1）。

表5-1　温度对大泷六线鱼受精卵孵化的影响

孵化水温（℃）	孵化时间（d）	孵化率（%）	畸形率（%）
4	31	38	43
8	26	41	28
12	24	59	11

（续）

孵化水温（℃）	孵化时间（d）	孵化率（%）	畸形率（%）
16	20	79	6
20	18	42	23
24	未孵出	未孵出	未孵出

大泷六线鱼是我国海水养殖鱼类中卵径较大的品种，明显大于一般海水硬骨鱼类鱼卵卵径；孵化时间也较长，受精卵在水温 16 ℃情况下，需经 20 d 才能孵出仔鱼，远长于牙鲆、真鲷等北方主要海水经济鱼类的孵化时间（3 d）。较大的卵径和较长的孵化时间可能是由大泷六线鱼繁殖季节决定的。秋冬季节水温明显下降，海水中可供初孵仔鱼摄食的微生物、藻类等比较匮乏，较大的鱼卵能储备更多的营养物质，较长的孵化时间能使组织、器官发育更加完善，从而使仔鱼孵出后具有更强的环境适应能力。

温度是影响鱼类胚胎发育及其生存、生长和发育的最重要生态因子之一，不同鱼类的适温范围不同，同一种鱼类的不同生态类群，其适温范围亦可能不同。鱼类胚胎孵化主要受胚体的运动和孵化酶的影响，适当提高孵化过程中的温度，有利于缩短孵化期；而孵化酶的分泌和作用受温度影响较明显，在孵化酶分泌过程中，温度的下降不仅能显著延迟孵化，而且使胚胎的存活率也降低。

实验中各组大泷六线鱼胚胎孵化时间与孵化水温呈负相关，孵化率随孵化水温的升高呈现先升高后降低的趋势，在 16 ℃时达到最大值 79%，明显高于自然海区采集卵块的孵化率 56%，而畸形率随孵化水温的升高呈现先降低后升高的趋势。低水温组初孵仔鱼卵黄囊体积比高水温组小，可见胚胎孵化时间越长，卵黄的消耗越多，初孵仔鱼卵黄囊体积越小。因此在适宜的温度范围内，调高孵化水温有利于胚胎的孵化和初孵仔鱼的存活生长。大泷六线鱼受精卵的最适孵化水温为 16 ℃，同期大泷六线鱼自然孵化水温为 6～12 ℃，明显低于最适孵化水温，但是胚胎发育除了与培养水温关系密切外，其他环境条件如盐度、pH、水质状况等生态因子也具有一定的影响作用。水温 24 ℃实验组胚胎发育至 5 d 即停止发育，并逐渐坏死，这可能与大泷六线鱼属冷温性鱼类有关；胚胎在 24 ℃水温下经 5 d 顺利发育到器官发生期，而后才停止发育并逐渐坏死，可见胚胎发育各时期的适宜水温可能存在差异，不同发育期对水温的具体要求不尽相同。

第二节 环境因子对仔鱼存活与生长的影响

一、温度对大泷六线鱼仔鱼存活的影响

适宜的温度是鱼类正常存活生长的必要条件，是维持正常生理状态、促进生长的重要保障，温度过高或过低均会对鱼类的生理生态状况产生不利影响。鱼类的生长在一定温度范围内随着水温的升高而加快，但当水温超过其最适水温后，生长速度则会下降。一定范围内增温能加快鱼类的生长发育，而水温过高时，则往往会抑制鱼类的存活与生长。温度是影响海水鱼类生存、生长最重要的环境因子之一。笔者在苗种培育期研究了温度渐变及突变对大泷六线鱼初孵仔鱼与 10 日龄仔鱼存活与生长的影响。

1. 温度渐变对仔鱼存活的影响

实验仔鱼为两种规格，分别为大泷六线鱼初孵仔鱼，体长（6.68±0.25）mm；10 日龄

仔鱼，体长（7.87±0.36）mm。设置5个温度梯度：4℃、8℃、12℃、16℃、20℃，每个温度梯度设3个平行，其中16℃为对照组。每4h升降一个温度梯度，48h后观察各温度中大泷六线鱼仔鱼的存活状况，计数并计算成活率。结果表明，温度对大泷六线鱼仔鱼存活率影响显著（$P<0.05$）。温度4～16℃的各组平均存活率显著高于温度为20℃的实验组，平均存活率均达86.6%以上。温度为20℃的实验组，存活仔鱼活力差，死亡鱼体色发白，呈蜷曲状（表5-2）。这与生活习性相关，大泷六线鱼为近海冷温性底栖鱼类，它的产卵繁殖时间为每年10月下旬至11月中旬，一般在秋季底层水温10～15℃时产卵，幼体培育期自然海水水温一般在3～12℃。

表5-2　温度渐变对大泷六线鱼仔鱼存活的影响

温度（℃）	初孵仔鱼			10日龄仔鱼		
	实验前鱼数量（尾）	实验后鱼数量（尾）	平均存活率（%）	实验前鱼数量（尾）	实验后鱼数量（尾）	平均存活率（%）
4	50	43.3	86.6[a]	50	46.3	92.6[a]
8	50	45	90[a]	50	47.3	94.6[a]
12	50	48.3	96.6[b]	50	50	100[b]
16	50	50	100[b]	50	50	100[b]
20	50	18	36[c]	50	24	48[c]

注：同一栏中不同上标字母表示存在显著性差异（$P<0.05$），下同。

2. 温度突变对仔鱼存活的影响

设置5个温度梯度：4℃、8℃、12℃、16℃、20℃。每个温度梯度设3个平行，其中16℃为对照组。调到相应的温度后放入仔鱼，48h后观察各温度中大泷六线鱼仔鱼的存活状况，计算平均存活率。结果表明，4～16℃温度组具有较高的存活率，温度20℃的实验组存活率在30%以下，鱼体发白、腐烂，呈蜷曲状死亡（表5-3）。

表5-3　温度突变对大泷六线鱼仔鱼存活的影响

温度（℃）	初孵仔鱼			10日龄仔鱼		
	实验前鱼数量（尾）	实验后鱼数量（尾）	平均存活率（%）	实验前鱼数量（尾）	实验后鱼数量（尾）	平均存活率（%）
4	50	43.3	86.6[ab]	50	44	88[a]
8	50	42.3	84.6[a]	50	43	86[a]
12	50	46	92[bc]	50	49.3	98.6[b]
16	50	48.7	97.4[cd]	50	50	100[b]
20	50	10	20[e]	50	14.3	28.6[c]

二、盐度对大泷六线鱼仔鱼存活的影响

盐度是影响鱼类生长代谢等各种生理活动的重要环境因素。盐度的变化迫使鱼类自身通过一系列的生理变化来调整体内外渗透压的动态平衡，致使其生长存活与摄食等相关生理指标发生相应变化。笔者在苗种培育期研究了盐度渐变及突变对大泷六线鱼初孵仔鱼与10日

龄仔鱼存活与生长的影响。

1. 盐度渐变对仔鱼存活的影响

设置 8 个盐度梯度：0、5、10、15、20、25、30、35，每个盐度梯度设 3 个平行，盐度 30 为对照组。实验用水为沉淀沙滤后的海水，盐度通过在沙滤海水中加入海水晶和曝气 24 h的自来水来调节，盐度用海水比重计（精确度±1）来标定。每 4 h 升降一个盐度梯度，水温设定为 16 ℃，48 h 后观察各盐度中大泷六线鱼仔鱼的存活状况。结果表明，盐度对大泷六线鱼仔鱼存活率影响显著（$P<0.05$）。初孵仔鱼及 10 日龄仔鱼在盐度 10～30 范围内存活率均大于 90%，而当盐度降为 5 时则全部死亡。初孵仔鱼在盐度 35 时表现为活力很差，1 h 后即伏在箱底不动，2.5 h 后全部死亡。10 日龄仔鱼在盐度 35 时的存活率为 40%（表 5－4）。

表 5－4　盐度渐变对大泷六线鱼仔鱼存活的影响

盐度	初孵仔鱼			10 日龄仔鱼		
	实验前鱼数量（尾）	实验后鱼数量（尾）	平均存活率（%）	实验前鱼数量（尾）	实验后鱼数量（尾）	平均存活率（%）
0	50	0	0[a]	50	0	0[a]
5	50	0	0[a]	50	0	0[a]
10	50	48	96[b]	50	47.7	95.4[b]
15	50	45.3	90.6[c]	50	49	98[cd]
20	50	49	98[bd]	50	48.3	96.6[bc]
25	50	48	96[b]	50	50	100[d]
30	50	50	100[d]	50	50	100[d]
35	50	0	0[a]	50	20	40[e]

注：不同上标字母代表有显著性差异。

10～30 盐度范围内初孵仔鱼和 10 日龄仔鱼在 48 h 内存活率差别不大，主要是刚孵出的仔鱼依靠卵黄营养，无向外界摄食的能力，因而其消耗的能量也大大降低，仔鱼体内所贮存的能量足以满足维持体内渗透压平衡所需要的能量，因此各个盐度条件下大泷六线鱼仔鱼存活率无较大差别。而当盐度为 35 时，初孵仔鱼表现为活力差，1 h 后即伏在箱底不动，2.5 h后全部死亡。10 日龄仔鱼在盐度 35 时的存活率也仅为 40%。这是高盐条件下仔鱼用于维持体内渗透压的稳定而消耗的能量增加，从而不利于仔鱼的生存。海水硬骨鱼初孵仔鱼体液中的盐度通常为 12～16，当环境盐度较低时，仔鱼用于维持体内渗透压的稳定而消耗的能量也减少，从而有利于仔鱼的生存。

2. 盐度突变对仔鱼存活的影响

设置 8 个盐度梯度：0、5、10、15、20、25、30、35，每个盐度梯度设 3 个平行，盐度 30 为对照组。调整到相应的盐度后放入仔鱼，水温设定为 16 ℃。48 h 后观察各盐度中大泷六线鱼仔鱼的存活状况。结果表明，盐度为 25 和 30 的实验组仔鱼的存活率都在 95%以上，显著高于其他的实验组（$P<0.05$）。盐度为 0 和 5 的实验组仔鱼全部死亡。盐度为 35 时，初孵仔鱼全部死亡，10 日龄仔鱼的存活率仅为 20%。盐度 10～20 的实验组，仔鱼出现不同程度的死亡，存活率可达 56%～75%（表 5－5）。

表 5-5　盐度突变对大泷六线鱼仔鱼存活的影响

盐度	初孵仔鱼			10 日龄仔鱼		
	实验前鱼数量（尾）	实验后鱼数量（尾）	平均存活率（%）	实验前鱼数量（尾）	实验后鱼数量（尾）	平均存活率（%）
0	50	0	0[a]	50	0	0[a]
5	50	0	0[a]	50	0	0[a]
10	50	28	56[b]	50	32	64[b]
15	50	37.3	74.6[c]	50	34.3	68.6[c]
20	50	31.7	63.4[d]	50	36	72[d]
25	50	48	96[e]	50	50	100[e]
30	50	50	100[f]	50	50	100[e]
35	50	0	0[a]	50	10.3	20.6[f]

注：不同上标字母代表有显著性差异。

三、温度对大泷六线鱼仔鱼生长的影响

笔者在苗种培育过程中进行了温度对大泷六线鱼仔鱼生长的影响实验。实验用鱼为 5 日龄和 15 日龄大泷六线鱼仔鱼。设置 5 个温度梯度：4 ℃、8 ℃、12 ℃、16 ℃、20 ℃，每个温度梯度设 3 个平行，以 16 ℃水温作为对照。仔鱼摄食后开始投喂褶皱臂尾轮虫，投喂密度为 6～8 个/mL，每天 1 次，轮虫在投喂前用小球藻强化培养。实验持续 15 d，记录实验前后仔鱼的全长。取 15 日龄仔鱼，每天投喂卤虫无节幼体一次，后期混合投喂配合饲料，实验持续 30 d，实验结束时测量仔鱼全长。结果表明，温度对生长情况的影响显著，在温度 4～16 ℃范围内，5 日龄仔鱼和 15 日龄仔鱼的全长随着温度的升高而增加，而 20 ℃的实验组，仔鱼的全长呈现下降趋势。其中 12 ℃、16 ℃温度组仔鱼的全长增长显著高于其余各组（$P<0.05$）（表 5-6）。

表 5-6　5 日龄仔鱼和 15 日龄仔鱼在不同温度条件下的全长变化

温度（℃）	5 日龄仔鱼全长（mm）		15 日龄仔鱼全长（mm）	
	实验前	实验后	实验前	实验后
4	8.014±0.038	9.763±0.158[a]	10.857±0.137	20.947±0.119[a]
8	8.014±0.038	10.269±0.095[b]	10.857±0.137	22.609±0.124[b]
12	8.014±0.038	10.876±0.084[c]	10.857±0.137	25.826±0.127[c]
16	8.014±0.038	11.118±0.216[c]	10.857±0.137	27.638±0.168[d]
20	8.014±0.038	10.18±0.192[bd]	10.857±0.137	19.786±0.098[e]

注：不同上标字母代表有显著性差异。

鱼类的生长在一定温度范围内随着水温的升高而增加，但当水温超过其最适水温后，生长则会下降。研究表明，随着温度的升高，大泷六线鱼仔鱼的生长呈现先升高后降低的趋势。在 4～16 ℃范围内仔鱼均能生长，16 ℃时全长增长最快，12～16 ℃范围内全长增长显著高于其他温度组。因此可以得出，在本实验条件下大泷六线鱼仔鱼的适宜温度范围为 4～

16 ℃，最适温度范围为 12～16 ℃。

四、盐度对大泷六线鱼仔鱼生长的影响

笔者在苗种培育过程中进行了盐度对大泷六线鱼仔鱼生长的影响实验，实验用鱼为 5 日龄和 15 日龄大泷六线鱼仔鱼。根据盐度存活实验情况，共设 6 个盐度梯度（10、15、20、25、30、35），每个梯度设 3 个平行，以自然海水盐度 30 作为对照。实验水温为 16 ℃，仔鱼投喂方式同上。结果表明，盐度为 10～35 的各实验组，仔鱼均能正常摄食与生长；其中 25、30 盐度组的全长增长最快，与其他实验组的差异显著（$P<0.05$）（表 5-7）。

表 5-7　5 日龄仔鱼和 15 日龄仔鱼在不同盐度条件下的全长变化

盐度	5 日龄仔鱼全长（mm）		15 日龄仔鱼全长（mm）	
	实验前	实验后	实验前	实验后
10	8.014±0.038	10.073±0.106[a]	10.857±0.137	20.356±0.125[a]
15	8.014±0.038	9.988±0.149[a]	10.857±0.137	21.620±0.151[b]
20	8.014±0.038	10.687±0.083[b]	10.857±0.137	25.749±0.078[c]
25	8.014±0.038	11.025±0.187[c]	10.857±0.137	27.836±0.206[d]
30	8.014±0.038	11.569±0.179[d]	10.857±0.137	28.462±0.097[e]
35	8.014±0.038	10.358±0.086[e]	10.857±0.137	22.539±0.162[f]

注：不同上标字母代表有显著性差异。

盐度影响仔鱼的生长，尤其是变态期仔鱼。南方鲆变态期仔鱼在盐度为 10 时存活率很低，但生长较好，同时完成变态率较高；盐度在 20～30 时存活率较高，但生长慢，同时变态率也相对稍低。本实验中，盐度变化对大泷六线鱼仔鱼的生长影响显著，在盐度 10～35 范围内，仔鱼的生长基本呈现先升高后降低的变化趋势，盐度 25～30 范围内仔鱼的全长变化显著高于其他各盐度组。因此可以得出，在本实验条件下大泷六线鱼仔鱼的适宜盐度范围为 10～30，最适盐度范围为 25～30。大泷六线鱼仔鱼在盐度 35 时的生长缓慢，原因是在非等渗环境中，鱼类需要消耗大量的能量来维持渗透压的平衡，从而造成生长速度显著降低。

五、光照强度对六线鱼仔鱼摄食量的影响

对不同照度下大泷六线鱼仔鱼摄食量进行了初步测定，得知仔鱼在 100 lx 时摄食量最大，其次为 10 lx；摄食率在 100 lx 时最高，并在 20 min 时达到最值，可见大泷六线鱼仔鱼的适宜照度范围为 10～100 lx，高或低于此照度都会影响仔鱼的摄食效果。

就光而言，若光照度低于鱼类的最佳光照度，仔鱼会由于光的不足而摄食活动受到限制，但超过最适光照度后仔鱼由于受到过强的光刺激而紧张，游泳速度加快，表现出紧张不安，口张动，但摄食量及效率都下降。笔者在实验过程中观察仔鱼游泳情况时也发现了类似的情况。

就仔鱼本身而言，仔鱼选择的光照条件通常也是仔鱼生长的最佳条件之一，适宜的光照可以将仔鱼诱向最佳食料、溶解氧状况以及其他环境条件优良的地方。六线鱼一般多栖息于 10～50 m 的沿岸及岛屿的岩礁附近，最适光照度为 10～100 lx，刚孵化的仔鱼有明显的趋光

性。由此可见，光照度的选择是鱼类自身与生活环境的适应结果，鱼类自身生活习性是内在决定因素，决定着自己所需的生态环境。

既然不同生态类型的鱼类都有自己的适宜光照度，使其机能得以充分发挥，那么摄食最适光照度的存在是可以理解的，探讨这个问题在养殖育苗生产中有助于选定适宜的投饵光照环境，使鱼苗正常摄食。

第三节　环境因子对幼鱼存活与生长的影响

在苗种培育过程中，幼鱼阶段是非常关键的时期，此时幼鱼的各器官、系统、生理机能均处于发育完善阶段，对环境因子的变化非常敏感，因此环境因子对幼鱼的存活与生长都有非常重要的影响。温度和盐度是其中尤为重要的因子。

一、温度变化对大泷六线鱼幼鱼存活与生长的影响

温度是影响海水鱼类生长最重要的环境因子。鱼类早期发育阶段被认为是发育过程中对温度敏感的时期，此时的水温变化会对鱼类发育乃至生存产生重大影响。鱼类的生长率在一定温度范围内随着水温的升高而增加，但当水温超过其适应水温后，生长率则会下降。

笔者对温度与盐度对大泷六线鱼幼鱼存活与生长的影响进行了研究，实验用鱼为4月龄的大泷六线鱼幼鱼。设置10个温度梯度：5℃、8℃、11℃、14℃、17℃、20℃、23℃、26℃、29℃、32℃。每个温度梯度设3个平行，温度17℃组为对照组，海水盐度为30。实验开始前24 h停止投喂使幼鱼肠内排空，将幼鱼称重后分别放到各水槽，规格为40 cm×50 cm×60 cm，每个水槽放养健康幼鱼40尾。实验期间的养殖管理与生产期间的养殖管理完全相同，换水时分别加入相对应温度的海水。实验时间为15 d，观察并统计大泷六线鱼的存活和生长情况。

实验开始时，5℃温度组大泷六线鱼幼鱼快速游动，而后出现死亡，至实验结束时存活率为54.9%；8～23℃温度组幼鱼无明显不适，活力正常，实验结束时幼鱼存活率均超过70%，其中17℃、20℃温度组存活率达98.3%；26℃温度组，幼鱼伏于水槽底部呼吸急促，活力极差，反应迟钝，稍后鱼体侧卧，出现死亡，至实验结束时，存活率仅为36.8%；29℃、32℃温度组幼鱼异常兴奋，不时撞击水槽壁，身体逐渐失去平衡，随即出现死亡，12 h全部死亡。除29℃、32℃温度组鱼全部死亡外，其余各组大泷六线鱼幼鱼均出现不同程度的生长，生长率随着水温的升高而逐渐增大，并于20℃时达到峰值(20.89 mg/d)，随后逐渐降低，其中17℃、20℃、23℃温度组幼鱼的生长率显著高于其余各组。

结果表明，温度对大泷六线鱼幼鱼存活率与生长率影响显著（$P<0.05$）。随着温度的升高，大泷六线鱼幼鱼存活率与生长率随实验设置温度的提高均呈现先升高后降低的趋势，其中在14～23℃范围内幼鱼存活率均超过90%，显著高于其余温度组。17～23℃范围内生长率显著高于其余温度组，而20℃时幼鱼生长率最高。因此可以得出，在本实验条件下4月龄大泷六线鱼幼鱼的适宜生长温度为14～23℃，最适生长水温17～23℃（表5-8、图5-1、图5-2）。

表 5-8 温度对大泷六线鱼 4 月龄幼鱼的存活与生长的影响

温度（℃）	实验时间（d）	实验鱼尾数（尾）	实验前平均体重（mg）	实验后鱼尾数（尾）	实验后平均体重（mg）	平均存活率（%）	平均生长率（mg/d）
5	15	40	1 726.6	21.96	1 795.6	54.9^{a}	4.6^{a}
8	15	40	1 726.6	28.67	1 843.3	71.6^{b}	7.78^{ab}
11	15	40	1 726.6	31.48	1 906.6	78.7^{bc}	12.0^{b}
14	15	40	1 726.6	36.8	1 922.9	92.0^{c}	13.09^{b}
17	15	40	1 726.6	39.33	2 014.6	98.3^{c}	19.2^{c}
20	15	40	1 726.6	39.33	2 039.9	98.3^{c}	20.89^{c}
23	15	40	1 726.6	36.24	1 999.6	90.6^{bc}	18.2^{c}
26	15	40	1 726.6	14.72	1 796.6	36.8^{d}	4.67^{ad}
29	15	40	1 726.6	0	—	0^{e}	0^{e}
32	15	40	1 726.6	0	—	0^{e}	0^{e}

注：同一栏中不相同上标字母表示存在显著性差异（$P<0.05$），“—”表示该组实验鱼全部死亡。

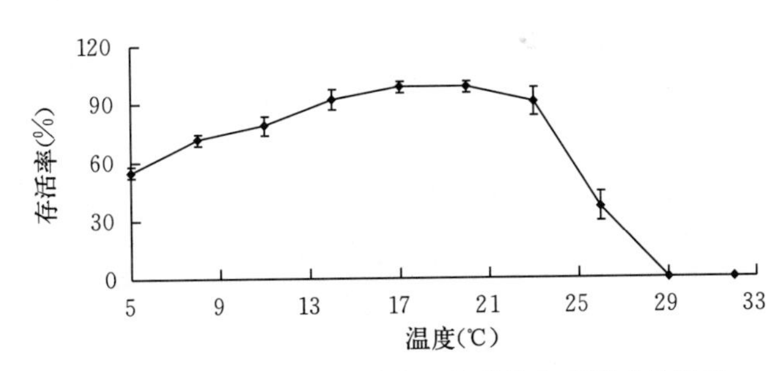

图 5-1 温度对大泷六线鱼 4 月龄幼鱼存活率的影响

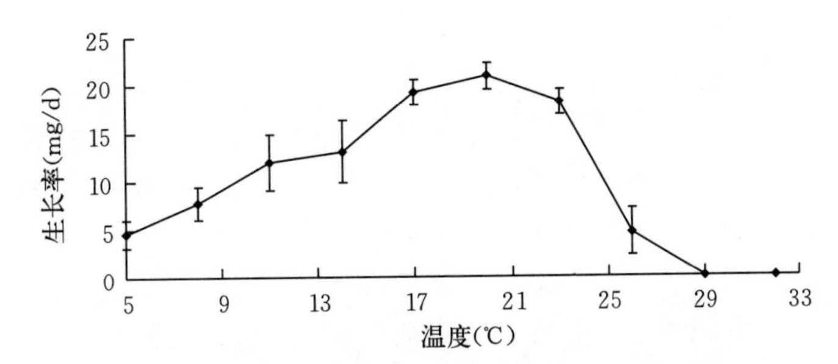

图 5-2 温度对大泷六线鱼 4 月龄幼鱼生长率的影响

二、盐度变化对大泷六线鱼幼鱼存活与生长的影响

盐度也是影响海水鱼类存活与生长的重要环境因子。鱼类对盐度变化的适应能力受体内渗透压的控制，在等渗环境中，鱼类不需要进行耗能的渗透压调节，摄食能量可全部用于生长发育，此时鱼类摄食量最大、代谢率最低，生长和饲料转化效率也最大，而在非等渗环境

中，鱼类需要消耗大量的能量来维持渗透压的平衡，表现为食欲下降，吸收率、转化效率和生长率显著降低，甚至出现负生长，直至死亡。盐度的改变会影响幼鱼原来正常的代谢，如渗透压调节、内分泌等，幼鱼需要消耗一些能量来满足离子和渗透压调节，幼鱼在短时间内难以适应盐度的变化，则会影响幼鱼的存活与生长。

实验用鱼为 4 月龄的大泷六线鱼幼鱼，设置 10 个盐度梯度：0、5、10、15、20、25、30、35、40、45，每个梯度设 3 个平行，盐度 30 组为对照组，水温为 17 ℃。实验开始前 24 h停止投喂使幼鱼肠内排空，将幼鱼称重后分别放到各水槽，规格为 40 cm×50 cm×60 cm，每个水槽放养健康幼鱼 40 尾。实验期间的养殖管理与生产期间的养殖管理完全相同，换水时分别加入相对应盐度的海水。实验时间为 15 d，观察并统计大泷六线鱼的存活和生长情况。实验结束时，实验用鱼饥饿 24 h 后，使其肠内排空，然后称重。

实验开始时，0、5 盐度组大泷六线鱼幼鱼四处游动，呼吸急促，稍后失去平衡并出现死亡，6 h 全部死亡；10、45 盐度组大泷六线鱼幼鱼活力较差，实验结束时存活率分别为仅 21.3%、22.7%；其余各实验组，幼鱼无明显不适，在盐度 15～40 范围内，存活率成明显峰值变化，于盐度 30 时达到最大值 98.3%，25～35 盐度组幼鱼存活率显著高于其余各组。0、5 盐度组幼鱼全部死亡，生长率为 0；10、45 盐度组幼鱼体重出现负增长；在盐度 15～40 范围内幼鱼生长率成明显的峰值变化，在盐度 30 时达到峰值（17.1 mg/d），25～35 盐度组幼鱼生长率率显著高于其余各组。

结果表明，盐度变化对大泷六线鱼的存活与生长影响显著（$P<0.05$）。随着盐度的升高，大泷六线鱼幼鱼存活率与生长率随实验设置盐度的提高均呈现先升高后降低的变化趋势。盐度 15～40 范围内幼鱼表现出较强的适应力，盐度 25～35 存活率与生长率显著高于其余各盐度组。本实验条件下 4 月龄大泷六线鱼幼鱼适宜盐度范围为 15～40，最适盐度范围为 25～35（表 5-9、图 5-3、图 5-4）。0、5 盐度组幼鱼全部死亡，而 10、45 盐度组幼鱼日益消瘦，体重出现负增长，可见已经不同程度超过该阶段幼鱼的耐受范围。

表 5-9　盐度对大泷六线鱼 4 月龄幼鱼存活与生长的影响

盐度	实验时间（d）	实验鱼尾数（尾）	实验前平均体重（mg）	实验后鱼尾数（尾）	实验后平均体重（mg）	平均存活率（%）	平均生长率（mg/d）
0	15	40	1 726.6	0	—	0[a]	0
5	15	40	1 726.6	0	—	0[a]	0
10	15	40	1 726.6	8.52	1 695.1	21.3[b]	−2.1
15	15	40	1 726.6	26.4	1 793.3	66[c]	4.44
20	15	40	1 726.6	29.92	1 856.6	74.8[cd]	8.67
25	15	40	1 726.6	37.4	1 938.1	93.5[e]	14.1
30	15	40	1 726.6	39.33	1 983.1	98.3[e]	17.1
35	15	40	1 726.6	36.16	1 930.6	90.4[e]	13.6
40	15	40	1 726.6	25.76	1 743.1	64.4[cf]	1.1
45	15	40	1 726.6	8.67	1 693.6	21.7[b]	−2.2

注：同一栏中不相同上标字母表示存在显著性差异（$P<0.05$），“—”表示该组实验鱼全部死亡。

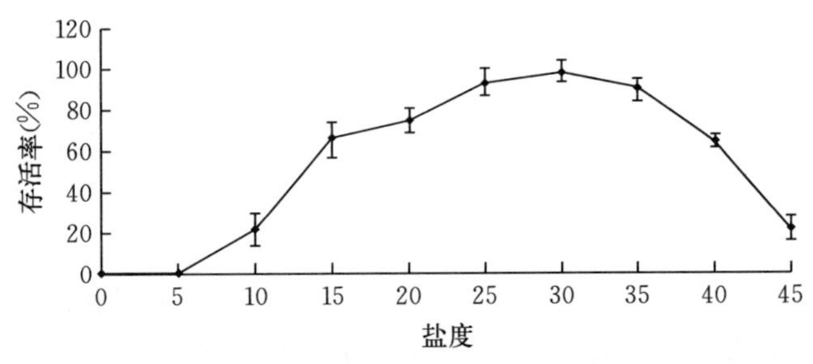

图 5-3　盐度对大泷六线鱼 4 月龄幼鱼存活率的影响

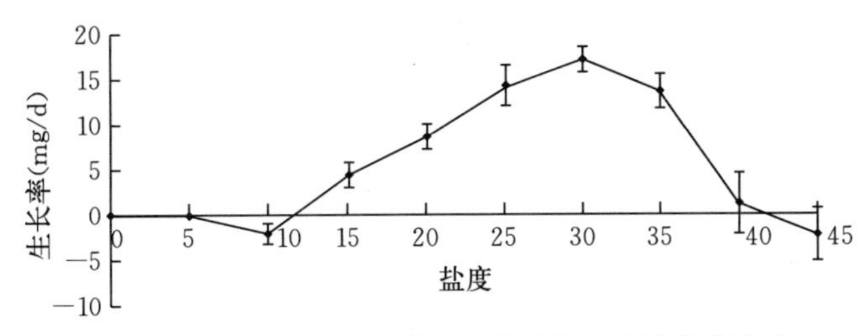

图 5-4　盐度对大泷六线鱼 4 月龄幼鱼生长率的影响

第四节　饥饿对仔鱼生长的影响

生长是生命的基本特征，是生物个体得以维持的基础。鱼类死亡和其他生物一样，是生命有机界的固有规律，鱼类作为低等脊椎动物，多数卵生，这种繁殖类型必然导致早期发育过程中出现较高的死亡率。在人工育苗过程中，仔鱼开口后应及时给予足够的生物饵料，以保障仔鱼器官形成、生长发育所需要的能量。仔鱼生长发育过程中，从内源性营养转入外源性营养是鱼类发育所要克服的一大障碍，如果仔鱼在混合营养期内没有建立外源性营养关系，将忍受进展性饥饿并导致死亡。

仔鱼初次摄食期饥饿“不可逆点”（the point of no return，PNR），即初次摄食期仔鱼耐受饥饿的时间临界点，从生态学的角度测定仔鱼的耐饥饿能力。PNR 是仔鱼耐受饥饿能力的临界点，仔鱼饥饿到该点时，多数个体已体质虚弱，尽管仍可存活一段时间，但因不可能再恢复摄食能力而死亡。PNR 是衡量鱼类仔鱼耐饥饿能力的重要指标，仔鱼从初次摄食到 PNR 的时间越长，建立外源性营养关系的可能性就越大；反之则越小。

早期仔鱼阶段是大泷六线鱼人工育苗的关键时期，仔鱼开口摄食之前，依靠卵黄和油球贮存的营养物质和能量维持正常活动水平，用以搜索并摄取饵料。如果仔鱼在完全消耗了卵黄和油球后仍不能获取外源性营养，则开始消耗本身组织以满足其基础代谢耗能，生长就会受到抑制，器官发育缓慢至萎缩，甚至出现负增长。笔者在水温 16.0 ℃条件下，就饥饿对大泷六线鱼卵黄囊、油球吸收和仔鱼的生长影响进行了研究，计算了仔鱼初次摄食期的 PNR，丰富大泷六线鱼早期发育阶段的生物学基础资料。

一、饥饿对仔鱼卵黄囊、油球吸收的影响

大泷六线鱼仔鱼孵化后，将 500 尾初孵仔鱼放置在规格为 47 cm×33 cm×24 cm 的实验

水槽内，观察仔鱼卵黄囊、油球的吸收。根据温度对大泷六线鱼受精卵孵化影响的实验结果，实验水温保持在 16.0 ℃，此温度条件下孵化率最高，畸形率最低；微量充气，每天换等温海水，换水量为全量的 1/2；不投饵，直至仔鱼全部死亡。实验用水为经沉淀、沙滤的自然海水，并经过紫外线杀菌，水中无生物饵料，盐度 31。正常摄食实验组为对照组，投喂小球藻和褶皱臂尾轮虫。

每天分别取饥饿仔鱼和正常摄食仔鱼 20 尾，置显微镜下观察比较饥饿仔鱼和正常摄食仔鱼的生长情况，用显微图像采集处理系统测量卵黄囊长径和短径、油球直径以及仔鱼的全长，并计算卵黄囊和油球体积。

$$V_L=\frac{4}{3}\cdot\pi\cdot\left(\frac{r}{2}\right)^2\cdot\frac{R}{2}$$

式中，V_L 为卵黄囊体积 r 为卵黄囊短径，R 为卵黄囊长径。

$$V_Y=\frac{4}{3}\cdot\pi\left(\frac{R}{2}\right)^3$$

式中，V_Y 为油球体积，R 为油球直径。

大泷六线鱼初孵仔鱼体长（6.18±0.25）mm，卵黄囊长径（1.87±0.09）mm，膨大成梨形，卵黄囊短径（1.32±0.06）mm，卵黄囊体积（1.705 2±0.027 54）mm^3。仔鱼出膜后很快展直身体，侧卧水底，活力较弱，1～2 h 后开始间歇性运动，并上浮到水面。实验表明，1 日龄仔鱼卵黄消耗最大，体积减小为初孵时的 50.41%。2 日龄仔鱼卵黄消耗速率相对减慢，体积减为初孵仔鱼的 25.14%。摄食组仔鱼 5 日龄时残存极少量卵黄，6 日龄时就完全吸收，饥饿组仔鱼卵黄的吸收速率慢于摄食仔鱼，在第 7 天才完全被吸收（表 5－10、图 5－5）。饥饿仔鱼和摄食仔鱼卵黄的吸收消耗速率差异显著（$P<0.05$）。

表 5－10　大泷六线鱼仔鱼对卵黄的吸收

日龄	摄食组仔鱼			饥饿组仔鱼		
	卵黄囊长径（mm）	卵黄囊短径（mm）	卵黄囊体积（mm^3）	卵黄囊长径（mm）	卵黄囊短径（mm）	卵黄囊体积（mm^3）
初孵仔鱼	1.87±0.09	1.32±0.06	1.705 2±0.027 5^a	1.87±0.09	1.32±0.06	1.705 2±0.027 5^a
1 日龄仔鱼	1.79±0.06	0.92±0.07	0.792 9±0.008 0^g	1.82±0.03	0.95±0.02	0.859 6±0.011 6^b
2 日龄仔鱼	1.49±0.04	0.68±0.02	0.360 6±0.002 1^h	1.58±0.02	0.72±0.04	0.428 7±0.012 4^c
3 日龄仔鱼	1.32±0.03	0.46±0.03	0.146 2±0.007 1^i	1.44±0.05	0.55±0.03	0.228 0±0.015 6^d
4 日龄仔鱼	0.84±0.05	0.37±0.02	0.060 2±0.001 1^j	0.93±0.04	0.44±0.01	0.095 6±0.001 7^e
5 日龄仔鱼	0.32±0.04	0.16±0.01	0.004 3±0.000 2^f	0.52±0.06	0.22±0.02	0.013 2±0.001 7^f
6 日龄仔鱼	—	—	—	0.28±0.01	0.14±0.01	0.002 9±0.000 2^f
7 日龄仔鱼	—	—	—	—	—	—

注：同一栏中不同上标字母表示存在显著性差异（$P<0.05$），“—”表示完全吸收。

大泷六线鱼初孵仔鱼油球径（0.47±0.02）mm，油球体积为（0.054 3±0.000 5）mm^3。油球呈鲜黄色，1 个（极少数 2～5 个），位于卵黄囊前端下缘。1 日龄仔鱼油球体积减小为初孵时的 76.61%（图 5－6）。两组仔鱼油球的消耗速率在 2 日龄前差异不显著（$P>0.05$），3 日龄仔鱼开口后差异显著（$P<0.05$）。

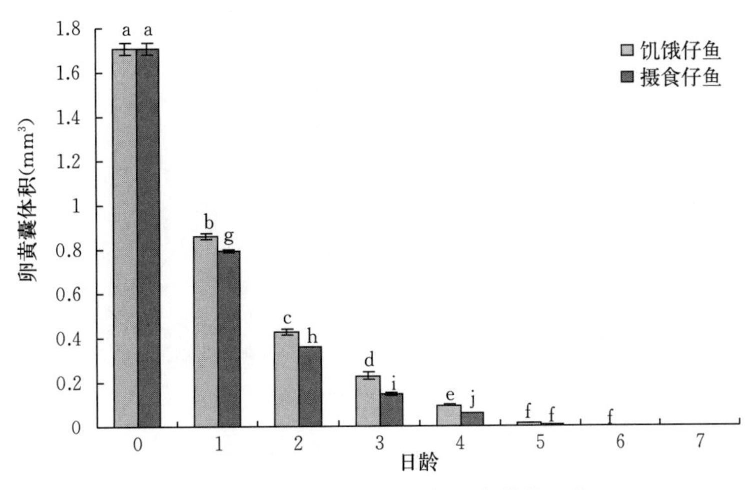

图 5-5 饥饿仔鱼和摄食仔鱼卵黄的吸收

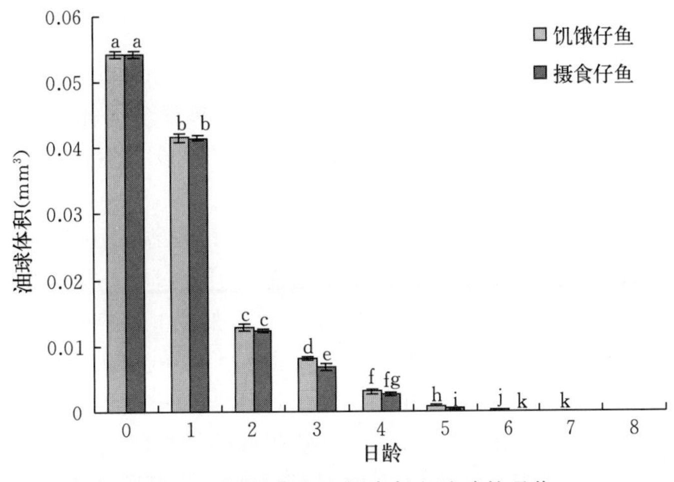

图 5-6 饥饿仔鱼和摄食仔鱼油球的吸收

二、仔鱼的初次摄食率及饥饿不可逆点

大泷六线鱼仔鱼开始摄食后，每天取 20 尾仔鱼，放入 1 000 mL 烧杯中，微充气，烧杯放置于恒温 16.0 ℃的水浴槽中，投喂经小球藻强化的褶皱臂尾轮虫，轮虫密度 8～10 个/mL。4 h 后将仔鱼取出，用 5%福尔马林固定，用解剖镜逐尾检查大泷六线鱼仔鱼的摄食情况，并计算初次摄食率。

初次摄食率=(肠管内含有轮虫的仔鱼尾数/总测定仔鱼尾数)×100%

以大泷六线鱼孵化后天数表示，每日测定饥饿实验组大泷六线鱼仔鱼的初次摄食率，当所测定的饥饿组仔鱼的初次摄食率低于最高初次摄食率的一半时，即为 PNR 的时间。结果表明，3 日龄仔鱼开口后的初次摄食率为（15±2)%；6 日龄时达到最大，为（65±3)%，此时卵黄仅有少量残痕；9 日龄时初次摄食率低于最高初次摄食率的 1/2，大泷六线鱼仔鱼 PNR 出现在 8 日龄和 9 日龄之间（图 5-7）。

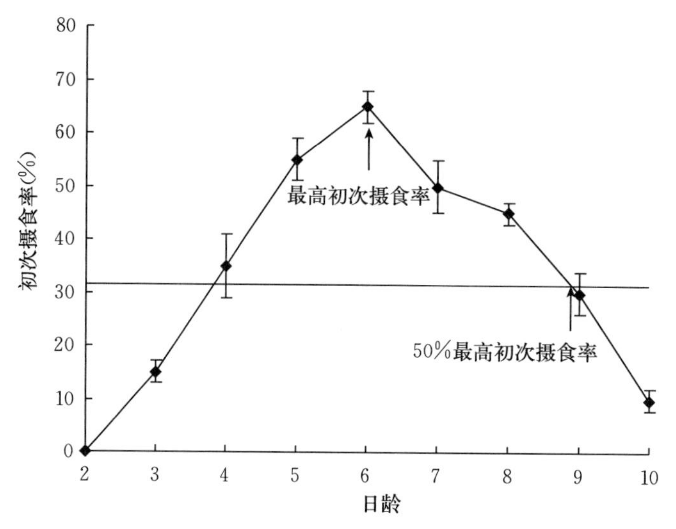

图 5-7 大泷六线鱼饥饿仔鱼的初次摄食率

少数 3 日龄仔鱼上下颌可启动开口，即可摄食轮虫和小球藻，过渡到混合营养期阶段，初次摄食率仅为 15%。仔鱼刚开口时以偶然碰撞的方式来摄取饵料。6 日龄仔鱼初次摄食率达到最大值为 65%，出现在卵黄耗尽的前一天；7 日龄卵黄全部耗尽；8 日龄油球吸收完毕，仔鱼完全依靠摄取外源性营养生存。随着饥饿时间的延长，生长速度变慢，幼体的各个器官形成受到影响，幼体的存活率显著降低。

鱼类的初次摄食时间与种类、卵黄囊的大小、培育水温及开口饵料的种类等有关。PNR 是衡量鱼类仔鱼耐饥饿能力的常用指标，抵达 PNR 时间长，表明耐饥饿能力强；反之，则耐饥饿能力弱。影响 PNR 的因素有内源因子，如受精卵的质量及仔鱼的游泳能力等；也有外源因子，如投饵密度及培育温度等。目前关于仔鱼初次摄食率及 PNR 的研究往往忽视内源因子的影响，这显然是不全面的。为了比较不同鱼类 PNR 时具有更加合理的标准，在研究 PNR 时采用有效积温概念。PNR 有效积温的计算公式为：

PNR 有效积温＝PNR 时间（d）×实验平均水温（℃）

经计算得出大泷六线鱼的 PNR 有效积温为 144 ℃。多数鱼类仔鱼 PNR 有效积温多在 100～250 ℃，大泷六线鱼的有效积温处于相对中间偏下的位置，再次证明大泷六线鱼仔鱼耐受饥饿和建立外源性营养的能力相对较弱，这可能与仔鱼个体及卵黄囊体积较小有关，是其在长期进化过程中形成的一种对饵料环境的适应性策略。

温度是影响仔鱼耐饥饿能力的重要因素。温度高时，仔鱼的发育加快，对内源性营养的消耗加快，从而导致外源性营养阶段的提前，最终结果是 PNR 时间的提前。本实验研究条件下 16.0 ℃大泷六线鱼仔鱼混合营养期为 5～6 d，PNR 出现在 8～9 日龄。PNR 时间一是与水温有关，二是与大泷六线鱼亲鱼有关，亲鱼培育过程中的积温及所产卵的营养成分等也直接影响到 PNR。不同地区的种群遗传差异性是不同的，不同的种、同种不同种群，其 PNR 点也存在差异。

三、饥饿对仔鱼生长的影响

饥饿对仔鱼生长的影响研究表明，3 日龄开口前饥饿仔鱼和摄食仔鱼的生长无差异。从

3 日龄开始，生长速率开始出现分化，摄食仔鱼的全长保持线性增加，体全长（L）与日龄（d）符合线性关系式：$L=0.3403d+6.2532$（$R^2=0.9904$）。而饥饿仔鱼的生长呈现先升高后降低的趋势，拐点出现在第 8 日，全长与日龄符合关系式 $L=-0.0313d^2+0.4742d$（$R^2=0.9886$）。到 10 日龄时，饥饿仔鱼全长为（7.73±0.07）mm，而摄食仔鱼全长却增加至（9.70±0.12）mm（图 5－8）。

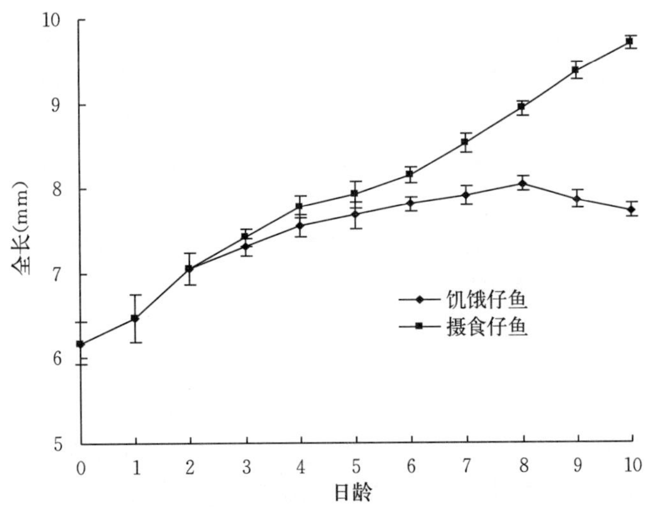

图 5－8　饥饿对大泷六线鱼仔鱼生长的影响

硬骨鱼类仔鱼的生长可划分成 3 个时期：初孵时的快速生长期，卵黄囊消失前后的慢速生长期及外源摄食后的稳定生长期（若不能建立外源摄食，则为负生长期）。大泷六线鱼仔鱼生长与之基本相符合。仔鱼开口前无向外界摄食的能力，卵黄营养足够维持生存需要的代谢耗能，因此开口前仔鱼的生长无差异。从 3 日龄开始，摄食仔鱼的全长保持线性生长，生长速率为 0.27 mm/d，但饥饿仔鱼从 3 日龄开始至 8 日龄，由于未获得外源性营养的支持而只靠自身营养物质的消耗来维持生长，生长速度相对缓慢，生长速率为 0.12 mm/d。8 日龄以后，饥饿仔鱼没有及时建立外源性营养，生长受到明显抑制，全长生长出现负生长，这是骨骼系统尚未发育的仔鱼为保障活动耗能，提高摄食存活机会的一种适应现象。

四、仔鱼最适初次投饵时间

成活率是衡量鱼类苗种繁育工作成功与否的重要指标，而饥饿一直被认为是引起早期仔鱼大量死亡的主要原因之一。由于受到饥饿胁迫，饥饿组大泷六线鱼仔鱼在其内源性营养消耗完毕后，死亡率大大增加。大泷六线鱼仔鱼 PNR 出现在 8 日龄和 9 日龄之间，开口后能够及时获得饵料对仔鱼的成活意义重大，这也说明在育苗生产中要把握仔鱼的开口摄食时间，尽早建立外源性营养的摄入，获得较高的开口率是保证苗种成活率的重要途径。结合 PNR 和混合营养期时间，研究认为在水温 16.0 ℃条件下，大泷六线鱼仔鱼最适初次投饵时间为 3～4 日龄，此时间段开始投喂轮虫比较容易获得较高的开口率。在人工育苗过程中此阶段应及时投喂和补充相应的生物饵料，保证仔鱼正常摄食促进生长发育，提高育苗成活率。

第五节　早期营养消化生理特性

鱼类消化酶是消化腺细胞和消化器官分泌的酶类，是反映鱼类消化能力强弱的一项重要指标，其活力大小受到多种因素的影响，直接影响鱼类对营养物质的消化吸收，从而影响鱼类的生长发育过程。鱼类摄入食物中的蛋白质、脂肪和糖类等大分子物质是鱼类生长发育过程中必需的营养物质，经消化酶作用分解成可被吸收的小分子物质，由循环系统运输至组织细胞，从而使鱼类获得物质和能量来维持其生长发育和繁殖等生命活动。随着水产养殖业和鱼类营养学的发展，鱼类消化酶的研究日益受到重视，对鱼类在仔、稚、幼鱼期的消化酶活力进行研究，不仅对深入了解鱼类的生长发育、摄食、消化等生理功能具有重要意义，也对探索鱼类早期发育过程中大量死亡原因以及苗种培育等具有重要意义。

鱼类的消化酶种类有很多，消化酶在不同器官中的分布也不相同，而在鱼类生长发育过程中的不同阶段同一种消化酶的活力也会有所差别。鱼类早期个体发育过程中，从内源性营养转变为外源性营养是一个非常关键的时期，尤其是消化道在这一时期将发生急剧的变化，由直的、管状的简单结构发育为具有功能分区的复杂结构，不同于其他器官的逐次发育。随着机体消化器官逐渐发育和完善，其分泌功能不断增强，消化酶活力也会随之产生变化。鱼类主要通过酶来消化食物，在多种消化酶的催化作用下鱼类才能消化所摄取的食物，鱼类主要的消化酶有胃蛋白酶、胰蛋白酶、淀粉酶、脂肪酶。

为了在大泷六线鱼人工育苗过程中及时把握饵料的选择和投喂最佳时机，保证早期发育阶段较高的成活率，笔者对大泷六线鱼仔、稚、幼鱼期（0～100 d）主要几种消化酶活力的变化进行了研究，掌握仔、稚、幼鱼消化机能的特异性对饵料转换适应能力的基础，为仔、稚、幼鱼期营养调节和人工养殖中饵料的配制、优化提供理论依据。

一、大泷六线鱼仔、稚、幼鱼期胃蛋白酶活力的变化

从1日龄仔鱼开始取样，刚孵出的仔鱼个体较小无法单独取出各种组织，同时为了保证实验的一致性，整个实验过程均采用整体取样的方法，取样时间为：0 d、5 d、10 d、15 d、20 d、30 d、40 d、50 d、60 d、70 d、80 d、90 d、100 d，为尽量消除实验误差，每个取样时间所取样品均设置三个平行。每天清晨饲喂前从培育温度为16 ℃的养殖池中随机捞出实验用鱼，每个时期大致的取样量为：0～20 d（500～600尾）、30～50 d（300～400尾）、60～80 d（100～200尾）、90～100 d（50～100尾），将取出的鱼用纱布滤过放在吸水纸上吸干体表水分，迅速将鱼放入用液氮预冷的研钵中，加入液氮整体研磨。每管称取200 mg粉末于5 mL离心管中，置于－80 ℃冰箱中保存备用。取上述离心管，每管分别加入2 mL预冷的生理盐水进行匀浆，匀浆液于4 ℃下离心30 min（5 000 r/min），取上清液即粗酶提取液进行酶活力的测。样品及试剂在实验前从冰箱中取出，均要平衡至室温条件下，消化酶活力测定方法均按照试剂盒标注的方法进行。

在测定管和测定空白管中各加入0.04 mL样本，放入37 ℃中水浴2 min；向测定空白管中加入0.4 mL试剂一；分别向测定管和测定空白管中加入0.2 mL试剂二，充分混匀后37 ℃水浴10 min；再向测定管中加入0.4 mL试剂一，充分混匀后37 ℃水浴10 min，3 500 r/min离心10 min，取上清液进行显色反应；标准管中加入0.3 mL 50 μg/mL标准应

用液，标准空白管中加入 0.3 mL 标准品稀释液，测定管和测定空白管中分别加入 0.3 mL 上清液；向上述各管中加入 1.5 mL 试剂三和 0.3 mL 试剂四；充分混匀后 37 ℃水浴20 min，于 660 nm 处比色。

胃蛋白酶活力计算公式：

$$胃蛋白酶活力（U/mg）=\frac{测定管OD值-测定空白OD值}{标准管OD值-标准空白管OD值}\times 50\div 10\times \frac{反应液总体积（0.64）}{取样量（0.04）}$$

胃蛋白酶是胃液中最重要的消化酶，以酶原的形式分泌，在胃内酸性环境下，经自身催化作用脱下 N-端的 42 个氨基酸肽段，被激活成为胃蛋白酶。胃蛋白酶是一种肽链内切酶，能催化酸性氨基酸和芳香族氨基酸所构成的肽键断裂，将大分子的蛋白质逐步变成较小分子的可溶性球蛋白、蛋白脲和蛋白胨等。鱼的胃蛋白酶能水解多种蛋白质，但不能水解黏蛋白、海绵硬蛋白、贝壳硬蛋白、角蛋白或分子量小的肽类等。

研究表明，随着大泷六线鱼的生长发育，胃蛋白酶活力呈现逐渐增加的趋势。大泷六线鱼在 0～30 d 的仔鱼期内消化酶活力逐渐上升，于 20 d 时达到最大值，并显著高于 0 d、5 d 时的活力值（$P<0.05$）。40 d 后大泷六线鱼的消化酶活力逐渐升高，于 100 d 时达到峰值并显著高于仔鱼期（$P<0.05$）（图 5-9）。

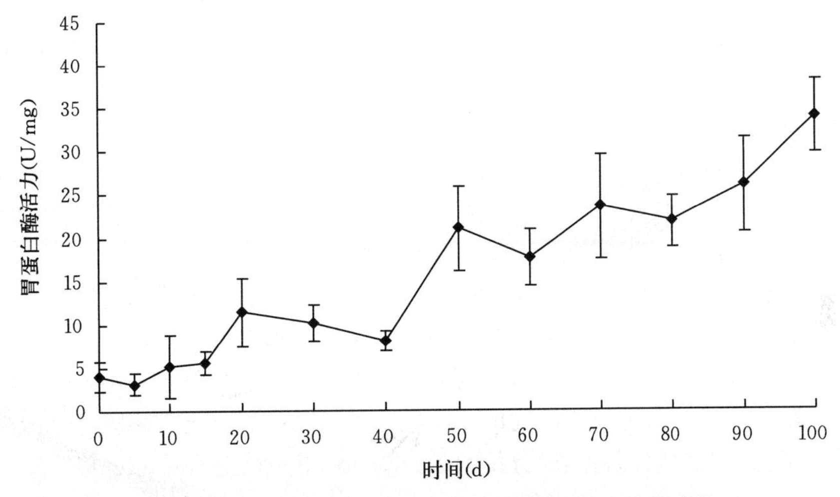

图 5-9　大泷六线鱼仔、稚、幼鱼期胃蛋白酶活力的变化

在有胃鱼类中，胃蛋白酶的消化活性最强，它先是以无活性的酶原颗粒的形式贮存在细胞中，在盐酸或相关的已具有活性的蛋白酶的作用下才转变为具有活性的胃蛋白酶。在发育早期，胃在形态和功能上并没有发育成熟，一开始并不具备分泌酸性物质和胃蛋白酶的功能，但饵料中也含有一些外源消化酶可以在鱼类发育早期起到辅助消化的作用，随着鱼苗的不断生长发育和胃功能的完善，其逐渐开始分泌有活性的胃蛋白酶。仔鱼胃的分化对其营养生理具有重要的影响，其功能的完善可以提高蛋白质的消化效率。对真鲷仔鱼早期生长发育阶段胃蛋白酶活力的研究发现，真鲷仔鱼从开口到 23 d，其胃蛋白酶活力都处于一个较低的水平，此时的仔鱼死亡率较高，在进入稚鱼期以后，胃腺逐渐形成，胃蛋白酶活力增大，死亡率下降，生长加快。这与本研究结果类似。

在大泷六线鱼鱼苗培育过程中，5 d 开始投喂轮虫，10 d 开始投喂卤虫无节幼体，轮虫和卤虫等饵料中的蛋白质含量丰富，这时体内胃蛋白酶的活力虽然不高，但体内的丝氨酸蛋白酶等酶类同样可以消化蛋白质。在 10 d 左右时，仔鱼的卵黄囊吸收完毕并开始摄食，建立外源性营养，胃蛋白酶活力开始有增大的趋势，且随着鱼体的生长发育，胃功能不断完善，酸性的胃蛋白酶分泌增多。40 d 后胃蛋白酶的活力开始显著增大，并且在 50 d 时开始投喂配合饲料，在饵料转换的这个阶段，胃蛋白酶活力有一个显著增大的过程。这可能是因为随着鱼体的生长，饵料摄入量逐渐增大，同时也可能因为饵料中蛋白质含量丰富，能够刺激大泷六线鱼胃蛋白酶基因大量表达，分泌更多的胃蛋白酶来进行消化作用，将分解的物质供自身充分利用。由此可以推测，大泷六线鱼胃蛋白酶活力不仅与鱼类的生长发育阶段有关，且与投喂的饵料有关，依据这个结果可以在鱼苗早期的生长阶段，卵黄囊还未完全吸收完毕时，进行适当的混合投喂。考虑到这一时期的胃蛋白酶活力较低，可用水解蛋白作为蛋白源或者在饲料中适当添加一些酶添加剂。

二、大泷六线鱼仔、稚、幼鱼期胰蛋白酶活力的变化

样品酶液体制备好后，分别向空白管和测定管中加入 1.5 mL 胰蛋白酶底物应用液，于 37 ℃水浴中预温 5 min；向测定管中加入 0.015 mL 样本，向空白管中加入 0.015 mL 样本匀浆介质；加入上述样本的同时开始计时，充分混匀后于 253 nm 处记下 30 s 时的吸光度 OD 值 A_1；将上一步中的反应液放入 37 ℃水浴锅中准确水浴 20 min，于 20 min30 s 时记录吸光度 OD 值 A_2。

胰蛋白酶活力计算公式：

$$\text{胰蛋白酶活力 (U/mg)}=\frac{\text{测定}(A_2-A_1)-\text{空白}(A_2-A_1)}{20\times0.003}\times\frac{\text{反应液总体积}(1.5+0.015)}{\text{样本取样量}(0.015)}\div\text{样本中蛋白浓度}\times\text{样本取样量}$$

胰蛋白酶存在于鱼类肝胰腺、肠道和幽门盲囊中，属于丝氨酸蛋白酶家族，是与成鱼食物营养转化和吸收直接相关的主要消化酶，因此其活力高低对调控鱼体的生长速率过程具有重要作用。作为一种肽链内切酶，胰蛋白酶对由碱性氨基酸（精氨酸、赖氨酸）的羧基与其他氨基酸的氨基所形成的肽键具有高度的专一性。胰蛋白酶还是所有胰酶的激活剂，通过水解其他酶原氨基末端的短肽而将胰腺分泌的蛋白酶原（胰凝乳蛋白酶原、羧肽酶原、弹性蛋白酶原）激活。

研究表明，大泷六线鱼在 0～30 d 仔鱼期内的胰蛋白酶活力整体呈现逐渐上升的趋势，并于 20 d 时达到峰值且显著高于 0 d、5 d 时的活力值（$P<0.05$）。随着大泷六线鱼的生长发育，40 d 后胰蛋白酶活力逐渐升高，并于 60 d 时达到最大值且显著高于仔鱼期时的活力值（$P<0.05$）（图 5 - 10）。

在鱼类的早期发育阶段，蛋白质的消化主要靠碱性蛋白酶完成。胰腺是鱼类分泌蛋白酶的主要器官，胰蛋白酶属于碱性蛋白酶，它需要经过肠致活酶激活才能成为有活性的蛋白酶，而鱼类的肠黏液可以分泌有活性的蛋白酶和肠致活酶。此外，肝胰脏和幽门垂等器官分泌的胰蛋白酶可以进入肠内。

胰蛋白酶在大泷六线鱼生长发育的早期即检测出活力，大泷六线鱼仔鱼在 5～10 d 时胰蛋白酶活力有所增大，在这一时期主要吸收自身卵黄囊中的营养，相对整个时期来说这一时期的胰蛋白酶活力不算太高，对蛋白质的消化能力还较弱，主要依靠仔鱼肠黏膜上皮细胞的

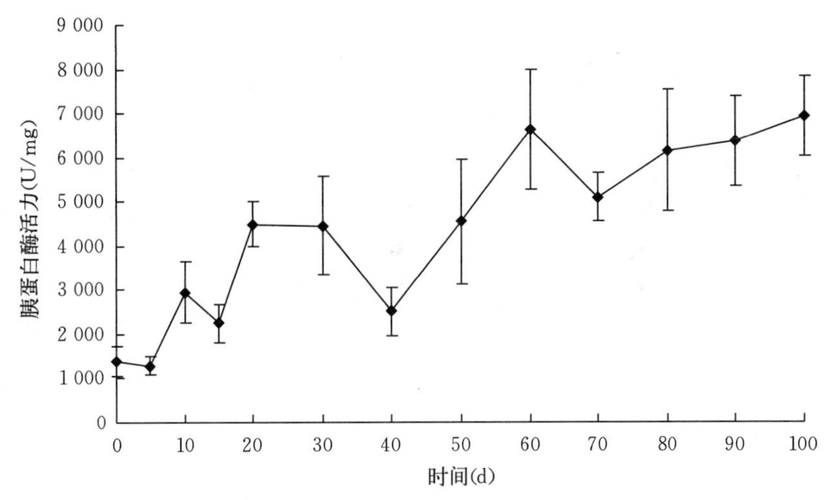

图 5-10　大泷六线鱼仔、稚、幼鱼期胰蛋白酶活力的变化

胞饮作用进行胞内消化。在 10 d 时，仔鱼的卵黄囊逐渐吸收完毕开始建立外源性营养，在这一时期仔鱼会有一个短暂的饥饿期，所以在这几天胰蛋白酶活力有短暂降低。随之仔鱼开始摄食饵料，胰蛋白酶活力开始增大，30 d 时又有所下降，从 40 d 开始，胰蛋白酶的活力开始增大，并于 60 d 时达到最大值后逐渐趋于稳定。由此可以看出在饵料转换的关键时期，大泷六线鱼的胰蛋白酶活力总是先减小后增大，有一个适应的过程，但从整个结果来看，胰蛋白酶的活性逐渐增大，饵料的消化效率也随之提高。

大部分的研究认为，随着鱼类的胃功能逐渐发育完善，蛋白质的消化主要依赖于胃的酸性消化，碱性蛋白酶的作用将逐渐降低。然而从本实验结果可以看出，随着日龄的增大，胰蛋白酶活力整体呈现逐渐增大的趋势。在对厚颌鲂仔、稚鱼消化酶活力变化的研究发现，其胰蛋白酶活力从 15 日龄开始便急速下降，而后维持在较低水平，这与本实验的研究结果不一致，但与匙吻鲟仔、稚鱼发育过程中胰蛋白酶活力的变化的研究结果一致。由此推测，在不同种类的鱼类发育过程中，其某种消化酶的活力变化并不是完全一致的，这与鱼类的食性、养殖温度、盐度、pH、投喂饵料种类等都有关系，大泷六线鱼的胃功能逐渐发育完善后，碱性蛋白酶在蛋白质的消化过程中仍然发挥着重要的作用。

三、大泷六线鱼仔、稚、幼鱼期淀粉酶活力的变化

样品酶液体制备好后，将底物缓冲液于 37 ℃水浴锅中预温 5 min；向测定管和空白管中各加入 0.5 mL 已预温的底物缓冲液；向测定管中加入待测样本 0.1 mL，混匀后于 37 ℃水浴 7.5 min；向测定管和空白管中各加入碘应用液 0.5 mL 和蒸馏水 3.1 mL；充分混匀后于 660 nm 处测各管吸光度。

淀粉酶活力计算公式：

$$\text{淀粉酶活力 (U/mg)}=\frac{\text{空白管吸光度}-\text{测定管吸光度}}{\text{空白管吸光度}}\times\frac{0.4\times0.5}{10}\times\frac{30}{7.5}\div(\text{取样量}\times\text{待测样本蛋白浓度})$$

鱼类淀粉酶是一种碳水化合物水解酶。肝胰脏是淀粉酶主要生成器官，其分泌机能的强弱直接影响鱼类对食物的消化能力。不同食性的鱼类其淀粉酶活力不同，通常为：草食性鱼类>杂食性鱼类>肉食性鱼类。淀粉酶活力会随着不同消化器官或同一消化器官的不同部位会有所差异，这可能与其机体组织的生理功能有关。淀粉酶活力在鱼类的不同生长阶段会有差异，随着年龄的增加，其酶活力也发生改变。鱼类淀粉酶主要由胰腺分泌并进入肠道中，食物中的淀粉首先被淀粉酶分解成麦芽糖，麦芽糖在麦芽糖酶的作用下被消化成葡萄糖等单糖，才被吸收。

研究表明，大泷六线鱼在0～30 d仔鱼期内的淀粉酶活力逐渐升高，并于20 d时达到最大值且显著高于0 d、5 d时的活力值（$P<0.05$）。30 d后淀粉酶活力突然下降后并呈现较平稳的变化，于50 d时达到峰值但显著小于仔鱼期时的活力值（$P<0.05$）（图5-11）。

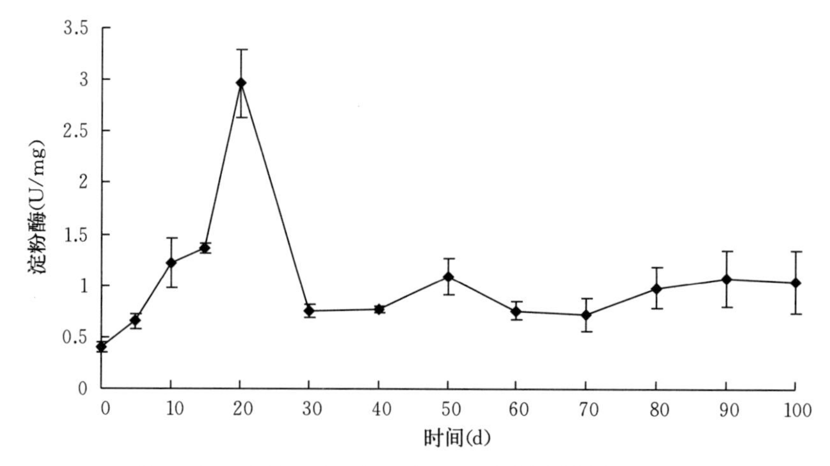

图5-11　大泷六线鱼仔、稚、幼鱼期淀粉酶活力的变化

鱼类发育的不同时期其淀粉酶活力也存在差异，许多海水鱼类在仔、稚鱼时期其淀粉酶的活力能维持在一个较高的水平，随着鱼类进一步生长发育，其淀粉酶活力会随之降低。大泷六线鱼是典型的肉食性鱼类，在其内源性营养阶段，体内的淀粉酶具有较高的活力。随着生长发育，在开口摄食以后，其活力逐渐下降且趋于稳定，这一变化模式与肉食性鱼类的变化模式类似。仔鱼在生长发育早期具有较高的淀粉酶活力这一特征在鱼类中具有普遍性，这与卵黄囊中含有较多的糖原有较大的关系。在仔鱼的个体发育过程中，其α-淀粉酶活力的变化与投喂食物中碳水化合物的含量有关，高水平糖原含量能刺激淀粉酶的合成和分泌，而配合饲料中糖原含量水平较低则会降低淀粉酶活力。大泷六线鱼在20 d时淀粉酶活力达到峰值，50 d投喂配合饲料后淀粉酶活力稍有下降后逐渐趋于稳定，说明淀粉酶活力不仅与鱼类的生长发育有关，且与饵料的成分也有一定的关系。

四、大泷六线鱼仔、稚、幼鱼期脂肪酶活力的变化

样品酶液体制备好后，将底物缓冲液于37 ℃水浴锅中预温5 min以上；向试管中依次加入25 μL组织匀浆离心后的上清液、25 μL试剂四，再加入2 mL已预温好的底物缓冲液，充分混匀，同时开始计时；30 s时于420 nm处读取吸光度OD值 A_1；将上述反应液倒回原试管中于37 ℃准确水浴10 min，于10 min30 s时读取吸光度OD值 A_2；求出2次吸光度差

值（$\Delta A = A_1 - A_2$）。

脂肪酶活力计算公式：

$$\text{脂肪酶活力(U/mg)} = \frac{A_1 - A_2}{A_1} \times 454 \times \frac{\text{底物液量(2)} + \text{试剂四量(0.025)} + \text{样本取样量(0.025)}}{\text{样本取样量(0.025)}} \div 10 \div \text{待测匀浆液蛋白浓度}$$

脂肪酶的作用是将脂肪分解成脂肪酸和甘油，与蛋白酶和淀粉酶对化学键具有高度的专一性不同，脂肪酶对脂键的专一性较低。脂肪酶主要由胰腺分泌，通常致密型的胰腺比弥散型的分泌更多的脂肪酶。只有少数鱼类的胃、肠和胆囊能分泌脂肪酶。

研究表明，大泷六线鱼的脂肪酶活力随着鱼体的生长发育相对其他消化酶变化不显著（$P>0.05$）。在 0～30 d 的仔鱼期内，脂肪酶活力分别于 5 d、10 d 达到最小值和最大值。40 d后脂肪酶活力逐渐升高，但与 30 d 时相比差异不显著（$P>0.05$）（图 5－12）。

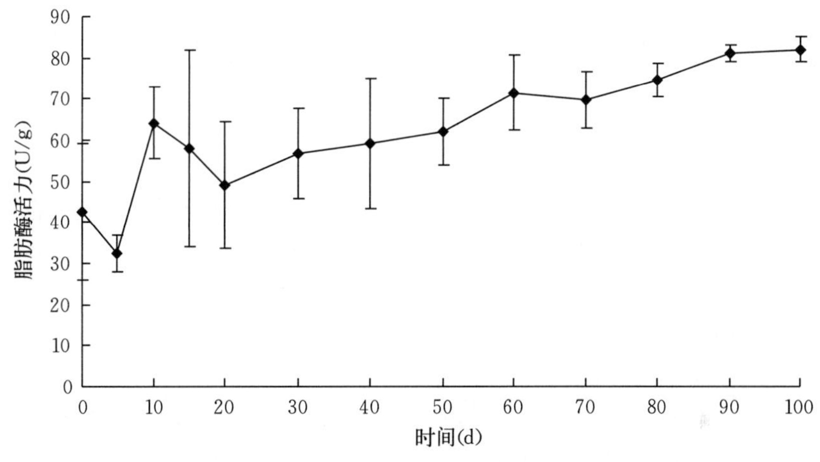

图 5－12　大泷六线鱼仔、稚、幼鱼期脂肪酶活力的变化

在鱼类所有的消化器官中几乎都存在脂肪酶，且其活性的大小与鱼类摄食的食物中脂肪的含量呈正相关。从结果可以看出，与另外三种消化酶一样，从大泷六线鱼初孵仔鱼时期就能检测到脂肪酶的活力，在许多其他鱼类的研究中也得到了类似的结果。在大泷六线鱼的内源性营养阶段，脂肪酶具有较高的活力。鱼类发育早期仔鱼体内存在两种类型的脂肪酶，一种是磷脂酶 A_2，其活性可被磷脂激活，而仔鱼的卵黄囊中磷脂含量丰富，这使大泷六线鱼在卵黄囊期就能检测出脂肪酶活力；另一种是脂酶，它能够被三酸甘油酯激活，其活性与外源饲料中脂肪的含量有着很大的关系，在仔鱼开口摄食转为外源性营养后，所检测到的脂肪酶活力可能是脂酶的活力。随着大泷六线鱼的生长发育，脂肪酶活力逐渐增大，这反映出随着大泷六线鱼胰腺的发育，脂肪代谢系统逐渐完善，对食物中脂肪消化能力增强。因此可根据脂肪酶活力的变化来考虑饲料中合理添加脂肪，保持营养均衡，促进鱼苗生长。

第六节　常用麻醉剂对六线鱼幼鱼的影响

麻醉是通过使用外用试剂或其他方法抑制神经系统，导致动物失去知觉的一种状态。麻醉剂在水产养殖中已经得到广泛的应用，生产实践中经常使用特定麻醉剂对养殖个体起到麻醉镇静作用。对鱼类使用麻醉剂的主要目的是使鱼体保持安静，降低人工采精、采卵、采血、标记等操作时的应激反应，使操作顺利进行，具有非常好的应用效果。在运输过程中，使用麻醉剂能够降低鱼体新陈代谢，降低耗氧量，减少 CO_2 和氨的排放量，防止水质污染。此外，麻醉还可以控制鱼的过度活动，防止鱼在容器中激烈活动而造成伤害，减少死亡，提高运输存活率。麻醉剂也被应用于鱼苗分选及疫苗接种等方面，降低这些过程中鱼体的应激反应。

麻醉剂的作用原理为首先抑制脑的皮质（触觉丧失期），再作用于基底神经节与小脑（兴奋期），最后作用于脊髓（麻醉期）。过大剂量或过长时间的麻醉剂接触可深及髓质，使呼吸与血管舒缩中枢麻痹，最终会导致死亡。麻醉剂的选择取决于很多的因素，大多数麻醉剂的功效受到鱼的品种、鱼体大小、鱼群密度，还有水质（pH、溶解氧、温度或盐度）等因素的影响，所以先用少量鱼初测麻醉剂的剂量和麻醉时间是必要的。每一种麻醉剂的使用方法都有其严格的规定，选择的麻醉剂对鱼和操作者都不能有毒，它应该可以被生物降解，而不应该在生理上、免疫上或行为上对鱼的生存或以后的测量产生持续的影响。

目前可用于鱼类麻醉的麻醉剂种类很多，其中丁香酚、MS－222 等在国内外的应用较多。丁香酚是丁香油的有效成分为，是一种纯天然物质，具有麻醉作用。经美国 FDA 批准，丁香酚可用于食用鱼的麻醉。由于高效、安全、价格低廉等特点，不会诱发机体产生有毒及突变物质而被广泛应用于人工采卵、活鱼运输及手术等养殖过程和科学实验中。MS－222 是另一种经过 FDA 认可的优良鱼用镇静剂，可用于鱼虾类的麻醉运输，具有使鱼体入麻时间快且复苏时间短的特点。

大泷六线鱼喜安静易受惊吓，应急反应剧烈，在人工采集精卵、倒池分苗、运输等过程中，鱼体容易因人为操作受惊导致受伤，而合理使用鱼用麻醉剂能够降低鱼体受惊产生的应激反应，最大限度减少对鱼体的伤害，从而提高成活率和经济效益。笔者研究团队在生产实践过程中，分别使用丁香酚和 MS－222 两种水产常用麻醉剂对大泷六线鱼的幼鱼进行了实验，探讨了丁香油和 MS－222 对大泷六线鱼幼鱼的麻醉效果，以期为大泷六线鱼幼鱼的保活运输提供技术支撑，同时筛选出合适的麻醉浓度，为开展大泷六线鱼人工增殖放流提供科学依据。

实验幼鱼平均体长（18.2±3.4）cm，平均体重（83.3±7.8）g，体色正常，健康活泼。实验开始前幼鱼在自然海水中暂养 7 d，水温（15±0.5）℃，盐度 31，pH 7.9～8.1，溶解氧＞6 mg/L，连续充气，每日换水 2 次，日换水量为 1/2，并投喂海水鱼专用配合饲料。实验用丁香油麻醉剂含量（以丁香酚计）85%，MS－222 为白色粉末状，易溶于水，麻醉剂药液随用随配。实验开始前配置丁香油溶液，将丁香油溶与无水乙醇（$V_{丁香油}:V_{无水乙醇}=1:9$）混合作为母液，浓度为 0.085 g/mL，实验时按所需浓度将母液稀释并充分搅匀，放置 10 min 后使用。MS－222 用分析天平准确称量，溶解于实验用水后使用。

一、不同浓度的丁香油和 MS－222 对大泷六线鱼幼鱼的麻醉效果

丁香油设置 10 mg/L、20 mg/L、30 mg/L、40 mg/L、60 mg/L、80 mg/L、100 mg/L

等 7 个浓度梯度，MS－222 设置 10 mg/L、20 mg/L、30 mg/L、40 mg/L、50 mg/L、60 mg/L、70 mg/L 等 7 个浓度梯度，以自然海水为对照组。每个实验组实验鱼 10 尾，每个实验组各设 3 个平行。观察并记录大泷六线鱼幼鱼在不同浓度下的活动状态，根据其行为特征把麻醉程度分为不同的时期，随后放入干净清洁的海水中复苏，观察大泷六线鱼幼鱼在复苏过程中的活动状态和行为特征，并将复苏过程分为不同的时期。

在水温 (15±0.5)℃时，随着丁香油和 MS－222 浓度的增大，麻醉各个时期开始的时间提前，复苏时间的也相应地会有所改变。在不同麻醉剂浓度下，大泷六线鱼幼鱼表现出一系列不同的行为特征（表 5－11）。

表 5－11　麻醉及复苏程度分期和行为特征

麻醉过程分期	行为特征
0 期	呼吸频率正常（鳃盖振动次数和振幅恒定），能够迅速翻身恢复到正常姿态
1 期	游动速度变缓，鳃盖张合频率降低，能够迅速调整身体保持平衡
2 期	呼吸略快，触觉消失，出现无意识游动，水中将身体侧倾，其可勉强保持身体平衡
3 期	鳃盖张合频率提高，仅对强烈刺激有反应，水中将鱼体侧倾，其无法恢复身体平衡状态
4 期	完全失去肌肉张力，鳃盖张合频率低，将鱼体侧倾其不挣扎
5 期	鱼体仰卧静止，完全失去反应能力，鳃盖张合缓慢
6 期	鳃盖张合停止，发生休克
复苏分期	行为特征
1 期	鱼体水底静止，鳃盖张合频率非常低
2 期	呼吸频率开始加快，但对刺激无明显反应，将身体侧倾，其无法恢复平衡
3 期	恢复对外界刺激的反应，呼吸频率接近正常，身体开始游动
4 期	鳃盖张合恢复正常，将身体侧倾后其可以迅速调整身体保持平衡

研究表明，当丁香油浓度在 20 mg/L、30 mg/L 时，鱼体在 15 min 左右出现麻醉状态，但并不能进入深度麻醉，而 MS－222 在 20 mg/L、30 mg/L 时，鱼体在较短的时间内就能达到 2、3 期麻醉状态；当两种麻醉剂浓度大于≥50 mg/L 时鱼体都能在 3 min 之内达到 4 期麻醉状态。丁香油浓度在 50～100 mg/L 和 MS－222 浓度在 50～70 mg/L 时，鱼体均可在 3 min 之内入麻并在 4 min 之内复苏（图 5－13）。当丁香油浓度≥100 mg/L 和 MS－222 浓度≥70 mg/L 时，在麻醉液中浸浴 15 min 后部分鱼体出现休克死亡，复苏率不能到达 100%。

麻醉剂的理想浓度是能够使被试动物在 3 min 之内进入麻醉状态，并在 5 min 内苏醒的浓度。根据本实验的结果，丁香油和 MS－222 均对大泷六线鱼幼鱼具有较好的麻醉效果，具有入麻快、复苏时间短、复苏率高等特点，且在适宜浓度内，随着两种麻醉剂浓度的增大，大泷六线鱼幼鱼入麻时间整体呈现逐渐缩短的趋势，而复苏时间呈现逐渐延长的趋势。

丁香油浓度在 20 mg/L、30 mg/L 时，鱼体在 15 min 左右出现麻醉状态，但只能达到麻醉 1 期，放入清水中很快就能恢复正常；而 MS－222 在 20 mg/L、30 mg/L 时，鱼体在较

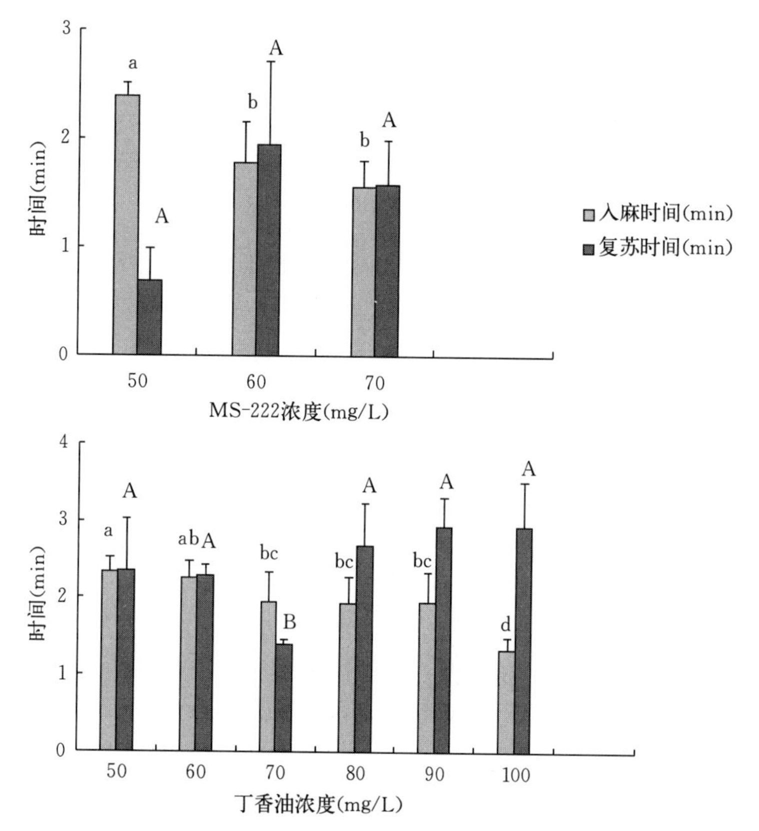

图 5-13 不同浓度的丁香油和 MS-222 对大泷六线鱼幼鱼的麻醉效果

相同柱形标有不同大（小）写字母者表示组间有显著性差异（$P<0.05$），标有相同大（小）写字母者表示组间无显著性差异（$P>0.05$）

短的时间内就能达到 2、3 期麻醉状态。不同的麻醉剂浓度对大泷六线鱼幼鱼麻醉和复苏的时间不同，麻醉效果也跟麻醉剂浓度和麻醉时间相关，麻醉剂浓度过大或麻醉时间太长都会导致达不到理想的麻醉效果，甚至还会导致鱼类死亡。因此，在选择用不同的麻醉剂麻醉大泷六线鱼幼鱼时，应选择适宜的浓度和麻醉时间。丁香油浓度在 50～110 mg/L 和 MS-222 浓度在 50～80 mg/L 时鱼体均可在 3 min 内入麻，在 5 min 之内复苏，可以确定其为适宜的有效麻醉浓度。

二、丁香油和 MS-222 对大泷六线鱼幼鱼呼吸频率的影响

通过测定单位时间鳃盖的张合次数，来确定大泷六线鱼幼鱼在不同麻醉剂浓度下的呼吸频率。丁香油设置 10 mg/L、20 mg/L、30 mg/L、40 mg/L、60 mg/L、80 mg/L、100 mg/L 等 7 个浓度梯度，MS-222 设置 10 mg/L、20 mg/L、30 mg/L、40 mg/L、50 mg/L、60 mg/L、70 mg/L 等 7 个浓度梯度，以自然海水为对照组。每个实验组实验鱼 10 尾，每个实验组各设 3 个平行，计算平均值作为鱼的呼吸频率。

研究表明，大泷六线鱼幼鱼在不同浓度的两种麻醉剂中的呼吸频率随着浓度的增大呈下降趋势（图 5-14）。丁香油麻醉对照组的呼吸频率在每 30 s 70～76 次，当丁香油浓度为 10～30 mg/L 时，呼吸频率持续下降，浓度为 20～30 mg/L 时呼吸频率波动不大，当浓

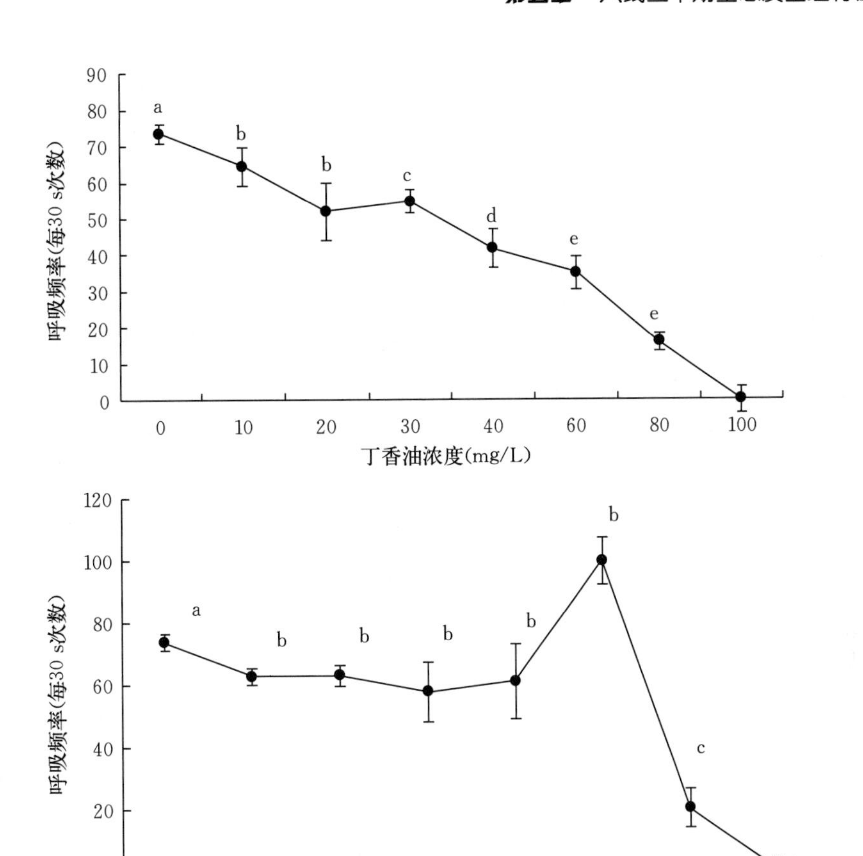

图 5－14　丁香油和 MS－222 对大泷六线鱼幼鱼呼吸频率的影响

同列（行）中标有不同小写字母者表示组间有显著性差异（$P<0.05$），标有相同小写字母者表示组间无显著性差异（$P>0.05$）

度＞100 mg/L 时，鱼出现死亡。根据麻醉分期来看，当麻醉程度为 1 期时，鱼呼吸频率略降低，范围在每 30 s 60～70 次；2 期呼吸频率范围在每 30 s 40～64 次；3 期呼吸频率范围为每 30 s 37～58 次；随着麻醉时间的增长，4 期时鱼的呼吸频率范围较广，为每 30 s 20～45 次；达到 5 期时呼吸频率迅速下降，为每 30 s 7 ～19 次，且鱼呼吸不连贯，开始呈现休克状态；达到 6 期后鱼呼吸停止。

MS－222 组在浓度≤40 mg/L 时呼吸频率波动不明显（$P>0.05$），当浓度≥50 mg/L 时，鱼在 3 min 左右出现呼吸间断，鳃盖大幅度张合，随后鳃盖张合幅度减小，但频率加快，达到每 30 s 90～105 次，随着麻醉时间的延长，10 min 左右部分鱼体出现麻醉 5 期的行为特征，鱼仰卧静止且呼吸不连续。随着 MS－222 浓度的升高，鱼进入休克状态，呼吸停止，且不能复苏。

呼吸频率能够直接反映鱼体的麻醉状态。通常来说，鱼体的麻醉程度越深，呼吸频率越慢，反之越快。鱼体放入麻醉剂溶液后，麻醉剂由体表和鱼类鳃丝吸收，随后进入鱼类的血液循环系统，最终在大脑积聚，随着麻醉时间延长，血液中麻醉剂最终会达到一个平衡状态，随之鱼类也会呈现出稳定的最终麻醉状态。鱼的呼吸频率在整个麻醉过程中都是下降的，丁香油对大泷六线鱼幼鱼呼吸频率的影响呈现为随着浓度增大，鱼呼吸频率变慢，而MS-222在浓度≤40 mg/L，鱼体在浅度麻醉时，呼吸频率没有显著变化（$P>0.05$），而当浓度达到60 mg/L时，由于浓度突然增大，鱼达到一个呼吸频率的临界点，导致呼吸频率突然加速，达到一个峰值，鱼体随后进入深度麻醉状态，当浓度继续增大，大于60 mg/L时，呼吸频率随着浓度增大极速下降，达到100 mg/L时，鱼基本死亡。可见，麻醉剂对呼吸频率的影响，不仅与麻醉剂类型有关，还与麻醉剂浓度大小有关。

三、空气中暴露时间对深度麻醉大泷六线鱼幼鱼的影响

在预实验基础上，确定使用两种麻醉剂的浓度分别为丁香油80 mg/L和MS-222 60 mg /L。每个暴露实验组用鱼10尾，将大泷六线鱼幼鱼分别放入这两种溶液中麻醉5 min，迅速将幼鱼从麻醉液中捞出，用湿毛巾裹住幼鱼身体中后部，随后在空气中分别暴露0 min、3 min、4 min、5 min、6 min、7 min、8 min、9 min，然后放入清洁海水中进行复苏，测定其复苏时间。

研究表明，随着在空气中暴露时间的延长，鱼体复苏所需要的时间也延长，两者呈正相关（图5-15）。丁香油组深度麻醉的大泷六线鱼幼鱼在空气中暴露7 min内，能够一直保持

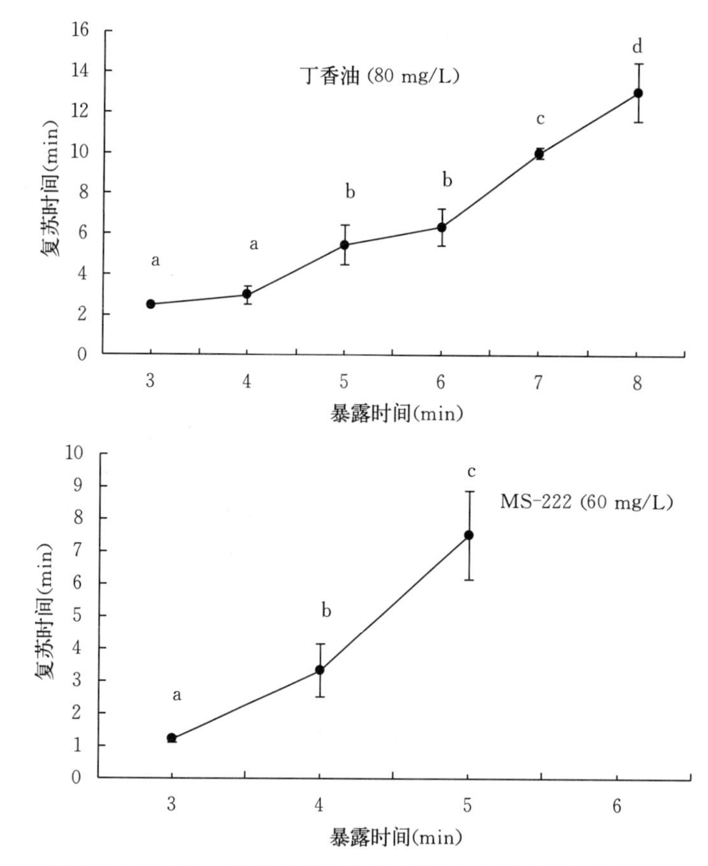

图5-15 空气中暴露时间对深度麻醉大泷六线鱼幼鱼的影响

同列（行）中标有不同小写字母者表示组间有显著性差异（$P<0.05$），标有相同小写字母者表示组间无显著性差异（$P>0.05$）

深度麻醉，但在放入清洁海水后 1～12 min 内都能够复苏，且复苏率达 100%；当在空气中暴露 8 min 后，入水后部分鱼体不能复苏，复苏率 50%。MS-222 组在暴露在空气中 5 min 内，入水后鱼体能全部复苏，而当暴露 6 min 后，入水鱼体全部死亡。

用麻醉剂麻醉鱼类，再将鱼类放到清洁水体中，鱼类能够逐渐代谢体内的麻醉剂失去麻醉作用，因此，鱼体虽然被麻醉，但放入清水中一段时间后会自动复苏。大泷六线鱼幼鱼经丁香油 80 mg/L 和 MS-222 60 mg/L 深度麻醉以后，随着在空气中暴露时间越长，其所需的复苏时间越长，丁香油实验组在空气中暴露时间超过 8 min 后，部分鱼体放入清水中不能复苏，MS-222 实验组在空气中暴露超过 6 min 后，实验鱼全部死亡。由本实验可以得知，丁香油 80 mg/L 和 MS-222 60 mg/L 这两个浓度能使鱼体快速进入深度麻醉期；在空气中暴露时间的控制上，丁香油组不得超过 8 min，MS-222 组不得超过 6 min。

第六章

六线鱼摄食特征和营养需求

摄食是生物最基本的生命活动之一。通过摄食，生物才能获得维持生命、满足生长、发育和繁殖所需要的营养物质和能量；水环境中食物的丰富程度决定了鱼类的种群的营养状况，对于鱼类种群的繁衍和数量变动有着重要影响；同时，食物关系对种间关系维系和生态系统的稳定起着重要作用。

鱼类的摄食习性与其栖息环境有着十分密切的关系，且其消化器官的形态结构与摄食习性是相适应的，这是鱼类在长期演化过程中对环境条件不断适应的结果。不同的鱼类有其不同的摄食特性，即使是相同鱼种，同一种群内由于发育阶段的不同、水环境条件的变化、食物的种类组成及营养价值的差异等，都会导致摄食特性的变化。因此，探讨海水鱼类的摄食规律和特性（食性类型、食物的选择性与适应性、摄食强度与节律等），研究探明海洋鱼类摄食的主要影响因子及其作用，对于在海水鱼类的养殖中指导投饵、满足其营养需求以取得更好的效益具有十分重要的意义。

第一节　六线鱼摄食特征

尽管海洋中可供鱼类摄食的基础饵料多种多样，但各个鱼种所摄取的主要食物类型和摄食方式等特性是相对固定的。不同的鱼类独特的食性，是它们对栖息环境中的基础饵料适应和自然选择的结果。由于不同鱼类的口器、消化道、肌肉、骨骼、神经和体形等形态结构，以及其运动方式和消化生理特征（如消化酶分泌机能）等都是与各自食性相适应的，因此可将鱼类可划分为不同的食性类型。按鱼类在成鱼阶段食物组成中的主要类型，将鱼类的食性分为植食性、肉食性和杂食性；按鱼类的捕食方式可分为滤食性、捕食性、吞食性、啮食性及吸食性等。

一、食物类型的划分

按成鱼阶段所摄取的食物组成中的主要类型，鱼类食性可划分为：

（1）植食性鱼类　又称草食性鱼类，主要以植物为食。这类鱼类对饲料中的蛋白质含量需求较低。

（2）杂食性鱼类　这类鱼类所摄食的对象较为广泛，食物组成相对复杂，既捕食其他水生动物，也摄食植物，它们的主要摄食对象一般包括小型软体动物、甲壳类、小型鱼类、藻类及有机碎屑等。在杂食性鱼类的人工养殖中，它们的饲料蛋白质含量应比草食性鱼类高，才能满足它们的需要。

(3) 肉食性鱼类　主要以水生动物为食，根据其主要摄食食物类型和摄食方式，一般又将它们分为初级肉食性鱼类和次级肉食性鱼类，海洋鱼类中大多数是肉食性的。

二、六线鱼的食物组成

研究鱼类的食性，是了解鱼类群落和整个生态系统结构和功能的重要基础，是实施渔业管理的前提，也是鱼类人工繁育的前提。

六线鱼为典型恋礁性鱼类，岩礁区的藻类生长茂盛，为其提供了良好的栖息地和饵料场，使其成为太平洋北部沿岸重要的品种，并在底栖食物链中扮演着重要的角色。对六线鱼的摄食生态进行研究，分析六线鱼的食物组成和摄食强度以及这些摄食特性随季节和个体生长发育的变化，目的是掌握六线鱼的摄食习性和变化规律，为人工繁育和养殖生产实践提供理论依据，并为合理利用和保护资源提供技术基础支持。

根据叶青（1992）年对青岛近海 825 条大泷六线鱼胃含物调查表明，大泷六线鱼以肉食为主，主要摄食底栖动物。摄食对象包括 16 个生物类群，至少 60 种生物。

(一) 斑头鱼的食物组成

斑头鱼摄食的饵料生物包括 11 个类群（表 6-1），其中多毛类为最主要的食物来源（*IRI*=44.37%），其次是鱼卵（*IRI*=21.13%）、海藻类（*IRI*= 20.52%）、海草类（*IRI*=4.70%）、口足类（*IRI*= 3.09%）、端足类（*IRI*=3.02%）和鱼类（*IRI*=1.65%），其他饵料生物类群 *IRI* 均<1%。按摄食种类看，能鉴定到种的饵料生物有 29 种，其中沙蚕最多（*IRI*=40.55%），其次为斑头鱼鱼卵、石花菜、大叶藻、大泷六线鱼鱼卵、口虾蛄、藻钩虾和真江蓠等。

表 6-1　荣成俚岛斑头鱼的食物组成

饵料种类	*IRI* (%)	*M* (%)	*N* (%)	*F* (%)
海藻类	20.52	5.17	28.75	73.50
孔石莼	0.23	0.15	1.79	4.00
石花菜	16.48	1.27	13.39	36.50
真江蓠	2.48	0.51	5.36	14.00
角叉菜	0.99	0.30	3.57	8.50
海黍子	0.15	0.25	1.43	3.00
鼠尾藻	0.24	0.20	1.79	4.00
海带	0.20	1.00	1.25	3.00
珊瑚藻科	0.03	1.50	0.18	0.50
海草类	4.70	1.50	7.14	18.00
大叶藻科	4.70	1.50	7.14	18.00
鱼类	1.65	22.82	3.39	8.50
方氏云鳚	0.35	11.24	0.36	1.00
鸡冠鳚	0.02	1.15	0.18	0.50
日本鳀	0.29	5.48	0.89	1.50
纹缟虾虎鱼	0.01	0.19	0.18	0.50

（续）

饵料种类	IRI（%）	M（%）	N（%）	F（%）
不可辨认鱼类	0.99	4.76	1.79	5.00
虾类	0.68	4.04	1.61	4.00
不可辨认虾类	0.68	4.04	1.61	4.00
口足类	3.09	4.52	6.25	9.50
口虾蛄	3.09	4.52	6.25	9.50
端足类	3.02	2.81	8.93	8.50
藻钩虾属	3.02	2.81	8.93	8.50
蟹类	0.18	3.19	2.14	5.00
寄居蟹	0.01	0.08	0.18	0.50
海绵寄居蟹	0.03	1.50	0.18	0.50
日本蟳	0.09	0.82	0.71	2.00
四齿矶蟹	0.03	0.60	0.36	1.00
短尾类大眼幼体	0.03	0.20	0.71	1.00
腹足类	0.21	0.65	2.32	4.50
锈凹螺	0.06	0.50	0.89	1.50
织纹螺	0.14	0.15	1.43	3.00
多板类	0.47	2.66	1.79	3.50
石鳖	0.47	2.66	1.79	3.50
多毛类	44.37	20.53	31.61	45.50
索沙蚕	3.82	13.8	3.04	7.50
不可辨认沙蚕	40.55	6.72	28.57	38.00
鱼卵	21.13	32.39	6.43	18.00
斑头鱼	16.90	25.91	5.14	14.40
大泷六线鱼	4.23	6.48	1.29	3.60

注：*M* 为质量百分比，*N* 为出现频率，*IRI* 为相对重要性指数百分比。

若以质量百分比排序，鱼卵在食物中所占比例最大（32.39%），其次是鱼类（22.82%）、多毛类（20.53%）和海藻类（5.17%），其他饵料生物类群的质量百分比均<5%。

若以个数百分比排序，多毛类最多（31.61%），其次是海藻类（28.75%）、端足类（8.93%）、海草类（7.14%）、鱼卵（6.43%）和口足类（6.25%），其他饵料生物类群的个数百分比均<5%。若以出现频率排序，海藻类的出现频率最高（73.50%），其次是多毛类、海草类、鱼卵、口足类、端足类、鱼类和蟹类，其他饵料生物类群的出现频率均<5%。

（二）大泷六线鱼食物组成

大泷六线鱼摄食的饵料生物有 10 个类群，其中鱼类是最主要的食物来源（*IRI*=55.61%），其次为多毛类（*IRI*=28.56%）、虾类（*IRI*=8.04%）、海藻类（*IRI*=2.86%）、蟹类（*IRI*=1.28%）和口足类（*IRI*=1.25%），其他饵料生物类群的 *IRI*<

1%；从摄食种类看，能鉴定到种的饵料生物有25种，其中沙蚕最多（*IRI*=24.83%），其次为日本鳀、口虾蛄、石花菜和真江蓠等（表6-2）。

表6-2　荣成俚岛大泷六线鱼的食物组成

饵料种类	*IRI*（%）	*M*（%）	*N*（%）	*F*（%）
海藻类	2.86	0.53	14.47	22.35
石花菜	1.20	0.15	4.72	8.24
真江蓠	1.11	0.15	4.72	7.65
角叉菜	0.14	0.15	1.89	2.35
海黍子	0.41	0.18	3.14	4.12
海草类	0.98	0.32	4.72	6.47
大叶藻科	0.98	0.32	4.72	6.47
鱼类	55.61	47.69	26.42	43.53
狮子鱼属	0.04	1.88	0.31	0.59
暗缟虾虎鱼	0.03	1.56	0.31	0.59
大泷六线鱼	0.03	1.44	0.31	0.59
日本鳀	4.35	9.16	6.29	9.41
不可辨认鱼类	51.17	33.65	19.18	32.35
虾类	8.04	14.01	11.01	17.06
巨指长臂虾	0.25	3.74	0.94	1.76
脊腹褐虾	0.07	1.44	0.63	1.18
不可辨认虾类	7.72	8.82	9.43	14.12
口足类	1.25	3.96	3.14	5.88
口虾蛄	1.25	3.96	3.14	5.88
端足类	0.01	0.07	0.63	0.59
藻钩虾属	0.01	0.07	0.63	0.59
蟹类	1.28	8.31	4.40	7.06
海绵寄居蟹	0.02	0.75	0.31	0.59
四齿矶蟹	0.01	0.26	0.31	0.59
锯足软腹蟹	0.14	1.82	0.31	0.59
扇蟹科	0.01	0.07	0.31	0.59
不可辨认蟹类	1.20	5.40	3.14	4.71
腹足类	0.71	0.58	3.46	5.88
锈凹螺	0.71	0.58	3.46	5.88
多毛类	28.56	22.46	29.87	34.12
索沙蚕	3.73	20.42	3.14	5.29
不可辨认沙蚕	24.83	2.04	26.73	28.82
鱼卵	0.72	3.63	2.20	4.12
斑头鱼	0.58	2.90	1.75	3.29
大泷六线鱼	0.14	0.74	0.45	0.82

按重量百分比进行排序，鱼类在食物中所占比例最大，为47.69%，其次为多毛类（22.46%）、虾类（14.01%）和蟹类（8.31%），其他饵料生物类群的重量百分比<5%。按个数百分比进行排序，多毛类最多，为29.87%，其次是鱼类（26.42%）、海藻类（14.47%）和虾类（11.01%），其他饵料生物类群的个数百分比<5%。

按出现频率进行排序，鱼类的出现频率最高，为43.53%，其次为多毛类、海藻类、虾类、蟹类、海草类、口足类和腹足类，其他饵料生物类群的出现频率<5%。

三、六线鱼的食性变化

鱼类的食性不是一成不变的，它们的食物组成在其整个生命过程中往往因年龄（不同发育阶段）、季节、昼夜或栖息水域不同而发生变化。研究鱼类的食物种类组成及其变化，了解它们的摄食行为特性对于指导研制人工配合饲料和合理投喂，更好地满足养殖鱼类生长发育的需要极为重要。

（一）不同发育阶段食物组成的转换

在鱼类生命周期的发育过程中，其食物的组成会发生变化，不同的发育阶段伴随着相应的食物组成的转换。在鱼类的仔鱼期，几乎全是以浮游生物为食，随着其生长发育，经稚鱼、幼鱼期至成鱼阶段，它们的摄食与消化器官逐渐发育趋于完善，食物组成也随之逐渐发生改变，一般发育至幼鱼期即形成各自固有的食性。其中以仔鱼、稚鱼期向幼鱼阶段的食性转换最为重要，鱼类食性在这一阶段发生了剧烈变化，如果外界水环境（包括养殖系统中）的饵料供应不能适时变化，不能满足其营养的需求，将会威胁鱼类的生存、发育和生长，这一发育阶段是鱼类面临严重威胁的时期。在人工苗种培育中，此时的饵料得不到保证，即会出现大量死亡，因此适时更换适口饵料，是提高鱼苗存活率的关键。

1. 仔鱼阶段

六线鱼在仔鱼阶段主要以浮游动物和浮游植物为食，主要摄食小拟哲水蚤（*Pcalanus partus*）、日本大眼剑水蚤（*Corycaeus japonic*）、磷虾类前期溞状幼体和海稚虫幼体等，另外，其在初孵仔鱼（体长<6 mm）期尚未开口，完全以卵黄和油球为营养源；开口后，卵黄囊消失之前，有一个混合营养期，除继续利用剩余卵黄外，开始摄食微型食物。初孵仔鱼早期还摄食一定的硅藻和有机碎屑等。

2. 稚鱼阶段

仍为浮游动物食性，主要摄食小拟哲水蚤、中华哲水蚤（*Calanus sinicus*）、百陶箭虫（*Sagitta bedoti*）和蔓足类（*Cirripedia*）幼体等。

3. 幼鱼阶段

正是其食性由浮游生物向游泳生物逐步转变的阶段，摄食的饵料生物增至50余种，其中游泳能力强的虾、鱼类已占据主要地位。幼鱼也摄食磷虾类和桡足类等较大型的浮游动物，主要有中国毛虾（*Acetes chinensis*）、中华假磷虾（*Pseudeuphausia sinica*）、发光炬灯鱼（*Lampadena luminosa*）、中华管鞭虾（*Solenocera sinensis*）、细螯虾（*Leptochela gracilis*）、中华哲水蚤和口虾蛄（*Oratosquilla oratoria*）。

4. 成鱼阶段

属游泳动物食性，食物的种类大幅增加，可达几十种甚至上百种，以鱼类和甲壳类为主。

（二）食性随体长的变化

1. 斑头鱼的食性随体长的变化

随着鱼类的生长发育，体长逐渐增大，口器发育逐渐完善，鱼类获得大个体饵料生物的机会增大，所以其食性的体长变化十分显著（表 6－3）。Kwak 等（2005）研究发现，斑头鱼的摄食习性随体长增长会发生变化，小个体斑头鱼喜食端足类生物（钩虾类和麦秆虫类），大个体则喜食腹足类和蟹类。纪东平等（2015）研究发现，体长＜80 mm 的斑头鱼主要摄食海草类（68.47%）和海藻类（31.53%）；体长 80～199 mm 的斑头鱼主要摄食多毛类（11.88%～46.36%）、鱼类（17.14%～32.58%）、鱼卵（20.72%～35.78%）、虾类、多板类、蟹类、口足类和端足类等；体长＞199 mm 的斑头鱼主要以鱼类（45.30%～50.00%）为食，多毛类、鱼卵等也占有一定比例。小个体的斑头鱼主要摄食海草、海藻、藻钩虾和沙蚕等小型饵料生物，随体长增加，摄食鱼类、虾类、多板类和蟹类等较大饵料生物的比例会不断升高。这符合 Gerking（1994）曾提出的“最佳摄食理论”：随着鱼类个体不断增大，其捕食能力不断增强，会尽可能捕食较大的饵料生物以获得更多的能量，同时也有利于减小不同体长大小个体间的食物竞争。此现象也出现在小黄鱼、高眼鲽和六丝钝尾虾虎鱼等很多鱼类的食性—体长变化中。

表 6－3　荣成俚岛斑头鱼饵料生物类群质量百分比随体长的变化

饵料类群	体长组（mm）										
	＜60	60～79	80～99	100～119	120～139	140～159	160～179	180～199	200～219	220～139	＞239
海藻类	2.02	1.07	0.43	0.39	0.37	0.58	1.06	0.29	0.39	—	—
海草类	0.98	—	—	0.66	0.26	0.31	0.20	0.62	—	—	—
鱼类	—	—	29.57	10.45	44.96	52.34	43.60	46.35	46.00	48.77	70.08
虾类	16.35	36.98	15.07	25.39	12.89	17.50	16.65	15.18	13.40	20.34	8.85
口足类	—	—	24.72	34.42	3.52	4.10	—	—	—	—	—
端足类	—	2.65	—	—	—	—	—	—	—	—	—
蟹类	—	—	—	3.00	6.16	7.17	9.56	14.51	18.73	5.61	9.82
腹足类	—	—	—	1.93	0.26	0.60	0.40	—	—	—	—
多毛类	80.65	59.30	30.20	23.76	29.27	12.03	21.37	12.17	21.48	25.28	11.25
鱼卵	—	—	—	—	2.31	5.37	7.16	10.88	—	—	—

2. 大泷六线鱼的食性随体长的变化

大泷六线鱼的食物组成随体长不同而变化，体长＜80 mm 的大泷六线鱼主要摄食虾类（36.98%）和端足类（2.65%）；体长 80～119 mm 的大泷六线鱼主要摄食多毛类（23.76%～30.20%）口足类（24.72%～34.42%）和虾类（15.07%～25.39%）等；体长＞119 mm 的大泷六线鱼主要摄食鱼类（26.30%～52.34%），虾类和蟹类等也占一定比例（表 6－4）。

表6-4 荣成俚岛大泷六线鱼饵料生物类群重量百分比随体长的变化

饵料类群	体长组（mm）									
	<60	60～79	80～99	100～119	120～139	140～159	160～179	180～199	200～219	220～139	>239
海藻类	70.00	31.53	2.13	2.72	3.02	2.89	5.95	2.63	3.85	2.00	1.00
海草类	30.00	68.47	2.61	2.20	1.58	2.51	0.72	0.34	0.71	0.20	0.30
鱼类	—	—	17.14	23.42	24.85	25.39	20.82	32.58	40.83	45.30	50.00
虾类	—	—	—	9.58	2.75	2.55	2.91	3.42	—	—	—
口足类	—	—	3.50	2.25	4.02	8.40	4.11	5.66	—	—	—
端足类	—	—	2.43	3.92	1.90	5.00	0.95	2.55	—	—	—
蟹类	—	—	5.10	1.64	3.77	3.49	3.42	2.72	—	—	—
腹足类	—	—	—	1.05	0.78	1.09	0.83	0.78	—	—	—
多毛类	—	—	46.36	23.91	23.89	15.87	11.88	13.54	17.57	22.50	15.00
鱼卵	—	—	20.72	26.50	27.24	28.99	34.04	35.78	37.03	30.00	33.70

（三）食物组成的季节更替

鱼类的食物组成会因季节的变化而发生更替，水环境的理化因子（温度、盐度和营养盐含量等）的季节变化，会导致各种生物（包括饵料生物）丰度的消长和种类的更替，鱼类的摄食也会随之改变，这是鱼类对饵料生物的数量和组成季节变化的一种适应。

鱼类食物组成的变化与饵料生物自身的季节变化有着密切的关系。斑头鱼的食物组成也存在明显的季节变化。多毛类在四季中均是斑头鱼最主要的饵料生物，但是在不同季节里，斑头鱼所摄食的饵料生物存在不同程度的更替现象。例如，斑头鱼对口足类和虾类的摄食主要集中在春季，对鱼类和蟹类的摄食主要集中在夏季，对鱼卵的摄食主要集中在秋季和冬季，并在冬季达到最大值。进入秋冬季以后，随着水温迅速下降，斑头鱼进入繁殖季节，但是在繁殖季节中未发现停食现象，本研究中雌、雄斑头鱼在繁殖季节里均摄食了大量鱼卵，包括斑头鱼鱼卵和大泷六线鱼鱼卵。

通过海底录像观察发现，雌鱼在繁殖活动中会经常出现啄食卵粒的现象，并因此会遭到护巢雄鱼的驱赶。同样，大泷六线鱼的卵块中有个卵块在孵化过程中丢失，其中还有一尾护巢雄鱼主动吃掉了从筑巢分离并且不能稳定下来的卵块，不论是自残还是偶然性摄食，摄食卵粒均会给护巢雄鱼的能量供给提供有益帮助。这都证明六线鱼有喜食鱼卵的习性，故可用鱼卵诱钓。

大泷六线鱼摄食的饵料生物类群也存在明显的季节变化，虾类在四季中均是其最主要的饵料生物类群，但是在不同季节里，大泷六线鱼所摄食的饵料生物存在不同程度的更替现象。饵料生物类群重量百分比的范围为11.46%～43.11%，春季最高，秋季最低。此外，大泷六线鱼在春季还摄食蟹类（29.08%）和多毛类（19.21%），蟹类所占比例为全年最高；夏季还摄食大量的鱼类（49.10%）；秋季摄食鱼类的百分比达到全年最大值（59.72%）；在冬季，摄食多毛类的百分比达到最大值（50.15%），还摄食一些蟹类（2.53%）。结合各文献对大泷六线鱼食性季节性变化的描述，可知大泷六线鱼对蟹类的摄食主要集中在春季；之后随着水温的不断升高，饵料生物开始逐渐增多，因此对鱼类的摄食主要集中在夏季和秋季；而对多毛类的摄食主要集中在冬季。叶青（1992）发现青岛的大泷六线鱼摄食在春夏季以虾类、鱼类、端足类和等足类为主，秋冬季以蟹虾和鱼为主；多毛类在秋季以外均是常见种类。韩国镇东湾的大泷六线鱼在1—2月多为多毛类和鱼类，3—5月多为端足类。

（四）食物组成的昼夜变化

鱼类的食物组成的昼夜变化与鱼类的栖息习性、摄食方式和饵料生物的行动有关，许多浮游动物存在昼夜垂直移动的习性。如烟台外海鲐在鱼汛盛期，白天以桡足类、箭虫、鲐卵和十足类为主食，晚上则主要以太平洋磷虾、细脚长蛾为食。六线鱼食物组成的昼夜变化尚未见报道。

（五）不同水域的差异

同种鱼类的食物组成会因栖息于不同水域而异，这主要是由于不同水体的饵料组成不同而造成的。一般说来，在适合其食性的范围内，鱼类总以水环境中数量最多、存在时间最长的饵料生物为主食。

研究发现，斑头鱼和大泷六线鱼的食物组成主要取决于具体的栖息区域，种内不同栖息区域的摄食食性也会不同，但两种六线鱼均主要以钩虾类为食。Horinouchi（2000）研究发现，日本中部大叶藻床的斑头鱼属于小型甲壳饵料捕食者，主要摄食钩虾类、桡足类和等足类等。Kwak（2005）研究发现韩国镇东湾的斑头鱼主要以甲壳类为食，此外还多摄食腹足类。赵婧等（2012）研究发现枸杞岛岩礁生境中，斑头鱼主要的饵料生物种类有29种，最主要的是端足类，其中麦秆虫在饵料组成中的比例最大。纪东平等（2014）研究发现，荣成俚岛的斑头鱼也喜食端足类（藻钩虾），但是相比之下，主要摄食种类为多毛类中的沙蚕。由此可见，六线鱼摄食饵料生物的类群没有太大区别，但是优势饵料生物的种类和比例均发生了一些变化，这表明六线鱼的摄食习性会随时间、栖息地的饵料生物种类和丰度的不同而发生改变。

四、六线鱼摄食强度

鱼类的摄食强度（饱满度、饱满指数、消化速率、摄食量及日粮等）是表示鱼类摄食的数量及变化的定量指标，摄食强度能够反映出鱼类摄食规律的变化情况。而摄食节律是鱼类的摄食强度因其年龄、季节或昼夜的变化而变化的规律。探讨海洋鱼类的摄食强度及其节律对于指导海洋鱼类养殖中的投饵量及投喂时间具有实践意义。

（一）饱满度

食物饱满度（充塞度）是指鱼类消化道内食物的饱满程度，是估计鱼类摄食强度的一个重要指标。大多数鱼类为有胃鱼类，因此一般测定它们胃的饱满度；但有些鱼类，如鲤科、海龙科、鳉科和飞鱼科等没有明显的胃，则测定肠管的饱满度。食物饱满度以目测法进行测定，一般将鱼类食物饱满度分为6级：

0级：消化道空或只有极少量残余食物；

1级：消化道中有少量食物，占消化道的1/4；

2级：消化道中的食物适度，约占消化道的1/2；

3级：消化道中食物较多，已占消化道的3/4；

4级：消化道被食物充满，但不膨胀；

5级：消化道中食物极多，消化道壁膨胀。

（二）日粮估算

在鱼类养殖中日粮的估算是非常重要的，不但可以根据日粮推算出一定重量鱼的日饲料需要量，而且还可用日粮推算出月粮和年粮，但由于鱼类摄食量与鱼体本身及环境因素有关，因此鱼类月粮和年粮的估算不能简单乘以天数，要考虑各因子的影响，主要考虑：

1. 鱼种不同，摄食量亦有差异。

2. 在鱼类不同生长发育阶段，其营养要求不同，鱼类的活动习性及其繁殖特性也影响其摄食强度。摄食特别与鱼类的生长状况相关，即鱼类的最大日粮与其体重呈负指数关系，即随着鱼体的生长，其单位体重摄食量下降。

3. 在食物充分且又无其他因素干扰时，鱼类的食欲及其饥饿状况决定其摄食量，但其饥饿不能超过临界线，否则不能恢复其正常摄食强度。

4. 鱼类对不同类型饵料的消耗量不同，同时鱼类对食物的消耗率随食物数量和密度的增加而增高，直至食饱而停食，即呈渐近相关。

5. 水温、溶解氧等环境条件直接影响鱼类的食物消耗率，如在适温范围内，其对食物的消耗率与水温呈正比，而水环境的pH低于5.5或高于8，常引起鱼类的摄食率明显下降。

此外，日粮的估算与鱼的健康状况和生理状态、投饲方法、投饲次数等因素的变化有关。至于年粮，还要考虑鱼类摄食的季节变化，多数鱼类的摄食高峰期在夏、秋两季，少数种类摄食高峰在冬、春季，也有常年摄食强度变化不大的种类。因此，应根据不同的鱼类，将全年分成几个摄食期，在获取各期的日粮后，再估算年粮。因此，必须了解各鱼类的摄食特性和规律，才有助于科学制定投饲量和养殖管理措施。

（三）斑头鱼和大泷六线鱼摄食强度

1. 斑头鱼摄食强度

纪东平等（2014）研究发现，荣成俚岛斑头鱼的摄食强度随季节变化和体长变化十分明显。夏季饵料生物资源丰富，斑头鱼生长迅速，故摄食强度最高；冬季则相反，随着水温降低，饵料生物减少，故摄食强度最低，但是并未停食，这可能与斑头鱼的繁殖活动需要摄取能量有关。

幼鱼生长发育旺盛，索饵活动较强，摄食强度较大。纪东平的研究发现，小个体斑头鱼（体长＜100 mm）摄食强度最高，并随体长增加逐渐下降，达到169～179 mm时摄食强度最低，之后随着体长和年龄增大又逐渐增高。这表明早期发育阶段鱼体新陈代谢旺盛，需要不断摄食饵料生物来快速生长，而高龄鱼也需要更多的饵料生物维持生存，所以摄食强度又会增高。

由此可见，斑头鱼摄食强度的变化，既与不同季节的变化有关，同时还受其自身不同生长发育阶段的影响。

2. 大泷六线鱼摄食强度

大泷六线鱼全年均摄食，在繁殖期摄食量虽然下降，但不会停止摄食，摄食动作比斑头鱼更加敏捷，经常快速跃起主动掠食表中层饵料，而斑头鱼会等食物下降到中下层后才去摄食。大泷六线鱼的摄食强度较高，全年的空胃率为16.8％，3级摄食比例最高，平均胃饱满系数达5.76％。

大泷六线鱼的摄食强度随季节和体长而发生变化，春夏季水温升高，饵料生物资源丰富，大泷六线鱼生长十分迅速，所以摄食强度在夏季最高；秋冬季则相反，随着水温降低，饵料生物逐渐减少，所以摄食强度在冬季最低，此时大泷六线鱼处于繁殖期，但并未停食，这可能与大泷六线鱼的繁殖活动需要补充能量有关，繁殖期后摄食强度又开始上升，幼鱼生长发育旺盛，索饵活动比较强，摄食强度较大。

本研究中，小个体大泷六线鱼（体长<80 mm）摄食强度最高，并随体长增加稍微下降，体长160～179 mm时摄食强度最低，之后随体长和年龄增加又逐渐增高。这表明早期发育阶段的大泷六线鱼新陈代谢旺盛，需要不断摄食饵料生物以快速生长，而高龄鱼需要更多的饵料生物维持生存活动，故摄食强度又会增高。

五、摄食节律

鱼类摄食的强度、种类、方式和时间并不是均等、随机或杂乱无章的，而因年龄、季节或昼夜的变化有一定的规律，这种规律称为摄食节律。摄食节律可通过定时测定鱼类饱满指数的变化而得到。

（一）日节律

鱼类的摄食强度一般昼夜不同，即日节律，但它们的日摄食节律并不相同，可分成白天摄食、晚上摄食、晨昏摄食和无明显日节律等4个类型。

影响鱼类摄食日节律主要原因有：鱼类摄食时所用感官不同，以视觉为主的白昼摄食强度大于晚上，以嗅觉和触觉为主的则往往相反；环境条件（温度、光照、溶解氧等）的昼夜变化，不仅直接影响鱼类的摄食行为，也影响饵料生物数量与分布，进而影响鱼类的摄食强度；光照变化可能成为刺激信号，影响其内分泌系统，影响其食欲并影响日节律；浮游食性的鱼类，由于饵料生物有昼夜垂直移动习性而直接影响它们的食物组成和摄食强度。

六线鱼的仔、稚、幼鱼为视觉捕食类型，摄食强度白天高于黑夜，在苗种培育初期增加照明时间有利于提高摄食量，进而提高苗种生长速度；在苗种培育后期减少照明时间，可以减少活动及摄食消耗。

（二）季节节律

鱼类的摄食强度有明显的季节节律，但其节律却各不相同，主要受其环境条件（如水温、度、光照等）和饵料生物的季节变化的影响，在适宜的条件和喜好食物大量存在的情况下，鱼类摄食强度高；另外，摄食强度也与鱼类生理状态有关，一般在生殖季节，鱼类的摄食强度很低，甚至停食。

春夏季水温升高，饵料生物资源丰富，六线鱼生长十分迅速，所以摄食强度在夏季最高；秋冬季则相反，随着水温降低，饵料生物逐渐减少，所以摄食强度在冬季最低，此时六线鱼处于繁殖期，但并未停食，这可能与六线鱼的繁殖活动需要补充能量有关，繁殖期后摄食强度又开始上升。

（三）年龄差异

鱼类的摄食强度会由于其处在的不同年龄阶段，即不同的发育阶段而有差异。早期发育阶段六线鱼的摄食强度要大于成鱼阶段，同时随着从仔鱼阶段向稚鱼、幼鱼和成鱼阶段过渡，它们的摄食强度出现逐渐降低的趋势。

纪东平等（2014）研究表明，小个体大泷六线鱼（体长<80 mm）摄食强度最高，并随体长增加稍微下降，体长160～179 mm时摄食强度最低，之后随体长和年龄增加又逐渐增高这表明早期发育阶段的大泷六线鱼新陈代谢旺盛，需要不断摄食饵料生物以快速生长，而

高龄鱼需要更多的饵料生物维持生存活动，故摄食强度又会增高。

（四）周期性间歇

鱼类摄食周期性间歇也是一种摄食节律现象，这在凶猛的食鱼性鱼类中尤为明显，它们在饱食一顿后，可以停食数天，待胃排空后再摄食。其他温和性鱼类的停食时间较短，浮游食性鱼类几乎不间断地摄食。

六、六线鱼的食物竞争

王凯等（2012）研究发现饵料重叠指数在一定程度上反映了鱼类之间的食物竞争程度，枸杞岛的斑头鱼与大泷六线鱼在秋季存在严重饵料重叠，食物的竞争程度高。纪东平等研究发现，斑头鱼与大泷六线鱼在夏季和秋季存在饵料重叠，食物竞争激烈，主要竞争的饵料生物是鱼类和多毛类。这与鱼类栖息环境中共同饵料生物的生物量大小有关，因为鱼类总是以栖息水域中数量最多、出现时间最长的饵料生物为主要食物。夏季水温升高，鱼类和沙蚕等饵料具有较高的生物量，两种六线鱼都开始大量摄食，摄食强度也均达到最高；进入秋季，水温开始下降，为了即将到来的繁殖期和越冬活动储备能量，摄食活动依然较活跃。鱼类的个体发育情况会产生不同摄食动作，也会影响其捕食行为，大泷六线鱼的摄食动作比斑头鱼更敏捷，经常快速地上跃去主动掠食表、中层饵料，很少像斑头鱼等食物下降到中下层后才去摄食。两种六线鱼相似的摄食习性会导致一定程度的食物竞争。对于同一生境的鱼类来说，食物分化对降低食物竞争有重要作用，而摄食种类的分化又是减小食物竞争的重要方式。同时，摄食强度也影响着食物竞争。春季，摄食强度均中等，斑头鱼主要摄食口足类和多毛类，大泷六线鱼主要摄食虾类和蟹类；冬季，摄食强度均最低，斑头鱼主要摄食鱼卵，大泷六线鱼主要摄食多毛类。因此，春季和冬季两种六线鱼的共同饵料竞争不激烈。

第二节　六线鱼营养需求

鱼类的营养物质主要来源于三个方面：蛋白质、脂类和糖类。因肉食性鱼类消化道中几乎没有纤维素酶，淀粉酶活力又低，加之血糖调节因子胰岛素胰高血糖素分泌较少，其对糖类的利用效率较低，通常认为蛋白质和脂类是主要的能源和营养源。

一、蛋白质的需求量

大量研究表明，为了使鱼类达到最快的生长速度，饲料中需含有较多的蛋白质，一般鱼类饲料蛋白质适宜含量为畜禽的2～4倍。当饲料氨基酸较为平衡时，鱼饲料粗蛋白适宜含量一般为30%～55%。

蛋白质需要量是指鱼体达到最适生长状态时所需要的蛋白质的量。确定鱼体蛋白质需要量主要是采用蛋白质浓度梯度法。用配制的能量充足且含有适宜的维生素、矿物质，但是不同梯度蛋白质含量的实验饲料来饲养鱼类，测定各实验组鱼类的增重率、蛋白质效率等指标，当蛋白质的浓度由低变高时，鱼的体重和体内蛋白质也随之增加，但当增加到某一数值后，鱼的体重和蛋白质含量就不再继续增加，这一数值就是蛋白质的需要量。随着鱼个体的变化或是年龄的增加，蛋白质的需要量也会有所变化。根据刘洋等的研究发现，平均初始体重为（70.12±1.92）g的大泷六线鱼最适蛋白质需要量为51.08%～51.9%。

二、脂类的需求量

脂类在鱼体中有重要的作用：①作为能源提供鱼类生长繁殖、生理生化等各项活动所需的能量；②维持鱼体细胞膜结构和功能的稳定与连续；③某些高度不饱和脂肪酸（HUFA）是合成类二十烷活性物质的前体，对神经传导和信息传递起重要作用；④某些多不饱和脂肪酸（PUFA）是鱼类仔、稚鱼生长发育所必需，特别是对海水鱼类尤为重要，其缺乏或不足将导致各种机能失调；⑤作为脂溶性维生素载体，协助维生素的吸收和利用。

食物中脂肪含量必然影响鱼体的脂肪含量。如果体脂含量过多，饲料的效果便不佳。因此，食物脂肪含量不能无限制增加。

综合国内外对鱼类必需脂肪酸研究的结果，认为鱼类对必需脂肪酸的需要量占饵料的0.5%～10%。大泷六线鱼对脂肪的需求研究表明，饲料中脂肪含量为9.17%时鱼的生长效果最佳。

三、糖类的需求量

糖类物质是一类多羟基醛或多羟基酮类化合物或聚合物，在最初研究糖的结构时，糖类物质的分子通式为 $C_n(H_2O)_n$，所以长期以来人们都把它们称为碳水化合物。糖类是自然界中广泛分布的有机物，食物中的糖主要用作代谢能源，也是饲料中一种重要的廉价能源物质。糖与蛋白质、脂类和核酸一样，是组成细胞的重要成分。糖类不但是细胞能量的主要来源，在细胞的构建、细胞的生物合成和细胞生命活动的调控中，均扮演着重要角色。

糖类在鱼体内的代谢包括分解、合成、转化和输送等环节。摄入的糖类在鱼体消化道内被淀粉酶、麦芽糖酶分解成单糖，然后被吸收。吸收后的单糖在肝脏及其他组织进一步氧化分解，并释放出能量，或被用于合成糖原、体脂、氨基酸，或参与合成其他生理活性物质。

在食物中适当提高糖类的含量，可以代替部分作为能源消耗的蛋白质，从而提高蛋白质的利用率。刘洋等（2008）对大泷六线鱼对糖适宜需求量的初步研究表明，大泷六线鱼饲料中糖含量的最适水平为18.21%。

第七章

六线鱼人工繁育技术

六线鱼作为一种富有增殖潜力的鱼种，它具有生长较快，肉味鲜美，附礁、无远距离迁移的特性，受到北太平洋沿岸居民的喜爱。但是在人类漫长的驯化养殖的历史上，六线鱼的人工繁育始终是技术难点，未被攻克。究其原因，最主要的沉性黏着卵的孵化期长、孵化率不高，导致大规模人工繁育技术难以过关，从而成为苗种培育产业化的“瓶颈”。

21 世纪初，以海水鱼类为代表的我国第四次海水养殖浪潮兴起，带动了整个海水养殖产业的蓬勃发展。山东省海洋生物研究院（原山东省海水养殖研究所）紧跟时代步伐，深入科研与生产一线调研，集中骨干力量重点攻关海水鱼类项目。在山东省渔业资源修复行动计划和山东省科技发展计划的支持下，对大泷六线鱼的繁殖生物学和养殖技术进行深入系统研究，在大泷六线鱼繁殖生物学、发育生物学、生理生态、种质资源、遗传特性等方面做了大量基础性研究。

研究团队针对大泷六线鱼鱼卵高黏性特点，在人工授精、孵化技术方面进行研究创新，逐步攻克了大泷六线鱼人工授精、人工孵化、苗种培育等重大关键技术难点，解决了受精率低、孵化率低、苗种成活率低的关键技术难题，在人工苗种繁育技术方面取得了重大突破。2010 年培育出 5 cm 以上苗种 11.4 万尾，在国内外首次实现了大泷六线鱼苗种规模化人工繁育。此后，研究团队不断完善与提高大泷六线鱼的人工苗种繁育技术，并在北方沿海各地普及推广。山东青岛、烟台、威海等地纷纷开展了大泷六线鱼苗种的繁育生产，培育技术还辐射推广到辽宁、天津等地，逐渐形成一定的产业规模。

2012 年，研究团队利用人工养成的 F_1 代自繁苗种作为亲鱼，进行了大泷六线鱼全人工繁育技术研究，系统地进行了大泷六线鱼的繁殖生物学、发育生物学、生态生理学、人工繁育及养殖技术工艺等研究，突破了亲鱼生殖调控、饵料配伍、全人工苗种繁育等关键技术，完善了人工催产授精、受精卵孵化、苗种规模化繁育、健康养殖技术等技术工艺，构建了一套完整的大泷六线鱼全人工繁育及养殖技术体系，主要包括亲鱼培育、人工授精、人工孵化、苗种培育、大规格苗种中间培育、网箱养殖、增殖放流等技术环节（图 7 - 1）。大泷六线鱼全人工繁育技术的突破，摆脱了人工繁育对野生亲鱼的依赖，使人工繁育工作稳定可控，繁育的苗种可满足我国北方沿海网箱养殖需要，也可用于渔业增殖放流，补充自然海区的种群数量，有利于维持黄渤海区域自然资源的平衡。目前，大泷六线鱼增养殖已在我国沿海地区迅速发展起来，形成了良好的产业发展格局，产生了显著的经济、社会和生态效益。

2012 年，山东省海洋生物研究院主持完成的“大泷六线鱼苗种大规模人工繁育技术”获山东省技术发明二等奖。2017 年，“大泷六线鱼人工繁育关键技术研究与应用”获海洋工程科学技术一等奖。本章以大泷六线鱼为例介绍六线鱼人工繁育技术。

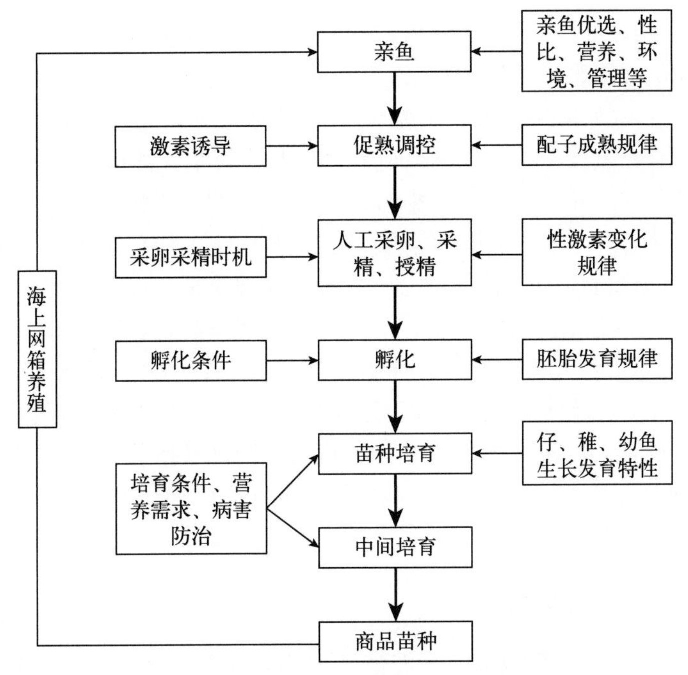

图 7-1　大泷六线鱼全人工繁育技术体系路线图

第一节　人工繁育历程

我国关于大泷六线鱼的研究始于 20 世纪 60 年代，部分学者主要对大泷六线鱼的资源分布及生物学特征进行了调查研究。由于大泷六线鱼鱼卵具有高黏性，遇海水后极易黏结成团块状，造成受精率、孵化率极低，是学术界公认人工繁育难度大的海洋鱼类品种。半个多世纪以来，各大科研院所和企业致力于攻克这一难题，但均未取得实质性突破。90 年代初我国开始人工育苗初步实验，山东省海洋生物研究院庄虔增研究员、大连水产学院吴立新教授利用在自然海区采集的野生鱼卵卵块，在室内进行孵化，培育出少量苗种，限于当时研究的条件和水平，未能突破亲鱼生殖调控、人工授精、受精卵孵化和规模化苗种培育等关键技术。

2005 年，山东省海洋生物研究院郭文研究员率领研究团队开始探讨大泷六线鱼人工繁育技术，进行了亲鱼促熟、人工授精、受精卵孵化条件等相关实验，初步摸清了大泷六线鱼人工繁育技术要点。

2008 年山东省海洋生物研究院承担了山东省海洋与渔业厅下达的渔业资源修复行动计划项目“六线鱼苗种大规模人工繁育技术”，旨在攻克大泷六线鱼人工繁育技术难关，主要解决受精率低、孵化率低等技术难题，实现鱼苗规模化人工繁育。在前期实验基础上，科研人员在项目组长的带领下，陆续展开相关研究实验工作，在屡次的失败中总结经验教训，历经近十年的努力，终于取得突破。

一、自然产卵孵化实验

2006年4月开始，陆续从青岛沿海收捕野生大泷六线鱼，选留外表无损、活力强、体重300 g以上的成鱼，按雌雄比例3∶1混养，一直收捕到11月底大泷六线鱼繁殖期结束，放养在山东省海洋生物研究院即墨鳌山基地。暂养池为一大型水泥池，长30 m，宽20 m，深2.5 m。池中布有充氧气头，使用鼓风机充气增氧；海水经沙滤及紫外线消毒后使用，全天不间断流水；水深2.0 m，中心留有排污口，池底放置水泵推力制造人工水流；在池内移植海带、马尾藻、海黍子、松藻等海洋藻类，营造与大泷六线鱼海底生活相似的自然生活环境。同时在池底堆放海底礁石、牡蛎贝壳礁、聚乙烯波纹板、棕帘等物，作为大泷六线鱼的隐蔽栖息场所和产卵附着基。每天上午、下午两次投喂玉筋鱼、鹰爪虾等鲜活饵料。放养期间，在10—11月大泷六线鱼繁殖期间，每天检查置于池底的产卵附着基是否有亲鱼产卵附着。整个产卵期结束，没有发现有自然产卵迹象，更没有发现有孵化仔鱼出现。通过连续三年室外自然产卵孵化实验，均未取得成功，项目组认为这是室外大型水泥池中的环境条件与自然海区产卵条件差异所致。结果证明，在人工环境下自然产卵收集受精卵孵化的途径不通，项目组决定改变方法思路，在室内水泥池内进行实验，直接采用人工采卵授精的方法。

二、人工授精方法实验

2009年6月起，在鳌山基地室内水泥池和大连长海县海区养殖网箱同时展开大泷六线鱼亲鱼暂养强化培育，海上网箱暂养亲鱼的成熟情况要好于室内水泥池。9月下旬，自然水温降到19～21 ℃，亲鱼陆续开始成熟，持续1.5个月。雄鱼挤压腹部可以见到乳白色精液流出；雌鱼腹部柔软肿大，生殖孔红肿，可以进行人工采卵授精。

大泷六线鱼属于黏性卵海水鱼类，但以往在黏性卵海水鱼类人工繁育方面的研究内容很少，且关于黏性卵鱼类的人工授精研究多集中在淡水鱼类，可借鉴经验不多。黏性卵淡水鱼类人工授精多采用鱼卵脱黏法，主要有物理脱黏法和化学脱黏法，即首先将鱼卵外包的黏性物质去除后再进行人工授精孵化。但物理方法、化学方法都会对鱼卵造成损伤，影响鱼卵的受精率和孵化率。项目组考虑到大泷六线鱼卵黏性较大、遇海水短时间内凝结成块的特性，尝试寻找一种更为简单、高效的适合黏性卵海水鱼类的方法。

项目组最初将成熟雌鱼鱼卵挤出盛于塑料盆中，采用湿法授精，发现鱼卵黏性很强，将含有活体精子的海水与鱼卵混合后，鱼卵10 min内便凝结成块状，并且难以分离。这种方法获得的受精卵块受精效果不好，逐层剥离表层的卵粒发现，只有靠近表层的鱼卵受精，卵块里面的鱼卵都没受精，随着孵化时间的延长，里层未受精的鱼卵腐烂变质，滋生细菌，并影响到了表层受精卵的孵化。

项目组负责人于1999年在日本山口县水产技术研究中心进行水产技术交流，其间和日本同行进行了香鱼（*Plecoglossus altivelis*）的人工繁育生产实验。香鱼鱼卵有微黏性，但不及大泷六线鱼的黏性高。借鉴香鱼人工繁育时的方法，项目组根据自然界大泷六线鱼产卵附着于水草、藻类上的特点，利用锦纶网片模拟海藻作为附着基替代物，将雌鱼的鱼卵挤出并黏附到网片上，再进行人工授精，实验发现这种网片附着授精法效果比较理想，受精率达到80%。

项目组由此总结经验，必须避免鱼卵粘连成团，扩大授精面积，尽量增加精子与鱼卵的接触概率，为精卵创造更多相遇机会，才能真正解决大泷六线鱼人工授精难题。于是尝试将成熟雌鱼鱼卵挤入医用解剖盘内，用手轻轻将鱼卵摊开成一平板，平板厚度为 2～3 层卵，然后滴入含有精子的海水，授精后移入孵化网箱孵化。经观察发现该方法的受精率明显提高，平均受精率达 93%。至此，平板授精法在大泷六线鱼的人工授精方面取得成功突破。但在后续孵化过程中，项目组发现平板卵层中间仍存在发白或浑浊的未发育死卵，这可能是因为卵层平板过厚，中间层的鱼卵未受精；或即使受精，但因外层受精卵包裹而不能和外界水环境接触，溶解氧不足导致孵化发育不好而死亡。

2010 年，项目组继续改进平板授精方法，最终将大泷六线鱼卵整形为单层鱼卵的卵片再行授精，这种单层平面授精法使鱼卵受精时能与精子充分接触，再次提高了鱼卵受精率，达到 97%，解决了大泷六线鱼因鱼卵黏性强受精率低的难题。单层受精卵在孵化时能够保证每个受精卵与水环境充分接触，获得充足的溶解氧，大大提高了受精卵的孵化率。

三、人工孵化方法实验

大泷六线鱼人工孵化实验是与人工授精同时进行的。项目组先后实验了网片附着孵化法、吊式孵化法、浮式孵化法等几种方法。

网片附着孵化法：采用网片附着法人工授精后，将已经附着受精卵的锦纶网片直接悬浮于网箱中孵化。这种方法由于在水流和充氧气泡的不断搅动下，受精卵附着不牢固容易脱落，沉入网箱底部，孵化效果较差。

吊式孵化法：使用平板授精方法后，鱼卵受精率得到保证，但受精卵平板移入网箱进行孵化后会沉积于网箱底部并相互覆盖挤压，且和网箱底部容易发生摩擦，导致受精卵损伤影响孵化效果。吊式孵化方法模拟自然界大泷六线鱼受精卵附着在江蓠、石花菜等藻类上的状态，将受精卵平板相互间隔 20 cm 固定在一棉绳上，棉绳底端用坠石绑定，将受精卵吊挂在网箱中进行流水孵化。吊式孵化法避免了受精卵沉积于网箱底部互相覆盖与网箱摩擦，且孵化过程中可以获得充足的溶解氧，除平板中间部分受精卵不能孵化外，其余基本全部成功孵化，受精卵平均孵化率可达 81%。大泷六线鱼的孵化期较长，在水温 16 ℃的情况下，一般受精卵经过 20～23 d 开始孵化出仔鱼，3～5 d 才能全部孵出，孵化时间不同步。随着仔鱼的孵出，卵片逐渐分离破碎，不能再固定在棉绳上，散落于网箱底部，不利于仔鱼的继续孵出，影响孵化率。

浮式孵化法：将受精卵薄片平放于特制孵化筐内，孵化筐可以漂浮于水面，每筐内可以放置 3～5 片卵片。采用流水孵化，卵片在孵化筐内既提高了孵化效率又降低了孵化操作难度。在此基础上，模拟自然海区鱼卵孵化过程中海水潮汐对受精卵规律性定期冲刷、干露等现象，在浮式孵化过程中定时采用流水、阴干、光浴刺激等仿自然孵化技术，使受精卵孵化过程中最大程度接近自然界孵化状态，受精卵孵化率可提高到 91%，彻底解决了受精卵孵化率低的难题。

四、规模化苗种培育

历经数年的刻苦攻关与经验总结，在解决受精率和孵化率低等难题的基础上，项目组逐步开展规模化生产性的工厂化苗种培育。苗种培育成活率的提高是项目组攻关重点。最初获得人工受精卵进行苗种培育实验时，由于温度、光照、密度、饵料等各种条件参数掌握不准确，仔、稚鱼期苗种死亡率很高，培育成活率仅在个位数，一直难以形成规模化繁育。通过对苗种生理发育与生态环境关系的研究，特别是对苗种培育温度、盐度、光照强度等环境影响及饵料选择、投喂时机对苗种生长发育影响的研究后，经过几年的实践摸索与逐步完善，确定了苗种培育的各项最适参数，苗种培育成活率稳步达到40%以上，最终形成了完善的"单层平面授精+浮式孵化+规模化苗种培育"的大泷六线鱼人工繁育技术体系。该技术体系的推广及广泛应用，解决了我国北方地区人工养殖及增殖放流的苗种来源问题，为大泷六线鱼增养殖的产业化发展奠定了坚实的基础。

第二节　亲鱼培育

一、亲鱼来源与选择

大泷六线鱼人工繁殖使用的亲鱼来源主要有两种：一种是采捕符合要求的野生亲鱼，经暂养、驯化和优选培育后使用；另一种是从人工网箱养殖群体中选取合格个体。目前，人工养殖主要集中在辽宁大连以及山东烟台、威海、青岛等地。

近年来，由于自然资源的逐步衰退，野生大泷六线鱼渔获量逐年降低，捕捞规格也日趋变小，且野生亲鱼驯化难度大、成活率低，因此人工繁殖的亲鱼以人工网箱养殖群体为主。

大泷六线鱼雌雄异体，性成熟的亲鱼很容易从外观区别开来。一般情况下，同龄雌鱼体重是雄鱼的1.5～2倍。性腺发育成熟时，雌鱼腹部隆起明显，生殖孔红肿；雄鱼无明显性成熟体征。

1. 野生亲鱼采捕与驯化

野生亲鱼一般采用定置网捕捞。受捕捞网具的影响，亲鱼极易受损伤、死亡，起捕过程中应特别注意不要伤及鱼体。野生亲鱼的捕获一般应在每年春、秋季，捕获后亲鱼应及时单尾充氧带水打包或用活水车运输至亲鱼培育车间进行暂养和驯化。

亲鱼驯化主要技术要点：

（1）亲鱼运至培育车间时，暂养池水温与包装运输水温温差小于2℃。

（2）暂养池环境模拟大泷六线鱼自然生态环境，池内布置适合栖息的隐蔽物，环境要求噪音小、光照低。暂养池周围用黑色遮光布围挡，光照控制在500 lx以下，培育水温14～16℃，盐度29～31，pH 7.8～8.5，溶解氧>6 mg/L，日流水量4个全量以上，暂养密度3～5尾/m^3（图7-2）。

图7-2　亲鱼培育隐蔽物

（3）驯化饵料首选鲜活饵料，如沙蚕、玉筋鱼、鹰爪虾等活饵有助于刺激暂养亲鱼的摄食欲望。尽早摄食有利于提高亲鱼的存活率和促进其性腺发育。

2. 人工养殖亲鱼优选

人工养殖亲鱼一般选用海上网箱养殖的2～3龄大泷六线鱼，雄鱼体重300～500 g，雌鱼体重400～800 g。选择色泽正常、体形完整、无病无伤、摄食活跃、活力良好的个体做亲鱼。待海区养殖水温逐渐降至18 ℃以下时，可以挑选腹部膨大，生殖孔红肿性腺发育良好的雌鱼；雄鱼一般会比雌鱼提前成熟。挑选好成熟健康的亲鱼后，运至繁育车间培育池后可待产。

二、亲鱼培育管理

1. 培育设施

亲鱼培育池为半埋式圆形水泥池，30～50 m^3，池深1.0～1.2 m，池内设置供亲鱼栖息的隐蔽物。进水口依切角线或对角线方向设置，排水口位于池底中央，池底呈10°左右坡降，便于及时排除残饵、污物。池外设排水立管，可与中央立柱相匹配以自由调节池内水位和流速。

2. 培育密度

亲鱼培育密度为3～5尾/m^3，雌、雄比例为2∶1。

3. 培育条件

亲鱼培育采用流水培育方式，日流水量为3～5个全量，培育用水为沙滤自然海水，水温14～16 ℃，盐度29～31，pH 7.8～8.5，连续充气，溶解氧保持在6 mg/L以上，光照强度控制在500 lx以内，光照时间为06：00—22：00。车间内注意保持安静，避免噪声惊扰亲鱼。

4. 强化培育

亲鱼产卵前2～3个月为强化培育阶段。在这个阶段，亲鱼的饵料以优质新鲜、蛋白质含量高的沙蚕、玉筋鱼、鹰爪虾等为主，每天投喂2次，投喂量为鱼体重的2%～3%。同时在饵料中加入营养强化剂（成分为复合维生素、卵磷脂等），每次投喂的营养强化剂量约为亲鱼重量的0.3%，可促进亲鱼性腺发育。

5. 发育检查

亲鱼强化培育期间每10 d可检查亲鱼一次，查看亲鱼性腺发育情况。经过一段时间的强化培育，亲鱼发育成熟后，可以进行人工采卵和授精。人工采卵和授精前须检查亲鱼成熟度。雄鱼的检查方法是：用手从后向前轻轻挤压雄鱼的腹部至泄殖孔，精液就会从泄殖孔流出来；从精液颜色可以判断雄鱼发育情况，成熟雄鱼精液为乳白色；同时可以借助显微镜来镜检精子活力情况。雌鱼的检查方法是：可用手从后向前轻轻挤压腹部，成熟的雌鱼腹部松软，生殖孔红肿外翻（图7-3）；可用采卵器或吸管从生殖孔内取卵，若取出的卵已经呈游离状态，表示雌鱼已成熟。

6. 产后管理

亲鱼在人工采卵后体质虚弱，由于挤压腹部常会受伤，容易感染疾病，严重时导致死亡，必须采取措施防止感染。若是受伤较轻，可以用抗生素5～6 mg/L进行药物浸泡，一般3～5 d。若体表受伤严重时，除浸泡外，可以用红霉素药膏对体表进行涂抹预防感染。投喂新鲜的饵料，一般投喂量为鱼体重的5%左右，以鱼食饱为好。经过20～30 d的精心管理，产后的亲鱼即可恢复体质，以备后用。

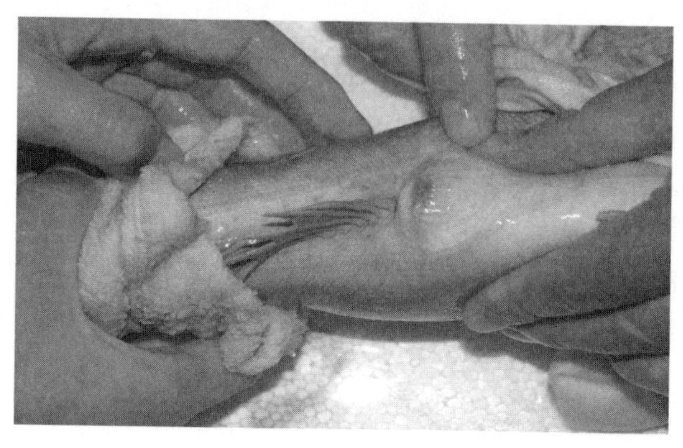

图 7-3　亲鱼检查

第三节　人工催产、授精与孵化

一、人工催产

大泷六线鱼人工繁育过程中，发育良好的成熟亲鱼可以直接用来人工授精，但有时会出现亲鱼性腺发育不完全成熟的情况。为了提高亲鱼利用效率，在营养强化培育的基础上，可采用注射激素的方法促进性腺进一步发育，以便人工采卵、授精，同时可以提高亲鱼成熟的同步性，以获得批量受精卵用于有计划的苗种规模化生产。

1. 激素选择及剂量

对发育尚不成熟的雌鱼，可选择注射催产激素促黄体素释放激素 A_2（LHRH-A_2）进行诱导促熟。按 30～50 μg/kg（亲鱼体重）的剂量分 2～3 次注射，每次注射时间间隔 24 h。适宜进行催产激素注射的雌鱼一般为性腺发育至Ⅳ期的即将成熟的亲鱼。雄鱼一般自然成熟，不需要注射激素即可人工挤出精液；对尚不成熟的雄鱼也可注射催产激素，剂量较雌鱼减半。一般诱导后 7～10 d 雌鱼腹部膨大更加明显，生殖孔红肿外凸，即可进行人工采卵授精。

2. 注射部位及方法

注射激素时将亲鱼平放在柔软的海绵上，并用海水沾湿的毛巾裹住鱼身，露出背部，防止受伤（图 7-4）。采用背部肌内注射，选取位置为背鳍基部肌肉处。宜选用 5 号针头注

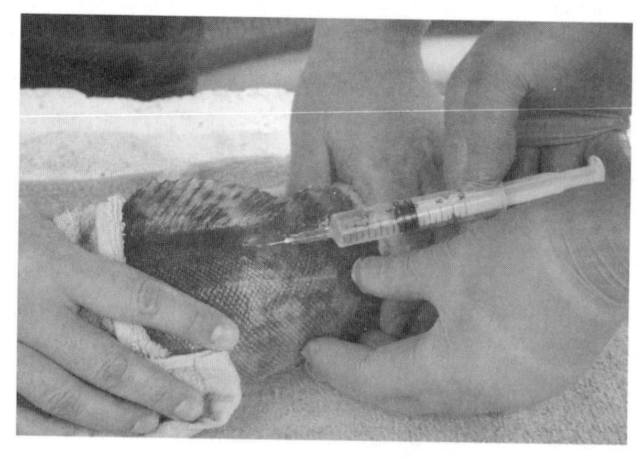

图 7-4　注射催产激素

射，激素用0.9%的生理盐水溶解稀释，针头与肌肉呈45°插入背部肌肉，针头深入体内5 mm即可，轻轻缓推，将激素溶液注入鱼体内。

二、人工授精

待大泷六线鱼雌、雄亲鱼均发育成熟时，即可采用半干法授精方式进行人工授精。首先选取2～3尾成熟雄鱼，由后向前轻推鱼体腹部，有乳白色精液从泄殖孔流出。用胶头滴管吸取精液在显微镜下观察精子活力，精子游动迅速、活力较好的雄鱼留用，活力较差者放回培育池中继续培育。将经筛选过的雄鱼精液挤入盛有清洁海水的500 mL的玻璃烧杯中存放，30 min内具有较强活力的可以用来授精（彩图19、图7-5）。

图7-5　稀释后的精液

再选取成熟的雌鱼，将雌鱼放在柔软的海绵上，并用海水浸湿的毛巾包裹，使鱼保持安静。从鱼体后部向前轻推挤压腹部，成熟的卵子会从生殖孔流出，采集于容器中（彩图20）。

人工授精采用单层平面授精法。挤出卵量达50～100 g时，将采集鱼卵平铺到网孔直径为1.8～2.2 mm网片的平板上，轻轻将鱼卵摊开使每个网孔中仅有一粒鱼卵。操作时注意力度一定要轻，避免损伤压破鱼卵。再将3～5 mL雄鱼的稀释后的精液喷洒到卵片上，使精卵充分接触，提高受精率。10～15 min后，受精完毕，用清洁海水冲洗卵片3～5次后，即形成单层平面受精卵片（图7-6），轻轻将单层受精卵片从网片上取下，移入孵化池中进行孵化。

图7-6　单层平面受精卵片

三、受精卵孵化

1. 孵化设施

大泷六线鱼受精卵多采用孵化网箱、孵化筐在水泥孵化池中进行孵化。孵化池一般为圆形、方形、长方形等（图7-7），面积10～20 m^2，水深1 m。用60目筛绢制成圆形或方形孵化网箱，排放在孵化池内，网箱上沿露出水面20 cm，网箱底部放置充气头1个；孵化筐（规格为0.70 m×0.35 m×0.15 m）可漂浮于水面进行孵化。

图 7-7　孵化池

2. 孵化管理

将人工授精后的平面受精卵片直接放置于漂浮的孵化筐内，均匀平铺，卵片浸没于水中，每筐放卵片 1～3 片，放于孵化池内孵化，孵化密度为 1.0×10^5～1.5×10^5 粒/m^3（图 7-8）。

图 7-8　孵化筐浮式孵化

孵化用水为沙滤海水，水温 16～17 ℃，盐度 29～31，pH 7.8～8.1，溶解氧保持在6 mg/L 以上，光照强度 500～1 000 lx，光照时间 06:00—20:00。24 h 流水，日流水量为1～2 个全量。连续充气，充气量控制在 0.2～0.4 L/min。由于大泷六线鱼的孵化期比较长，在孵化过程中，一般在受精卵发育 15 d 后，每天对受精卵片表面用等温孵化海水流水冲洗一次，每 3 d 用抗生素进行药浴处理，避免卵片表面滋生细菌、真菌，及时剔除死卵并洗刷孵化网箱、网筐。日常操作过程中，操作要仔细，并做好孵化池、网箱及工具的消毒工作，预防感染。在上述条件下，受精卵经过 20～23 d 的孵化，仔鱼即陆续孵出。

孵化过程中模拟自然海区鱼卵孵化过程中海水对受精卵规律性冲刷、干露、日照等现象，在人工孵化过程中定时采用流水、阴干、光浴等仿自然孵化技术，可显著提高受精卵孵化率，受精卵孵化率提高到 91%。

第四节　苗种培育

一、水质条件

1. 水质处理

在开放式流水模式下，原水（指自然海水）必须经过滤、消毒和调温后进入育苗池使用，用过的水则通过排水渠道进入室外废水池中，净化后排放入海。在封闭式循环水模式下，原水经过滤、消毒和调温等处理后使用，使用后的水经物理和生物过滤并再次消毒、调温处理后方可重复使用。目前，多数育苗厂家采用蛋白质分离器去除过滤海水中的有机物，并使用液氧、微孔增氧等手段增氧，提高育苗用水的水质。

2. 溶解氧调节

育苗池内良好的充气条件有助于维持水体适宜溶解氧水平，抑制厌氧菌繁殖，提高鱼苗成活率，增进鱼苗食欲，使其加快生长。仔鱼前期一般适应较低强度的充气水平，6～10 日龄仔鱼的最佳充气量约为每小时 30 L/m^3。其后可随着鱼苗的生长逐渐增加充气量。水体溶解氧的过饱和或过低，对仔鱼的生长发育都会产生不利影响，如溶解氧饱和度达 105%时，处于第一次投喂期的仔鱼可能会因发生气泡病而大量死亡。初孵仔鱼具有较强的抗低氧能力，开口摄食后，耗氧需求逐步增强，且表现越来越敏感。大泷六线鱼育苗过程中，应保持连续充气，水体溶解氧含量达 6 mg/L 以上。监测水体中溶解氧和氨氮等代谢产物的含量，掌握其变化，及时调整充气量维持水体溶解氧水平，必要时可用纯氧进行调节，保证育苗的顺利进行。

3. 水温调节

水温对鱼苗的新陈代谢水平产生重要影响，尤其与卵黄吸收率和转化率密切相关，较高水温利于卵黄囊吸收但是较低水温利于卵黄的转化。大泷六线鱼苗种培育期间的生长发育水温以 14～16 ℃为宜。

4. 盐度调节

变态前的仔鱼不具备渗透压调节的能力，变态后方能达到与成鱼同样的盐度耐受力。盐度对仔鱼生长有一定的影响：盐度在 25～35 时初孵仔鱼存活率最高，盐度在 32.5 时生长最好；盐度为 30.0～32.5 时刚开口仔鱼的存活率较高，生长最快；盐度低于 20 时变态期仔鱼的存活率与盐度高于 25 时没有显著差异，但两者体长存在显著差异。因此，在育苗过程中，早期育苗的盐度最好保持在 25 以上，以保证育苗的成活率。

5. pH、氨氮和悬浮物控制

人工育苗过程中，大泷六线鱼的适宜 pH 是 7.8～8.1；育苗水体的氨氮含量不能超过 0.1 mg/L；水中的悬浮颗粒物总量不能超过 15 mg/L，否则容易造成鱼苗的窒息死亡。

6. 换水率

苗种培育初始水量为培育池体积的 3/5，前 5 d 逐渐加水至满池，以后采用换水方式，每天用网箱换水两次。随着鱼苗的生长逐渐增大换水量，20 日龄前换水量为 60%，40 日龄前为 100%，60 日龄前为 150%。60 日龄后采取流水方式换水，并随着鱼苗的生长和摄食量的增加，流水量逐渐增大到 200%～400%。

二、苗种培育管理

1. 光照调节

人工育苗过程中，光照强度控制在 500～1 000 lx，光线均匀柔和，避免阳光直射；光照时间为 06:00—20:00。育苗池的光照由自然光和人工光源控制，人工光源可以在育苗池上方设置日光灯，在日落之后用来延长光照时间。阴天和夜晚可以使用人工光源来保持光照。

2. 培育密度

受精卵发育完成后仔鱼陆续大量孵出，初孵仔鱼会漂浮于水体表面，此时可对刚刚孵化的初孵仔鱼进行计数，以确定孵化率和仔鱼的培育密度。一般初孵仔鱼的布池密度为 5×10^3～8×10^3 尾/m^3（图 7-9），并根据培育池的容量确定培育鱼苗数量。当孵出仔鱼数量达到培育池的合理培育密度后，可将尚未完全孵化结束的受精卵孵化筐移至新的培育池中继续孵化。

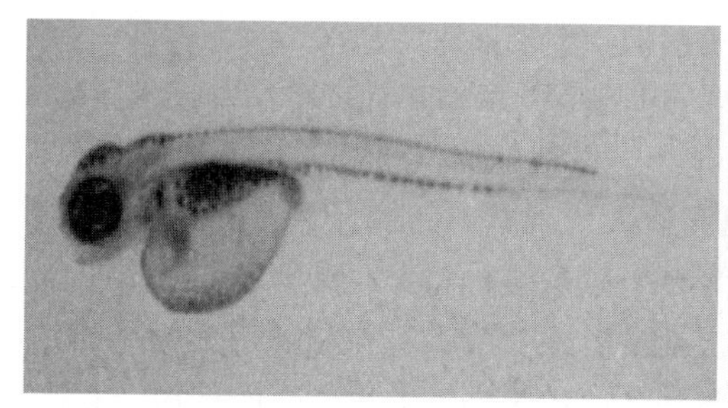
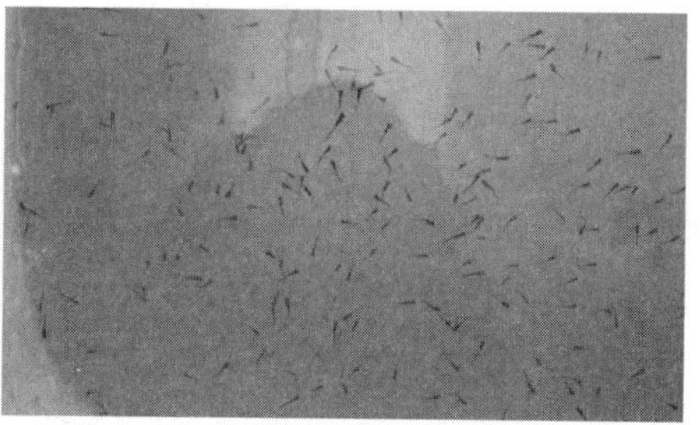

图 7-9　初孵仔鱼

3. 饵料投喂

大泷六线鱼苗种培育期间投喂饵料系列为轮虫—卤虫无节幼体—配合饵料（图 7-10）。投喂时间段为 5～25 日龄投喂轮虫，10～60 日龄投喂卤虫无节幼体，配合饵料在 50 日龄后开始投喂。

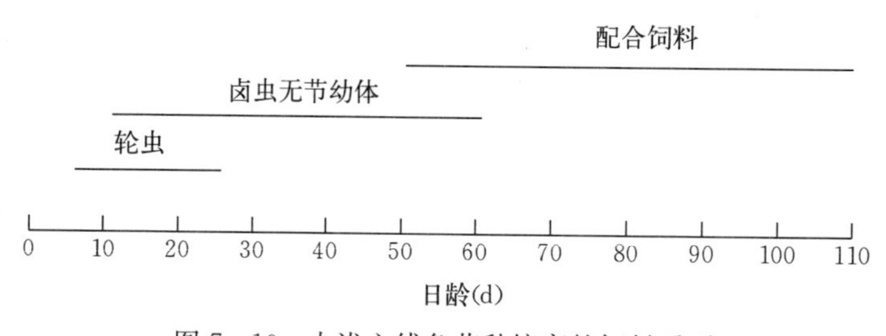

图 7-10　大泷六线鱼苗种培育的饵料系列

轮虫投喂前需用富含 DHA 和 EPA 的强化剂营养强化 10～12 h，每天投喂 2 次，使培育池内的轮虫密度保持在 6～8 个/mL。卤虫无节幼体孵化前需脱壳处理，投喂前需要用富含 DHA 和 EPA 的强化剂营养强化 6～8 h，每天投喂 2～3 次，投喂密度为开始为 0.3～0.5 个/mL，随着鱼苗的生长逐渐增大到 1～2 个/mL。轮虫和卤虫在营养强化收集后、准备投喂前，还需要用清洁海水反复冲洗干净，减少携带的污物和病原。50 日龄开始投喂配合饵料，粒径由开始的 200 μm 逐步增大，遵循勤投少投的原则，一般情况下驯化 10～15 d，鱼苗开始全部摄食配合饵料，每天投喂8～10次，投喂量为鱼苗体重的5%～8%。

4. 微藻添加

鱼苗培育期间，每天向培育池添加新鲜的处于指数生长期的海水小球藻（*Chlorella* sp.），并保持其密度在3×10^5～5×10^5个/mL，直至25日龄停止添加。在苗种培育期向培育池中添加微藻主要有以下几个作用：①小球藻富含高度不饱和脂肪酸EPA（35.2%）和DHA（8.7%），直接供给仔鱼营养，亦可通过轮虫的富集、载体作用间接为仔鱼传递营养物质，在仔鱼摄食行为的建立、调节以及消化生理的刺激等方面发挥作用；②可改善水质状况，通过光合作用释放出氧，以补充和提高因仔鱼代谢所导致的水中溶解氧量的损耗，同时吸收利用水体中部分有机代谢物质和矿物质；③可以调节养殖水体以及仔鱼肠道的微生态系统，维持水体及仔鱼肠道的菌群平衡，进而减少病原菌的暴发而起到益生作用；④由于苗种个体间的发育差异和开口期的不同步，导致仔鱼对生物饵料轮虫的摄取时间前后会出现差别，添加微藻可保持接种的轮虫在水体中较长时间存在，为摄食仔鱼供给足够密度的轮虫；⑤具有增加水体混浊度和光对比度的作用，从而提高食饵的背景反差，增加海水仔鱼的摄食率。

5. 生长情况

初孵仔鱼在水温16～17℃，盐度29～31的条件下，经90～100 d培育，全长可达5.0～6.0 cm，体重可达1.5～1.7 g，成活率可达40%以上（表7-1）。

表7-1　大泷六线鱼生长情况（16～17℃）

培育天数	全长（mm）	体重（g）
10	9.61±0.68	0.07±0.01
20	16.40±0.73	0.12±0.03
40	27.43±0.85	0.21±0.08
60	38.42±1.44	0.48±0.11
80	49.23±1.73	1.12±0.19
100	60.45±3.23	1.73±0.26

大泷六线鱼仔、稚、幼鱼生长呈现先慢后快再慢的特征。0～7 d生长较为缓慢，7 d后进入快速生长期，直至48 d开始投喂配合饵料后，生长速度开始减低，并逐渐稳定（图7-11、图7-12）。

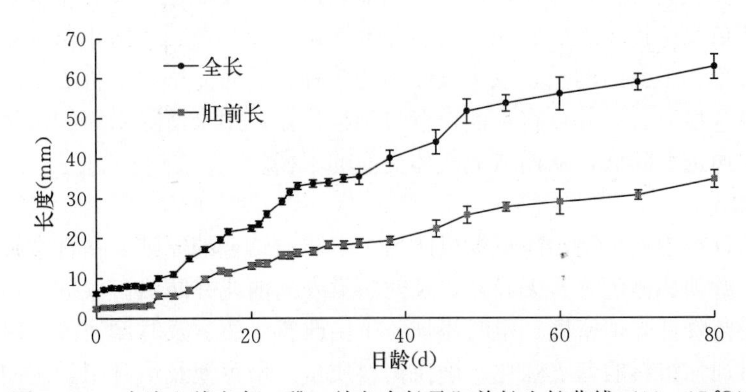

图7-11　大泷六线鱼仔、稚、幼鱼全长及肛前长生长曲线（16～17℃）

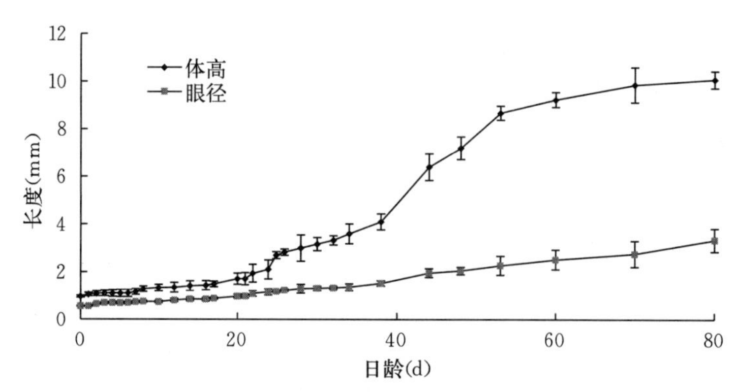

图 7-12　大泷六线鱼仔、稚、幼鱼体高及眼径生长曲线（16～17 ℃）

6. “危险期”注意事项

根据多年来实践中的观察与分析，大泷六线鱼人工育苗过程中，有 3 个发生大量死亡的时期，称之为“危险期”。这几个时期应加强管理，及时调整，以保障育苗的成功。

第一个危险期出现在仔鱼孵出后的 3～5 日龄，仔鱼还未建立外源性营养开始摄食，这一阶段的死亡率在 30%左右。死亡的仔鱼多表现为畸形、瘦弱、体色发黑、卵黄较小。该阶段死亡主要和受精卵质量有关，多数体质较差、发育不足的个体被淘汰。强化亲鱼培育期的营养需求并提高亲鱼成熟度对保证受精卵质量、降低此阶段的死亡率至关重要。

第二个危险期出现在仔、稚鱼变态期间，15～20 日龄，这一阶段的死亡率在 20%左右。这期间正处于仔鱼阶段向稚鱼阶段过渡，各鳍相继发生，生理变化剧烈，发育迅速，对外界环境和营养要求很高。死亡的仔鱼多为营养不良、发育迟缓、难以完成变态之鱼。除了满足仔鱼在营养上对 DHA 和 EPA 的需求外，在培育水体中添加有益菌（EM、益生素、光合细菌等），通过改善水质、稳定环境也可以提高该阶段仔鱼的成活率。

第三个危险期出现在 50～60 日龄，死亡率一般在 10%以内。这阶段主要是稚鱼向幼鱼过渡，稚鱼头部的翠绿色由后向前开始逐渐褪去，出现浅黄色，与成鱼的体色相近。这个阶段需要注意水质环境的调节和配合饵料的转换。

7. 污物清除

苗种培育过程中，池底会有残留的粪便、死鱼、残饵等废物沉积，影响鱼苗生长的水环境质量，容易引发疾病。每日应坚持使用专用清底器（虹吸原理）吸底 1 次，保证培育池底清洁无粪便、死鱼及残饵。吸底时先轻轻驱逐池底苗种使其散开，防止苗种被吸出，在虹吸管出水口末端设置一个专门网箱，收集被吸出的苗种，吸底完毕后应将吸出的健康苗种重新放入原培养池继续培养。另外可在水面设置自制集污器，用来清除水面的污物，避免由于水面污物覆盖导致通透性降低，从而造成气体交换的不畅。

8. 病害防治

大泷六线鱼育苗中病害防治应贯彻以防为主、防治结合的原则。在日常管理中，密切观察鱼苗的摄食、游动、体色等有无异常，及时察觉发病前兆并防治。根据实际生产情况调节换水量、定期疏苗降低养殖密度、定时添加益生菌改善水质、及时倒池等，保持良好的苗种生存环境，同时加强饵料的营养强化，确保饵料质量。培育池及培育用具定期消毒，工具专池专用。

9. 分苗

随着鱼苗生长，相对密度增大，影响生长速度，水质条件容易出现变化，会对鱼苗培育成活率构成威胁，所以及时进行疏苗十分必要。一般在苗种生长到50～60日龄（全长30 mm左右）时进行首次分苗（图7-13），降低育苗池中培育密度，原池和新池培育密度控制在$0.8\times10^3\sim1.0\times10^3$尾/$m^3$。一般采用灯光诱捕法，即在晚间关闭灯照后，用手电照射水面，利用鱼苗的趋光性诱集鱼苗成群，然后用水桶带水轻轻捞取鱼苗，轻放至新的培育池中继续培养。

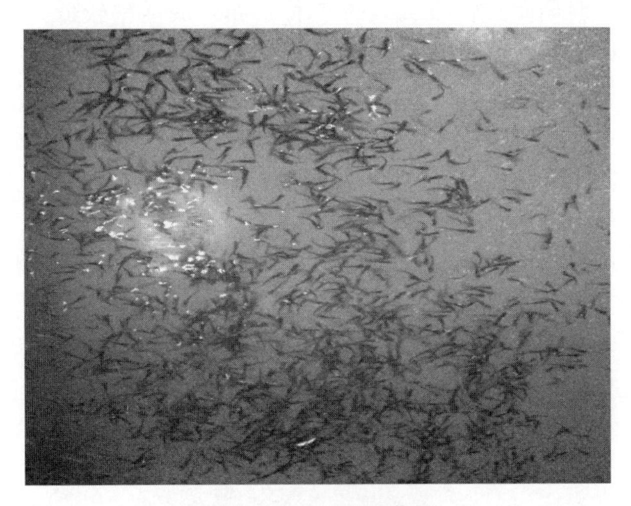

图7-13　60日龄苗种

10. 计数出池

在水温16 ℃条件下，大泷六线鱼苗种孵化后培育90～100 d，全长生长至5～6 cm，达到商品苗种销售规格，即可出池。苗种出池前，应在运输前停食一天，使苗种消化道内的饵料、排泄物完全排空，防止在运输过程中排出败坏水质，消耗运输水体中有限的溶解氧，致使苗种在运输途中窒息死亡，造成经济损失。苗种运输前，应将培育水温逐步降低至10～12 ℃，若夏季水温较高，可在水中加入碎冰块进行降温，并使苗种在该温度范围下适应2～4 h为好，随后进行苗种出池、充氧打包。出池前先将苗种培育池的水深降低至30 cm左右，便可使用手捞网将鱼苗轻轻捞起。手捞网片用软棉线制成，网目10～20目。将捞起鱼苗放置于带水塑料容器中，保持连续充气，再经人工准确计数后装入聚乙烯薄膜打包袋中。

11. 苗种运输

5～6 cm的小规格苗种主要采用保温泡沫箱内装充氧聚乙烯薄膜袋运输的方法。其优点是：运输灵活、方便，可采用普通卡车、保温车、飞机等多种运输工具，对颠簸路途适应性好；对苗种损伤轻，鱼苗成活率高。一般容量20 L的聚乙烯薄膜袋装清洁海水5～7 L（1/4～1/3），使用工业用纯氧氧气瓶给盛有苗种的打包袋充氧，充气时气管头应该置于水面以下，以尽可能提高水体中的溶解氧水平，最后用粗皮筋扎紧袋口放入泡沫箱。袋内水温10～12 ℃，夏季温度较高时可以在保温箱内添加冰袋以防袋内水温升高，并用打包胶带将泡沫箱封口，最好采用保温车运输。根据运输时间的长短、苗种大小袋内可装鱼苗的数量如下：全长 50～60 mm 的苗种，运输水温 10～12 ℃，运输 6～10 h，可袋装苗种 150～200 尾；运输 4～6 h，可袋装苗种 200～250 尾；运输 4 h 以内，可袋装苗种 250～300 尾。

三、大规格苗种培育

大泷六线鱼为秋冬季产卵型鱼类，繁殖季节一般在 10 月中旬至 11 月下旬，次年 3—4 月苗种培育期结束。此时大泷六线鱼苗种全长达 6 cm 以上，身体颜色由绿色完全变为黄褐色，进入幼鱼期。幼鱼的体态和生活习性基本和成鱼相似，但苗种摄食能力相对较差，抵抗力相对较弱。如果这个时期向网箱投放人工苗种，养殖成活率较低。实验证明，全长 5～6 cm小规格苗种投放网箱后，3 个月内的养殖成活率仅为 35%～40%，而投放 15 cm 以上大规格苗种 3 个月内的养殖成活率为 85%～90%。大规格苗种能够更好地适应网箱养殖，有利于大泷六线鱼在网箱养殖中快速生长，缩短网箱养殖时间，增加效益。因此，投放网箱养殖前在室内车间进行大规格苗种培育显得尤为重要。

大泷六线鱼大规格苗种培育是在苗种培育期后继续在工厂化车间培育池中进行的。幼鱼期后鱼苗不同于仔鱼和稚鱼期生活在水体中上层，而是在池底活动，营底栖生活，只有摄食时候才会游动到水面上层。根据幼鱼的生活习性，模仿大泷六线鱼的自然生活环境，在培育池底投放水泥制件、陶瓷管件、贝壳礁等，为苗种提供栖息和隐蔽场所（图 7－14）。大泷六线鱼平时栖息聚集在隐蔽物内，安稳少动；投喂饵料时急蹿水面，摄食强烈，养殖过程中几乎无死亡。

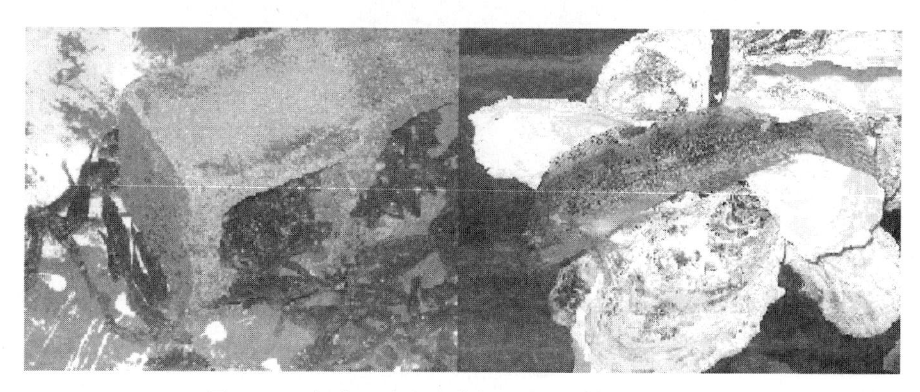

图 7－14　栖息于池底遮蔽物（水泥制件与贝壳礁）

1. 苗种要求

放养苗种要求活力强、鱼体完整无损、无寄生虫感染、全长 5～6 cm，放养密度为 3×10^3～5×10^3 尾/m^3。

2. 投喂策略

大泷六线鱼大规格苗种的饵料以配合饵料为主。配合饲料是以水生动物的营养生理特点为基础，根据水生动物不同生长发育阶段的营养需要，把能量饵料、蛋白质饵料、矿物质饵料等多种营养成分按比例配合，通过渔用饵料机械加工制成的营养全面、适口性好的复合性成品饲料。配合饲料营养均衡全面，利用率高。加工过程中消除原料中的不利的消化物质，而且通过添加诱食剂和淀粉糊化工艺，使饲料的适口性及在水中的稳定性大大提高，从而使鱼吃得多、消化得好，残饵少，相比用天然饵料减少了对水质的污染。同时，由于在饲料加工中有高温高压处理，能杀灭原料中的寄生虫卵和病原菌，还可通过添加中草药和抗生素，使配合饲料具有防病治病的作用。配合饲料含水量少，添加了抗氧化剂、防霉剂等，保存期长、常年制备，不受季节和气候的限制，从而保障了供应，养殖者可以随时采购，运输和保管极为方便。

目前养殖的海水鱼类大多数是肉食性的，对蛋白质的需求量较高，最适需求量在45%～55%，大泷六线鱼饲料中亦需要较高的蛋白质含量。蛋白质是影响增重率最重要的因素，其次为脂肪、糖类，钙磷比对增重率的影响最小。应根据鱼苗大小选择规格合适的全价配合饲料进行投喂，以粒径适口为宜（表 7－2）。日投喂量为鱼体重的 8%～10%，日投喂 4～6 次。坚持“定时、定点、定量”的投喂原则，采用“慢、快、慢”的投喂策略，即开始慢投喂，将鱼苗吸引大量摄食后快速投喂，鱼苗即将吃饱时慢投喂到停止投喂。

表 7－2　苗种规格与饲料粒径关系

苗种规格（cm）	饲料粒径（mm）
5～6	1.0～1.5
6～8	2.0
8～10	3.0
10～15	4.0

3. 培育管理

培育用水一般为沙滤海水，水温控制在 16～17 ℃，盐度 29～31，溶解氧 6 mg/L 以上，光照强度 500～1 000 lx，连续充气，采用 24 h 流水培育，日流水量为 4～6 个全量。由于在培育池内投放隐蔽物，池底在一段时间内会沉积残饵和粪便，应坚持每天吸底 1 次，每 15 d 倒池一次。结合倒池，规格差异较大的苗种要分池培育，并根据苗种生长情况及时降低培育密度（表 7－3）。当大规格苗种全长达到 15 cm 以上时，即可转入海上网箱进行成鱼养殖。

表 7－3　苗种规格和培育密度关系

苗种规格（cm）	培育密度（尾/m^3）
5～6	3×10^3～5×10^3
6～8	2.5×10^3～3×10^3
8～10	1.5×10^3～2×10^3
10～15	0.8×10^3～1×10^3

四、全人工苗种繁育技术

大泷六线鱼繁育中，使用人工培育的苗种经养成培育成人工亲鱼，再对人工亲鱼优选和生殖调控，进行人工育苗的整个过程称之为全人工育苗。以往大泷六线鱼的亲鱼来源主要依靠采捕野生亲鱼，由于自然资源不断减少，导致野生亲鱼的群体逐渐缩小。除受自然资源短缺限制之外，野生亲鱼的驯化比较困难，同时捕捞、运输均有一定死亡率，大大浪费了自然资源。随着 2010 年大泷六线鱼苗种人工规模化繁育技术的突破，培育使用全人工亲鱼繁殖成为现实，有力地保障了大泷六线鱼亲鱼的来源和数量，保护了自然资源。

1. 全人工亲鱼培育

培育优质亲鱼是全人工繁育成功的关键，亲鱼质量的好坏直接影响人工繁育的成败。2013 年，项目组首次开展大泷六线鱼全人工繁育，采用亲鱼为 2010 年人工繁育获得的 F_1 代（其亲本为野生海捕亲鱼）。F_1 代苗种培育成功后，进行一年的室内工厂化大规格苗种培育，于 2012 年 5 月挑选培育后的大规格苗种 1 万尾移入海上网箱养殖。2013 年 10 月，海区养殖大泷六线鱼逐渐成熟，起捕后挑选全长 30 cm 以上、健康活泼成鱼 800 尾，采用活水车运输至青岛进行室内培育，作为全人工亲鱼待产。全人工亲鱼群体大，数量充足，个体均匀，发育良好，最终筛选用于全人工繁育的亲鱼 558 尾，其中雄鱼 231 尾，雌鱼 327 尾。

经统计，大泷六线鱼 F_1 代全人工亲鱼初孵仔鱼平均全长（0.6±0.09）cm，平均体重（5±0.8）mg；2011 年 3 月，经过 4 个月苗种培育，平均全长（6.3±1.1）cm，平均体重（1.7±0.4）g；2012 年 5 月，经过大规格苗种培育期移入网箱养殖，平均全长（16.2±2.0）cm，平均体重（46.2±6.8）g；2012 年 11 月，海上网箱养殖半年后，平均全长（26.1±2.4）cm，平均体重（309.8±11.7）g；2013 年 10 月，再经 1 年海上养殖，进入大泷六线鱼繁殖季节，部分 F_1 代成鱼开始成熟，平均全长（32.5±3.1）cm，平均体重（680.6±14.9）g（图 7-15）。

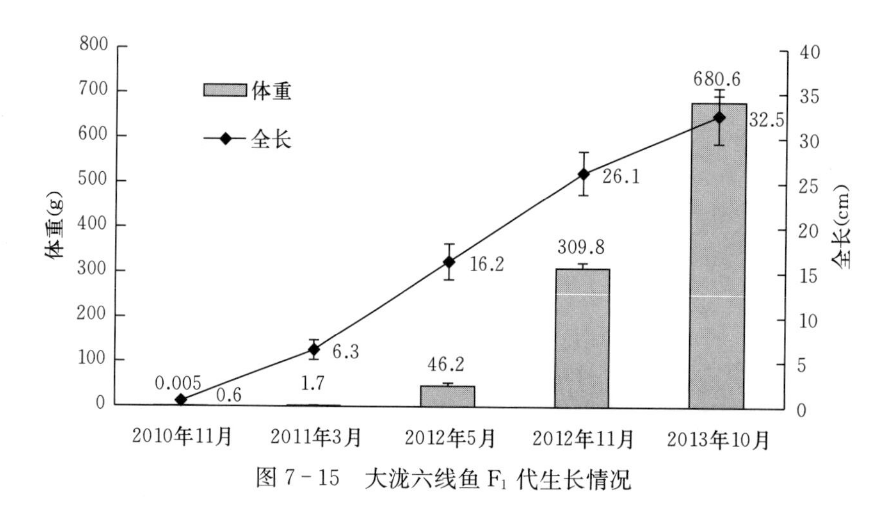

图 7-15　大泷六线鱼 F_1 代生长情况

2. 全人工亲鱼优选

全人工亲鱼必须选择具有优良的种质特征和生长性状的个体。体色正常，体形完整，健壮无伤，活动敏捷，摄食旺盛，生长速度快，年龄与规格适宜。一般要求雌鱼 3 龄以上，体重 400～800 g；雄鱼 2 龄以上，体重 300～500 g。

第五节　基础设施

大泷六线鱼育苗场与其他海水鱼类育苗场建设基本相似，主要设施设备包括育苗车间、生物饵料车间和供水系统、供气系统、供热系统、供电系统，并配套实验室和生活区等。

一、育苗车间

育苗车间是育苗场的主体设施。要因地制宜，车间设计应根据生产具体要求合理布局，简洁实用。育苗车间和亲鱼培育车间可独立设置，也可在联体车间内分区设置。单个车间的占地面积一般 500～1 000 m^2，顶部采用顶棚遮光，并做保温处理。车间内设孵化池、苗种培育池、大规格苗种培育池等。

1. 孵化池

孵化池用于大泷六线鱼受精卵的孵化，为圆形、方形或长方形水泥池，面积 10～20 m^2，深 1.0～1.5 m，进排水通畅，充气等操作便捷。

2. 苗种培育池

室内苗种培育池一般采用面积 10～20 m^2、深 1.0～1.2 m 的圆形或方形抹角水泥池，根据各生产单位的具体情况而定。

3. 大规格苗种培育池

大规格苗种培育池为半埋式水泥池，圆形或方形抹角，面积 20～30 m^2，深 1.0～1.2 m，底部中央排水，坡度 8%～10%。进水口 2 个，按切线方向对角设计，以便池水整体旋转流动，增加自动冲刷清底能力。

二、生物饵料车间

生物饵料车间分为藻类保种室、单胞藻培育池、动物性饵料培育池。单胞藻培育池和动物性饵料培育池要独立分区，避免交叉污染。

1. 藻类保种室

保种间具有良好采光、保温和通风功能，面积约 30 m^2。各种规格三角烧瓶和细口瓶组成的培养架若干排（图 7-16），生产中亦可以采用透明耐高温的矿泉水桶替代。

图 7-16　单胞藻保种室

2. 单胞藻培育池

饵料车间内有多个长方形或方形的二级、三级生产池。二级生产池体积 5～10 m^3，三级生产池体积 15～25 m^3，深 0.5～0.8 m，配备进水管、充气等设备。有条件的单位可以配备单胞藻高密度培养装置“光反应器”，提高单胞藻的生产能力（图 7－17）。

图 7－17　单胞藻“光反应器”培育

3. 动物性饵料培育池

动物性饵料培育池包括轮虫培养池和卤虫孵化池（槽）。轮虫培养池一般为圆形或方形水泥池（图 7－18），体积 20～30 m^3，深 0.8～1.2 m，配有供水、充气等设备。

图 7－18　轮虫培养池

卤虫孵化池（槽）一般为水泥池、锥形底圆筒状的玻璃钢水槽，体积 0.5～1.0 m^3，用于卤虫卵的孵化和营养强化（若干个）。

三、辅助设施

1. 供水系统

育苗场的供水系统包括给排水系统和水处理系统，运转良好的供水系统是育苗生产顺利进行的重要保障。

（1）给排水系统　育苗场的给水系统由水泵和管道系统等组成。海水养殖使用耐腐蚀水泵，根据条件选用离心泵、轴流泵及潜水泵等。一般配有 2 台，供轮流使用或备用。管道系统多采用硬聚氯乙烯管，聚氯乙烯管的连接应采用承插法，用黏结剂处理接口。排水系统多为地沟排放，养殖废水需经集中处理后才能排放，有条件的单位可通过水处理系统将养殖废水净化处理后循环使用。

（2）水处理系统　一般水处理设施包括沉淀、过滤、消毒等设施设备。沉淀池为圆形或者方形的大型水泥池，总容量应为育苗场最大日用水量的 4～5 倍，沉淀池数量应不少于 2 个，以便清洗消毒和交替使用。沉淀池最好修建成高位水池，一次提水自流供水，可大大节约能源。

过滤设备种类主要有沙滤池、沙滤罐及重力式无阀沙滤池等，有条件的单位配有蛋白质分离器和生物滤池用于养殖水处理。目前，海水养殖中应用最多的是以沙为滤料的快速滤池，简便高效。

用于海水消毒的主要方法有两种：一种是紫外线消毒，一种是臭氧消毒。通过消毒处理可以有效杀死水中有害病原生物，保证水质，提高育苗成活率。

2. 供气系统

鱼的生长需要耗氧，残余饵料的分解需要耗氧，鱼的代谢产物的分解需要耗氧。在苗种培育和成鱼养殖过程中，水体中溶解氧含量的多少影响育苗和养殖的效果，对育苗和养殖的结果起着重要作用。因此，增氧是水产养殖系统的关键。供气系统（增氧系统）是水生生物育苗生产中氧气供应的重要保障，一般育苗场的增氧方式包括机械增氧和纯氧增氧。

（1）机械增氧　机械增氧设备有罗茨鼓风机、空气压缩机、多级离心鼓风机和微型电动充气泵等。具体的充气措施可在无阀滤池内、供水管道上和养殖池中采用不同方式充气增氧。如在无阀滤池内采用 U 形扩散式增氧装置；在供水管道上采用喷射式增氧器；在育苗和养殖池内采用气泡扩散式增氧设备等。

（2）纯氧增氧　国内外规模较大的养鱼场，大都采用纯氧进行增氧。纯氧与机械增氧相比具有许多优点：一是省电；二是可使水体溶解氧达到超饱和状态，从而提高养殖密度；三是可为水体中各种代谢产物的氧化提供氧源，使水体净化得更彻底，使鱼生长加快，降低饵料系数，减少病害发生。纯氧增氧的缺点是成本较高，投资较大，特别是纯氧的运输、储存要有专业设备。

3. 供热系统

大泷六线鱼人工繁育季节在秋、冬季。为了保证育苗对水温的要求，使苗种在最佳温度条件下生长发育，加快生长速度，育苗场应该配备升温、保温系统。根据国家环保政策及节能减排要求，作为主要升温、保温设备的煤锅炉已经在海水养殖中停止使用，利用新能源、开发节能技术在海水工厂化养殖业中的产业需求越来越明显。目前，对育苗水体进行升温、保温可采用电厂余热、地热、太阳能、天然气等方式，各育苗场和养殖场可根据自身条件灵活设计、配合利用。此外，通过换热器回收废水热能再利用，是节约能源的一个好途径。

育苗池加热海水一般有两种方式：一种是设预热池，另一种是单独加热。单个预热池体积一般为 300～400 m^3，将海水在预热池中加热，调整至所需温度，预热好的海水通过进水管道流入各育苗池使用。单独加热是在各个育苗池内均布设加热管，以独立阀门控制加热管调节池中水温。池中的加热管道可采用无缝钢管，最好使用不锈钢管或钛管，既降低污染又可长期使用且不需要经常维修。以上两种加热方式通常结合使用，灵活方便，满足育苗生产中对水温的要求。无论采取何种升温方式，大流量开放式、一次性利用海水的方案都是不可取的，会造成水资源、热资源的极大浪费。今后应大力推广使用半封闭或全封闭式循环水养殖模式。

4. 供电系统

一般海水育苗场的供电设计电源进线电压一般为 10 kV，经架空外线输入场内变配电室。变配电室内安装降压变压器，将 10 kV 电压降到 380 V/220 V，再经配电屏的低压配电，将电能输送到各个养殖车间的用电设备及照明灯具。一般需要自备 1～2 台柴油发电机，功率与育苗场用电量相匹配，最低保障充气、照明用电量。当外线停电时，自动空气开关切断外线路，人工启动或自动启动发电机组供电，保证各用电设备正常运转，以免造成损失。

四、检测与实验设施

1. 水质检测室

良好的水质是育苗成功的关键因素，因此水质检测应做到常态化、全覆盖，以便于及时发现问题并对水质进行及时必要的调节。常规水质检测项目有温度、盐度、pH、溶解氧、总碱度、总硬度、氨氮、亚硝酸氮、总磷、磷酸盐、化学耗氧量（COD)、生物耗氧量(BOD)、透明度等。

所需仪器有：温度计数台，电子天平（感量 0.001 g 和感量 0.1 g 各 1 台）2 台，普通药物天平（感量 0.5 g，最大量程 250 g）1 台，分光光度计 1 台，电导仪 1 台，恒温水浴器 1 套，蒸馏水发生器 1 台，离心机 1 台，普通显微镜 1 台，便携式单项数字显示溶解氧、氨氮、pH 仪器各 1 台，冰箱 1 台，烘箱 1 台。相应配置各式玻璃仪器及耗材等。

2. 病害检测室

按常见细菌性病、寄生虫病、营养生理性疾病检测项目设置。常用仪器有：高倍显微镜（带显微镜和摄像机）1 台，超净工作台 1 台，恒温培养箱 1 台，细菌接种箱 1 台，高压灭菌器 1 台，高速离心机 1 台，药物实验水槽数组。相应配备各式玻璃器皿和药物。

3. 生物实验室

主要进行鱼苗生长发育及形态结构等的观察测量等，按生物学、生理学、生化等测定项目设置。常用仪器有：量鱼板 2 块，解剖器具（包括骨剪、解剖剪、解剖刀、解剖针等）数把，解剖盘 2～4 个，两脚规 2 个，游标卡尺 1 把，各式镊子（尖嘴、长柄、平头、圆头）数把，切片机 1 台，投影测量仪（配显示器和打印机）1 台，普通显微镜（400～800 倍）1 台，立体显微镜（1～20 倍）1 台，普通冰箱 1 台，超低温冰箱（−80 ℃）1 台。相应配备标本、药品等。

第六节　生物饵料培养与营养强化

大泷六线鱼生产性育苗和养殖过程中，为保障不同阶段生长发育的营养需求，应当适时投喂适口饵料。仔、稚鱼期间主要投喂生物饵料，包括单细胞藻、轮虫、卤虫无节幼体等。

一、单细胞藻培养技术

单细胞藻又称为微藻，其营养丰富，蛋白质含量高，氨基酸的种类组成及配比合理，脂肪含量高，富含动物需要的不饱和脂肪酸以及多种维生素，是水产养殖动物最理想的直接或间接饵料。虽然多数海水鱼类苗种不能直接摄食单细胞藻，但在人工培育过程中投喂单细胞藻具有不可或缺的作用。

大泷六线鱼苗种培育用单细胞藻一般以海水小球藻（*Nannochloropsis* sp.）为主，用于轮虫的培养与营养强化，以及在苗种培养过程中培育水体透光度的调节。

1. 藻种的分离和筛选

单细胞藻在培养过程中，在原种获得、培养以及因操作不当发生杂藻或原生动物污染的情况下，须进行藻种的分离和筛选，一般用毛细吸管法和小水滴法。

2. 海水处理

海水小球藻一级培养一般采用过滤后煮沸消毒的海水；二级以上培养用水，以含8%～10%有效氯的次氯酸钠消毒的过滤海水，并于12 h后用硫代硫酸钠中和后才可使用。

3. 培养液制备

单细胞藻生产性培养阶段所用水体较大，需用营养盐数量较大。考虑到生产成本等因素，营养盐应尽量使用工业级。

4. 培养程序

生产上，单细胞藻的培养按照培养的规模和目的可分为藻种培养、中继培养和生产性培养。

（1）藻种培养在室内进行，采用一次性消毒法，培养容器为100～5 000 mL的三角烧瓶。

（2）中继培养目的是培养较大量的高密度纯种藻液，供应生产性培养接种使用。根据需要可分为一级中继培养和二级中继培养。

（3）生产性培养目的是为苗种培育提供饵料，一般在室内水泥池中培养。

5. 日常管理

单细胞藻培养是一项细致工作，必须按照操作规程严谨操作，加强日常管理，避免敌害生物污染，保证饵料培养的成功。

（1）搅拌和充气　单细胞藻培养过程中，要定时或者连续搅拌和充气，补充由于藻细胞光合作用对水中二氧化碳的消耗。

（2）温度调节　海水小球藻最适生长温度为25 ℃，因此培养过程中应根据不同季节及时调整温度。

（3）光照调节　海水小球藻的适宜光照度在5 000～10 000 lx。光照强时，应采取遮光措施，光照弱时，可通过人工光源来调节。

（4）镜检　单细胞藻随着培养时间的延长，细胞数目会不断增加，水色会逐渐加深。如果水色不变或出现变暗、混浊、变清以及附壁、沉底等异常现象，应及时镜检查看是否有原生动物或杂藻的污染。

6. 敌害生物防治

单细胞藻的培养过程中，极易发生敌害生物的污染，而使饵料培养失败。在单细胞藻培育日常工作中，必须严格遵守饵料培养的各项操作规程，做好藻种的分离、培养和供应工作，保持培养饵料的生长优势和生长数量。一旦发生敌害生物的污染，可以通过过滤清除、药物控制等抑制和杀灭敌害生物。

二、轮虫培养技术

大泷六线鱼人工育苗过程中用的轮虫为褶皱臂尾轮虫。一般在室内进行褶皱臂尾轮虫的高密度培养，以满足育苗培育过程中的生产性需要。按照规模分为保种培养、扩大培养和大量培养等。

1. 培养容器

一般保种培养选择各种规格的三角烧瓶、细口瓶等；扩大培养使用小型的玻璃钢桶；大量培养常用大型水泥池。小型培养容器可用高温消毒或者用盐酸消毒，大型的容器需要用次氯酸钠或高锰酸钾进行化学消毒。

2. 培养条件

为了获得高密度的轮虫，生产上尽量控制其培养条件在适宜的范围内，褶皱臂尾轮虫适宜的培育水温为25～28℃，适宜的培育盐度为15～25。轮虫的保种可使用消毒海水，以减少原生动物的污染。大量培养通常使用经沉淀、沙滤后的海水。

3. 充气

轮虫的保种培养在玻璃瓶中进行，一般不需要充气；扩大培养需定时轻轻搅拌；生产性大量培养水体较大，必须增氧充气。轮虫培养中充气量不宜过大，避免轮虫因缺氧而漂浮在水面上。

4. 水质管理

轮虫的抗污染能力很强，对水质要求不高，单纯用单细胞藻作饵料时，自接种至收获可以不换水。当用酵母培养轮虫时，由于残饵容易败坏水质，需要进行换水。如果发现有大量的原生动物繁殖，需要对轮虫的培养水体进行彻底的更换，此时要进行倒池。

5. 投喂

轮虫常用的投喂饵料主要是单细胞藻和酵母。单细胞藻是培养轮虫的首选饵料，常用的单细胞藻主要有小球藻、扁藻、微绿球藻、新月菱形藻等。酵母是迄今为止发现的最好的替代饵料，生产上一般直接使用鲜酵母来投喂轮虫。鲜酵母需放在冰柜中储存，投喂前先在水中将冰冻的酵母块融化，充分搅拌制成酵母悬浊液，泼入培养轮虫的水体。酵母的投喂量一般按照每100万个轮虫1～1.2 g/d，分6～8次泼洒投喂。

6. 生长检查

轮虫培养过程中，要经常检查其生长情况的好坏，掌握轮虫的生长情况，并做好供给生产计划。每天上午，用烧杯取池水对光观察，检查轮虫的活动状况以及密度变化。轮虫游泳活泼，分布均匀，密度增大，则为生长情况良好；活动力弱，沉于底层，或集成团块状浮于水面，则表明情况异常，生长状态较差。

7. 收获

一般经过5～7 d的培养，轮虫密度达到200～300个/mL时即可开始收获。利用虹吸法将池水用水管吸出，轮虫随水流入网箱内经过滤收集，再经营养强化后则可用来投喂鱼苗。

三、卤虫无节幼体

卤虫的无节幼体是海水鱼类苗种培育的优质生物饵料，其营养丰富，蛋白质含量达60%，脂肪含量达20%，含有较高的高度不饱和脂肪酸，且无机元素Se、Zn、Fe等在壳中含量较为丰富，投喂效果要好于配合饲料。卤虫休眠卵经处理后，可以长期保存，运输与储存方便，从卤虫卵孵化到无节幼体只需 1～2 d，需要时可随时孵化获得卤虫无节幼体。无节幼体的外壳本身很薄，不需加工就可以直接投喂给水产养殖动物的幼体或者成体。在海水鱼类人工育苗生产中，卤虫无节幼体得到广泛的应用。

四、生物饵料的营养强化

轮虫和卤虫无节幼体是海水养殖苗种生产过程前期的重要生物饵料，其体内所含有的营养成分是否全面均衡，直接影响到苗种的生长及存活。海水鱼类苗种在生长发育过程中需要大量的高度不饱和脂肪酸（HUFA）。HUFA 对鱼类苗种具有重要的生物学意义，特别是二十碳五烯酸（EPA）、二十二碳六烯酸（DHA）和花生四烯酸（ARA）对初孵仔鱼的生长、发育及存活甚为重要。

海水鱼类苗种生产中，酵母以其使用方便、成本低廉已经成为大规模轮虫培养的首选饵料。但是研究发现，酵母培养的轮虫存在营养缺陷，在海水鱼类育苗中使用会导致鱼苗营养不良，特别是高度不饱和脂肪酸中 EPA、DHA 的缺乏，会造成大量的仔、稚鱼死亡。卤虫体内高度不饱和脂肪酸含量的提高，对改善卤虫作为饵料的营养价值甚为重要。因此，在保证生物饵料供应的前提下，摄入的生物饵料能否满足鱼苗生长发育的营养需求愈发显得重要。

营养强化的目的是使轮虫、卤虫大量富集高度不饱和脂肪酸（主要是 EPA、DHA），通过鱼苗摄食进入体内，以有效地提高鱼苗的生长速度、抗病力和成活率。营养强化途径有两种：一是用富含 EPA、DHA 的海水单细胞藻，如三角褐指藻、等鞭金藻、海水小球藻、微绿球藻等投喂轮虫，其中以海水小球藻、微绿球藻使用最为普遍；二是用富含 EPA、DHA 的人工强化剂，如乳化乌贼肝油、乳化鱼油、卵磷脂、裂壶藻等。通常两种方式结合使用，效果更佳。

第八章

六线鱼人工养殖技术

六线鱼是冷温性近海底层鱼类，肉味鲜美，营养价值高，与真鲷、大黄鱼和花鲈等海产名贵鱼类相比，可食部分比例大，除去头部和内脏后还可占鱼体重的70%。每100 g鱼肉含水分73.85 g，蛋白质18.5 g，脂肪4.2 g，灰分3 g，蛋白质稍低于真鲷，而多于大黄鱼和鲈，脂肪含量则高于三者，说明六线鱼营养价值很高。肌肉的氨基酸种类齐全，含量较高，尤其是有丰富的胱氨酸、谷氨酸、甘氨酸和天门冬氨酸等。

六线鱼适应力强，能耐低温，可以在北方沿海越冬，又有性成熟早和世代交替快的生物学特性，栖息于近海岩礁和岛屿附近，洄游活动范围小，因此是培育耐低温海水养殖鱼、开拓礁湾养殖的理想鱼种，而且个体大小适合家庭和个人就餐，因此颇受欢迎，为垂钓和地笼捕捞业全年的捕捞对象。由捕捞及垂钓所获的六线鱼远远不能满足市场要求，为了收获更多的六线鱼，迫切需要开展人工养殖，提高产量，保证供应。

但长期以来，用于养殖的大泷六线鱼苗种均来自海捕野生苗种，一方面，数量不稳定，难以满足大面积、高产量的人工养殖需求；另一方面，从自然界中采捕野生苗种用于人工养殖，本身就是对自然资源的破坏，与保护修复渔业资源的目标相悖。

国内外学者对六线鱼已有若干研究，诸如大岛泰雄和中村中六（1944）、张春霖等（1955）、田村正（1956）、朱元鼎等（1963）、杜佳垠（1982）、叶青（1993）、喻子牛等（1994）、郑家声等（1997）、Fukuhara和Fushimi（1984）、Munehara等（1987）、Munehara和Shimazaki（1989）等。他们对六线鱼的形态、生态、产卵习性及早期生活史进行了概略的考察和描述，但真正有关人工养殖实验的资料不多，雷霁霖（1996）对六线鱼的营养价值、形态结构、生物学特性及育苗、养成等进行了研究，在池内连续饲养大泷六线鱼11个月。

随着山东省海洋生物研究院郭文研究员团队在大泷六线鱼规模化人工繁育技术方面取得突破，养殖苗种的数量、质量有了可靠保证，为六线鱼养殖产业的发展奠定了基础。目前，在山东、辽宁地区养殖规模不断扩大，六线鱼逐渐成为网箱养殖的主要海水鱼类品种。

但是六线鱼的人工养殖过程中也存在仔、稚鱼的成活率较低，生长较慢，经济效益不显著等特点，制约了六线鱼工厂化养殖的发展。目前仅大泷六线鱼的人工养殖开展较为顺利。本章便以大泷六线鱼为例，从工厂化养殖、池塘养殖和网箱养殖三个方面介绍六线鱼的人工养殖技术。

第一节 大泷六线鱼工厂化养殖技术

陆基工厂化养鱼，是首先在我国北方沿海兴起来的一种集约化养殖模式，主要是“温室大棚＋深井海水”工厂化养殖模式。由于北方地区全年水温差较大（1～27 ℃），漫长的冬季对养殖温水性鱼类不利；夏季水温较高，又对冷水性鱼类养殖不利。发展工厂化养殖模式，较好地解决了北方沿海地区工厂化养殖全周期运转的难题。

大泷六线鱼属于冷温性鱼类，主要摄食底栖虾类、蟹类、小型贝类及沙蚕类等，因其较耐低温，在北方海区养殖可以自然越冬。六线鱼平时游动甚少，多底栖在近岸岩礁区，无互相捕食现象。与花鲈、牙鲆等相比，大泷六线鱼寿命较长，生长速度较慢。秋季出生的仔鱼生长到第二年 3 月，全长可达 5～6 cm。1 龄之内生长速度很慢，1～3 龄生长最快，3～5 龄次之，5 龄以后较慢。

一、设施条件

养殖场选择在水源充足、无污染、水质良好的地区。可采用工厂化流水养殖和循环水养殖，养殖池为圆形或方形的水泥池，可利用原来养殖半滑舌鳎、大菱鲆等工厂化的养殖水泥池，池深 1 m，设置进水管 2 处，池底四周以 4%的坡度向中央倾斜，设排水孔和排水管道，并设排水立管，使池水可循环使用。

水系统包括泵房、蓄水池、沙滤池及管道设备等。要有必要的供电、充气系统，此外应具备常规水质检测仪、显微镜、解剖镜及各类药品等。

二、苗种来源

1. 野生苗种

野生苗种放入水泥池内养殖时，开始鱼多潜伏角落、挤在一起，少动，不摄食。为避免苗种体重减轻或性腺退化，应立即采取模拟生态环境办法，在池内投入少量石块、藻类或贝类等，投喂其喜食的活虾和小鱼等，这样大泷六线鱼在 3 d 内即能适应新环境。

2. 人工繁育苗种

一般选择全长 6 cm 以上的苗种进行养殖，要求体形完整，色泽正常，鳞片完整，健康无损伤、无病害，大小均匀，活动能力强，摄食良好。鱼种在运输前要停食 1 d 以上并降温，放养前最好进行药浴，放养时要考虑水温、溶解氧、pH、营养盐等因素。苗种运输可以采取塑料袋充氧运输、活水车运输等措施运输至养殖企业。

三、水质条件

1. 水质处理

在开放式流水模式下，要求原水（指自然海水）必须经过滤、消毒和调温后进入育苗池使用，用过的水则通过排水渠道进入室外废水池中，净化后排放入海。在封闭式循环水模式下，原水经过滤、消毒和调温等处理后使用，使用后的水经物理和生物过滤并再次消毒、调温处理后方可重复使用。

2. 溶解氧调节

育苗池内良好的充气条件有助于维持水体适宜溶解氧水平，抑制厌氧菌繁殖，提高鱼苗成活率，使其增进食欲、加快生长。大泷六线鱼养殖过程中，应保持连续充气，水体溶解氧含量达 6 mg/L 以上。应及时监测水体中溶解氧水平以及氨氮等代谢产物的含量，掌握其变化，及时调整充气量，维持水体适宜的溶解氧水平。

3. 水温调节

水温对鱼类的新陈代谢水平产生重要影响，大泷六线鱼属冷温性鱼类，耐低温，生存温度 2～26 ℃，生长水温 8～23 ℃，最适生长水温 16～21 ℃。水温 8～20 ℃，大泷六线鱼摄食量大，生长速度较快。水温超过 24 ℃，成鱼停止摄食；27.5 ℃以上的水温可导致成鱼死亡，但是对培育中的幼鱼影响不大。采用沙滤海水井供水，可常年保持大泷六线鱼最适生长温度。

4. 盐度调节

大泷六线鱼成鱼盐度耐受范围较广。盐度低于 20 时的存活率与盐度高于 25 时没有显著差异，但体长存在显著差异。在养殖过程中，盐度最好保持在 25 以上，才能获得最大经济效益。

5. pH、氨氮和悬浮物控制

大泷六线鱼的适宜 pH 是 7.8～8.1；水体的氨氮含量不能超过 0.1 mg/L；水中的悬浮颗粒物总量不能超过 15 mg/L。

6. 换水率

采取流水方式换水，日换水量为 2～4 个全量。

三、培育管理

1. 光照调节

六线鱼为视觉捕食性鱼类，适当遮光可以减少鱼类游动消耗，提高增重率，光照度控制在 200～500 lx，光线均匀柔和，避免阳光直射；非摄食时段，可关闭光源。

2. 养殖密度

六线鱼养殖密度一般掌握在鱼体平铺面积占池底面积的 40%～60%为宜。随着鱼体生长，鱼体面积逐渐增大，进而超出池子的负载能力，而且鱼体生长差异引起个体大小差别明显，需要进行规格筛选、分池，将规格相近的鱼放在一起养殖，一般情况下 2 个月可进行一次规格筛选，鱼长到体长 15 cm 以后，规格筛选就不重要了，需要及时分池稀疏密度。生产上养殖参考密度见表 8-1。

表 8-1 大泷六线鱼养殖密度

体长（cm）	体重（g）	放养密度（尾/m^2）
6	3.2	500
10	12	200
15	60	70
20	150	20
25	280	10

3. 饵料投喂

（1）饵料种类　大泷六线鱼的饵料主要有新鲜饵料、冷冻饵料和人工配合饵料三种。新鲜饵料和冷冻饵料由于容易变质，可能导致水质恶化，因此生产中提倡使用人工配合饵料。人工配合饵料是以鱼粉为主，加以必需的饵料添加剂复合而成，各种成分搭配平衡合理，营养全面，质量稳定，使用安全，操作方便，是一种符合鱼类生理需求的高蛋白饵料。

（2）投喂量　饵料的投喂要依据饵料种类、水温高低、天气、海浪、鱼类摄食情况及生长的不同时期等情况综合而定。人工配合饵料日投喂量控制在鱼体重的3%～5%。

4. 日常管理

苗种培育过程中，池底会有粪便、死鱼、残饵等废物沉积，影响水环境质量，容易引发疾病。每日应坚持使用专用清底器利用虹吸原理吸底1次，保证培育池底无粪便、死鱼及残饵。另外可在水面设置自制集污器，用来清除水面的污物，避免水面污物覆盖导致通透性降低而造成气体交换的不畅。

5. 病害防治

大泷六线鱼养殖应贯彻以防为主、防治结合的原则。在日常管理中，密切观察对象的摄食、游动、体色等有无异常，及时察觉发病前兆并防治。根据实际生产情况，通过调节换水量、定期降低养殖密度、定时添加益生菌改善水质、及时倒池等措施，保持良好的生存环境，同时加强饵料的营养强化，确保饵料质量。培育池及培育用具定期消毒，工具专池专用等。

第二节　大泷六线鱼网箱养殖技术

一、养殖海区选择

大泷六线鱼网箱养殖海域须水质良好、天然饵料丰富，具有良好的地理环境和生态条件。一般选择海陆交通方便，水质清新、无污染，水流畅通、流向稳定、流速较低的半封闭海湾。养殖海区基本条件应满足：

（1）水质清新，海水盐度相对较稳定（29～32），溶解氧在5 mg/L以上。

（2）水温适宜，大泷六线鱼属冷温性鱼类，耐低温，生存温度2～26 ℃，生长水温8～23 ℃，最适生长水温16～21 ℃。

（3）水流畅通但风浪不大，网箱内流速在0.3～0.5 m/s。

（4）大泷六线鱼在养殖水深4～5 m的网箱内生长为好，最低潮时箱底与海底间距应保持在2 m以上，冬季水温相对偏低的海区其最低潮水深在8 m以上为佳。

（5）底质最好为沙砾质底，便于下锚或打桩。

（6）选择未污染或污染较轻、自净能力较强海区。

（7）海陆交通应方便，便于苗种、饵料及成鱼的运输。

目前大泷六线鱼网箱养殖主要集中在辽宁省大连市长海县海域（彩图21）以及山东省烟台市长岛县海域、青岛市黄岛区近海等。以上海域均有大泷六线鱼野生资源分布，水质清澈无污染，养殖海区水深15～20 m，底质以沙砾为主。

二、网箱设施

1. 网箱结构

网箱结构与规格根据生产规模和海况等条件确定，一般有深水网箱和普通网箱两种。

（1）深水网箱　深水网箱是设置在水深 15 m 以上较深海域的具有较强抗风浪能力的海上养殖网箱设施，具有强度高、韧性好、耐腐蚀、抗老化等优点。与普通网箱相比，其使用年限长，有效养殖水体大，养殖效率高，养殖鱼死亡率低，综合成本低，产品品质较好。深水网箱一般为圆形，周长 80～100 m，深 6～8 m，通常由框架、网衣、锚泊、附件等四部分组成。框架系统一般由高强度 HDPE 管材构成，具有良好的强度和韧性；网衣多采用先进编织工艺，强度高、安全性好、使用寿命长。一般对网衣进行防附着处理，以降低人工清洗和换网的频率（图 8－1）。

图 8－1　深水网箱养殖

（2）普通网箱　普通网箱通常为方形，主体框架用钢管或木材等材料制成，面积30～40 m^2，深 3～4 m（图 8－2）。一般采用直径 50～90 cm 的聚苯乙烯泡沫浮球生成浮力，网箱用重 50 kg 以上的铁锚或打木橛固定。木橛长 1.2～1.5 m，小头直径 15～20 cm，固定用缆绳通常为 1 800～2 000 股的聚乙烯绠，其长为水深的 2～3 倍。箱体网衣多用聚乙烯网线编结，网线粗细与网目大小随鱼体规格不同而异。用钢管或铁棍做成与箱底面积同大的方框作为坠子，将网箱底框撑平，以防网箱底部出现凹兜，避免鱼群聚集于此造成局部密度过大而导致损伤。普通网箱结构简单，抗风浪流能力差，一般设置在风浪较小、相对平静的内湾。

图 8－2　普通网箱及网衣

2. 网箱设置

为了既能充分利用养殖海区，又防止养殖海区自污染，网箱设置面积以不超过适养海区总面积的10%为宜。网箱布局主要有“田”字形（图8-3)、链条式（图8-4）两种方式。不同布局都应与流向相适应，保证水流畅通。为了便于操作管理，可以两组并列排列，组与组间距80～100 cm，中间可设管理通道。列与列之间应在50 m以上，网箱距海岸200 m以上。在苗种放养前1个月，应将网箱安装设置好，经过海水充分浸泡并检查确认完善后再放养苗种。

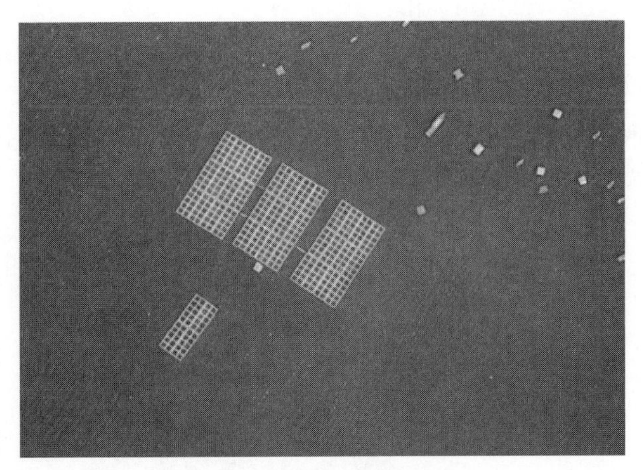

图8-3 “田”字形网箱布局

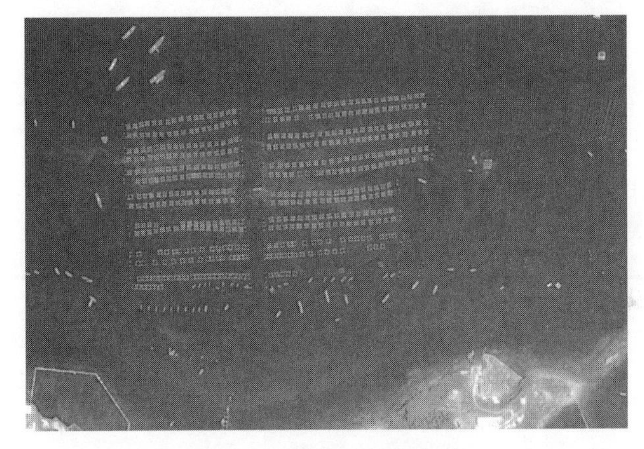

图8-4 链条式网箱布局

三、苗种放养

1. 苗种选择

网箱养殖大泷六线鱼，应选择鱼体完整无损伤、鳞片整齐无脱落、体表无寄生虫感染、活力强、规格整齐的大规格苗种（体长>15 cm，体重>30 g)。养殖使用的大规格苗种一般是在室内水泥池经过一年培育养成的人工培育苗种。

2. 苗种运输

苗种运输前，调节育苗场的水质（水温、盐度、pH等)，使之与养殖海域的水质条件接近。运输前停食1～2 d，并对苗种进行拉网锻炼1～2次，以增加鱼苗的体质，适应运输环境。苗种运输主要有打包充氧运输和活水车运输两种方式。运输和放鱼入箱时间一般在早晚进行；高温季节以夜间运输为宜，到达目的地时为次日凌晨。鱼苗在计数、打包、搬运等操作时要小心，尽量减少鱼体机械损伤。

3. 苗种放养

充氧打包运输苗种放苗时，应先将装鱼的塑料打包袋置于水中，使袋中水温与海水水温接近后，再打开袋口，使海水渐渐进入袋中，缓缓把鱼苗放入水中。活水车运输的苗种，可将自然海水慢慢加入运输水箱内，待箱内水温与海水温度相同时即可放苗。苗种放养密度应根据养殖海域中天然饵料生物量、水流交换状况、网箱结构及饲养管理方式等综合确定，通常放养密度为20～30尾/m^3（图8-5）。

图8-5　苗种放养

四、日常管理

1. 饵料投喂

（1）饵料种类　网箱养殖大泷六线鱼的饵料主要有新鲜饵料、冷冻饵料和人工配合饵料三种。新鲜饵料主要是指刚捕捞的鲜杂鱼（鳀、玉筋鱼等低值鱼类）、扇贝边等，都能满足鱼生长的营养需要。高温季节，不新鲜及腐败变质的鱼不宜作为饵料，会导致养殖鱼发病。冷冻饵料主要是指经冷冻的杂鱼，营养价值比新鲜饵料有所降低。冷冻饵料的储藏时间不宜过长，超过半年容易变质，不要投喂。人工配合饵料是以鱼粉为主，加以必需的饵料添加剂复合而成，各种成分搭配平衡合理，营养全面，质量稳定，使用安全，操作方便，是一种符合鱼类生理需求的高蛋白饵料。生产中提倡使用人工配合饵料。

（2）投喂量　饵料的投喂要依据饵料种类、水温高低、天气、海浪、鱼类摄食情况及生长的不同时期等情况综合而定。一般新鲜杂鱼的日投喂量为鱼体重的10%左右，人工配合饵料日投喂量控制在鱼体重的3%～5%。

（3）投喂方法　鱼苗放养3～5 d后，基本适应网箱环境，即可开始投喂饵料。一般每日投喂2次，时间最好选择在白天平潮时，如赶不上平潮，一定要在潮流的上方投喂，以提高饵料利用率。采用“慢、快、慢”的步骤，即开始投喂时少投慢投，待鱼集中游到上层摄食时要多投快投，当大部分鱼已吃饱散去或下沉时，则减慢投喂速度，减少投喂量以照顾尚未吃饱的鱼。投喂的饵料大小必须根据鱼的规格大小来决定，大规格鱼尽量不使用小型饵料投喂，以免影响其适口性及食欲，避免造成饵料浪费。

养殖过程中，应根据环境情况随时调整投喂量。小潮水流平缓时多投，大潮水流较急时少投；风浪小时多投，风浪大时少投或不投；水清时多投，水混时少投。水温适宜（8～21 ℃）时多投，水温高于 21 ℃或低于 8 ℃时减少投喂量，高于 23 ℃或低于 3 ℃时停止投喂。同时，投喂时注意观察鱼的摄食情况，根据摄食情况及时调整饵料投喂量，并根据摄食量来判断鱼体状况，分析摄食量出现变化的原因，找出根源及时应对解决。

2. 养殖管理

（1）安全检查 网箱养鱼要注重管理环节，昼夜有专人值班，严防逃鱼、盗鱼和各种意外事故的发生。每天在投喂的同时必须检查网衣有无破损，缆绳有无松动，尤其是大风前后必须仔细检查，发现问题及时维修。

（2）更换网衣 养殖过程中，网衣易被各种生物和杂藻附着，尤其是春末夏初。如果附着物过多，一旦网目被堵死，会导致网箱内部的水体交换差，直接影响养殖鱼的生存环境。过多附着物额外增加网衣重量，缩短网具寿命，容易衍生致病微生物和繁生致病微生物中间宿主，不利于养殖鱼生长。因此，需要根据网目的堵塞情况及时更换干净的网衣。此外，随着鱼的生长，根据鱼体的大小，也需要逐步更换网目较大的网衣，增强水流交换能力。更换网衣时，先把网衣的一边从网箱上解下来，拉向另一边，然后以新网取代旧网在原有位置固定好，再把旧网中的鱼移入新网中，重新固定好新网边。移鱼的时候，一是将旧网拉起来，使鱼自由游入新网中；二是用捞网将鱼捞入新网中。更换网衣时要防止鱼卷入网角内造成擦伤和死亡。更换频率应根据养殖情况而定，一般 1～3 个月进行一次。换下的网衣经曝晒后，再清除杂藻等附着物，然后用淡水冲洗干净，修补后晒干备用。

每次更换网衣的时候，可从单个养殖网箱中随机取出 30 尾左右的鱼称重，测量生长情况，作为参照依据来调整饵料投喂量。

（3）分箱 当单个网箱养殖鱼的总量超出网箱的养殖容量时，要根据鱼的生长情况、个体大小进行分箱养殖，调整养殖密度，将超出养殖容量的部分移到其他网箱内养殖。

（4）日常监测和记录 养殖人员每天要监测和记录水温、盐度、天气、风浪情况；观察鱼的活动及摄食情况，记录饵料投喂量、死鱼及病鱼数量等；定期取样，测量鱼的体长、体重等生长指标，作为参考依据，及时调整养殖密度及投喂量（图 8－6）。

图 8－6 定期测量观察

（5）越冬管理 冬季水温低，鱼的活力减弱，摄食量减少，需要仔细观察鱼的摄食情况，及时调整投喂量，制定周全的越冬计划。

（6）灾害预防　在台风、风暴潮等灾害性天气来临之前，应提前采取措施，做好防范工作，避免和降低养殖生产损失。

五、病害预防

坚持“预防为主、防治结合”的方针，需要注意以下几个方面：

1. 健康苗种

放养健壮苗种。选购苗种时，应选择具有《水产苗种生产许可证》等资质的养殖场培育的苗种。

2. 合理密度

放养密度应根据水流交换情况、网箱设置、网箱结构、饲养管理方式及水域中天然饵料生物量等综合因素来确定。周长 60 m 的深水网箱放养大泷六线鱼大规格苗种应控制在 2.5 万～3 万尾，放养密度过高，影响鱼的生长速度，容易引发鱼病。

3. 优质饵料

投喂新鲜、优质饵料，可提高鱼体对疾病的抵抗力，禁投腐败变质饵料，提倡使用配合饵料。

4. 死鱼处理

在养殖过程中出现的残饵、死鱼必须运到陆上集中处理，不能直接抛弃于海中，必须保持养殖海区的良好环境，避免污染养殖海域，防止病原体的大量繁殖。

六、起捕与运输

大泷六线鱼达到 500 g/尾以上，即可根据市场需求或养殖生产需求，及时起捕。一般在起捕前 2 d 停止投喂，便于起捕及运输。起捕方法有两种：一是把网箱底框四角缓慢提起，用绳索吊在浮子框的四角上，用捞网直接捞取；二是把鱼群驱集于一角，用自动吸鱼泵捕获。

大泷六线鱼不善游动，有聚群、耐挤的特点，适于运输。一般采用活水车运输需连续充氧，水温宜在 20 ℃以下，体长 20 cm 的个体运输密度为 300～400 尾/m^3，运输时间不短于 24 h。用塑料袋充氧运输时，水体为 10 L，水温宜在 15 ℃以下，可放 10 尾体长 20 cm 的个体，运输时间不短于 10 h。这两种运输方法都要在运输前停食 48 h，这样可以降低运输过程中鱼的耗氧量，运输时需注意避免成鱼过度拥挤，擦伤皮肤，引起溃疡腐烂或水霉菌感染。

第三节　大泷六线鱼池塘养殖技术

大泷六线鱼池塘养殖仅有庄虔增和雷霁霖进行过实验性研究，未进行大规模养殖。本节仅简要介绍雷霁霖的大泷六线鱼池塘养殖实验的过程和结果。春季至夏初，水温低于 20 ℃时，每天投喂 3 次，一般以小杂鱼虾为主，如鳗、虾虎鱼、毛虾、糠虾和琵琶虾等。每日投饵量为鱼体重的 4%～6%；水温高于 20 ℃时，从盛夏至中秋季节，鱼食量减低，每天早晚各投喂一次即可，投饵量为鱼体重的 2%；秋末至隆冬水温降低，又可改为每日投饵三次，投饵量为鱼体重的 2%～4%。每天清除残渣一次，藻类按发育阶段更换或月更换一次，在有藻类的池子内可以减少充气和换水量。10 m^3 的水池，日换水量为 1/5，有 2 个气石充气。夏秋高温时，相应加倍，应在日出前换水，以免高温水入池。从 1997 年 10 月至 1998 年 8 月 5 日，在水泥池内连续饲养大泷六线鱼成鱼 11 个月，得知本种适宜水温为 2～24 ℃。水池内适当投放贻贝和藻类（每 5 m^3 池投放贻贝 15 kg，新鲜红藻 1 kg，绿、褐藻类 1 kg 即可），似能保持池水新鲜，有利鱼类生活。当水温在 5～20 ℃时，大泷六线鱼摄食积极，体重增加；当水温达到 24 ℃时，停止摄食；水温超过 27.5 ℃时，可因温高而致死。在青岛海域，水深 1 m 以下水温很少达到 27 ℃，大泷六线鱼可以安全度夏，但池塘养殖就必须注意度夏的问题，度夏时应控制水温，最好使水温低于 24 ℃。

温度对幼鱼影响不明显，实验未发现幼鱼度夏死亡。根据雷霁霖对斑头鱼的池塘养殖实验，斑头鱼在全长 30 mm 以后很少死亡，成活率较高。3 月末至 7 月初是斑头鱼生长最快的季节，此时水温逐渐提高，食料丰富多样，全长可达 80 mm 以上。7 月中旬至 9 月末，由于水温较高，幼鱼进食较少，长度增加不快，但体重有明显增加。10 月中旬后，水温开始下降，幼鱼摄食转入正常，长度和体重同时较快地增加，至次年元旦，全长可达 110～136 mm，体长达 108～120 mm，体重达 26.5～31.5 g。

第九章

六线鱼病害防治技术

进入 21 世纪，海水鱼类养殖在近 20 年来发展迅速，成为海水养殖的重要支柱产业之一。养殖品种不断增多，如大黄鱼、石斑鱼、真鲷、黑鲷、牙鲆、花鲈、河鲀、大菱鲆、半滑舌鳎、大泷六线鱼等 50 多个养殖品种。随着养殖品种增加、养殖规模扩大和养殖密度提高，养殖环境日益恶化，鱼类病害频繁发生。目前海水鱼类养殖病害超过 100 种，其中危害严重的有 10 多种，这不仅严重制约了海水鱼类养殖业的进一步发展，还对生态环境和人类食品安全构成威胁。因此，有效地控制病害是海水鱼类健康养殖持续发展的关键因素之一。

我国海水鱼类养殖产业发展历史尚短，发展速度过快，病害防治的理论与技术研究水平相对于高速发展的养殖生产而言，尚不能满足实际生产需求。对病害发生的病原、病理、传播途径和流行特点等还没有全面、系统、深入的了解与认识，对常见病害缺乏足够有效的防治技术及对症药物。在鱼类养殖中防治病害时，药物使用存在较大的盲目性、随意性和片面性，缺乏科学系统的指导与规范。一是抗生素的大量长期使用，使病原的抗药性逐步增强，病害愈发严重难愈；二是超剂量滥用药物造成药物在养殖对象体内的累积，严重影响了产品自身质量，并给人类食品安全构成巨大威胁，直接危害人类健康。因此，对于海水鱼类病害的病原、病理及传播方式的研究以及绿色新渔药、疫苗等免疫防病产品的研发显得尤为重要。

第一节　鱼类发病的原因

鱼类疾病的发生原因和途径是多种多样的。发病机理是一个很复杂的过程，是生理学、生态学、病理学等多学科交叉作用的结果。造成鱼病的原因不仅仅是病原的感染和侵害，还与养殖鱼类本身的健康状况（即抵抗力，或称免疫力）及栖息的环境密切相关。病原生物是导致鱼病发生的最重要的因素之一，不同种类的病原生物对鱼体的毒性及致病力各不相同。养殖的鱼类是病原生物侵袭的目标，养殖群体中健康状况不良、体质较弱、免疫力差的鱼体多为易感群体，给疾病的发生提供了必要条件。当水环境不能满足鱼的需要或不利于鱼类生活时，鱼体往往容易被感染。鱼类疾病的发生，鱼体、病原体和环境三者之间相互联系、相互影响、相互作用（图 9－1）。

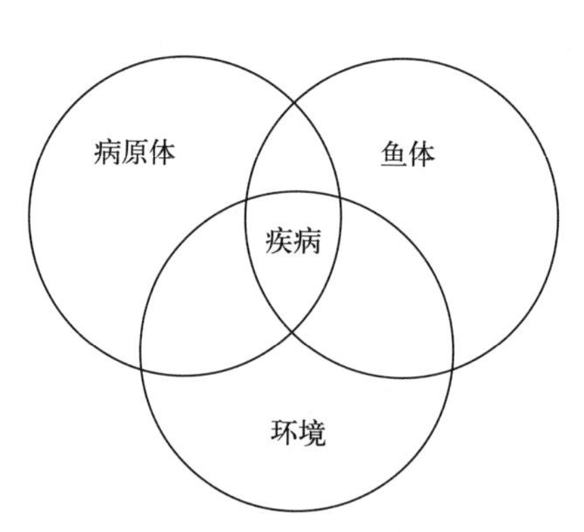

图 9－1　鱼病的发生与病原体、鱼体及环境的关系

可见，养殖鱼类疾病发生与传播的原因有许多，当养殖鱼类体质较弱，病原体数量较多且感染力强，养殖环境恶化、变化急剧时病害才较容易发生和流行。因此在养殖过程中，要通过全面系统、细致严格的管理，提高养殖鱼类的抗病能力，改善养殖生存环境，控制病原生物的繁殖与传播，实现鱼类的健康养殖。通常我们可以把鱼类的主要发病原因分为外界环境因素和鱼体内在因素两大类。

一、外界环境因素

（一）生物因素

鱼类疾病大多数是由各种病原生物的传播和侵袭引起的，主要包括病毒、细菌、真菌以及寄生虫等。另外，还有一些生物直接或间接地危害着鱼类，如水鸟、水蛇、水生昆虫、水网藻等敌害生物。

（二）理化因素

1. 水温

鱼类是变温动物，没有体温调节系统，不同的鱼类对温度的适应范围也不同。如果外界温度突然急剧变化，大大超过鱼体的适温范围，鱼体就会产生应激反应，导致鱼体自身抗病力降低，极易发生疾病，情况严重时可能引起鱼类大量死亡。在鱼苗和鱼种阶段尤其如此，一般鱼苗下池时要求水温差不超过 2 ℃，鱼种则要求不超过 4 ℃。

2. 溶解氧

水中溶解氧含量的高低对鱼类的摄食、生长及生存至关重要。一般来说，水中溶解氧含量不得低于 4 mg/L，鱼类才能正常存活生长。如果溶解氧量过高，饱和度超过 250%时，则会产生游离氧，形成气泡上升，可能导致鱼苗出现气泡病。

3. pH

大多数鱼类对水体中的 pH 都有一定的适应范围，最适 pH 为 7.0～8.5，水体中 pH 过低或过高都会引起鱼类生长发育不良甚至造成鱼体死亡。pH 过低，酸性水体容易致使鱼类感染寄生虫病；pH 过高，会增大氨的毒性，同时腐蚀鱼类鳃组织，引起鱼体死亡。

4. 水中化学成分和有毒物质

水中某些化学成分或有毒物质含量超过鱼体耐受范围，也能引起鱼体发生疾病甚至死亡。水体中的有机物、水生生物等在腐烂分解过程中，不仅会消耗大量溶解氧，而且还会释放出大量硫化氢、氨等，积累到一定浓度，可引起水质变坏，导致鱼类发病和死亡。如果水体中 铜、镉、铅等重金属含量过高，容易引起鱼体慢性中毒等。

（三）人为因素

一是在鱼类养殖过程中，由于放养密度过高、饲养管理不当、投喂饵料营养成分不全或变质、投喂方法不科学等人为因素，也会导致鱼类发生疾病或死亡。

二是养殖过程中的不合理操作（震动、搬运、测量、计数以及人员跑动等）对鱼产生惊吓，造成鱼体撞伤，使鱼体产生应激反应，从而导致鱼体生理功能失调、内分泌紊乱、抵抗力下降，造成外部病原体的附着侵入、繁殖或激活鱼体内的病原体繁殖，导致疾病的发生。

二、鱼体内在因素

鱼体自身对疾病有抵抗力，自身免疫力的强弱对鱼类是否发病具有至关重要的作用。实践证明，当某些流行性鱼病发生时，在同一养殖池内的同种类同龄鱼中，有的严重死亡，有的患病轻微、逐渐痊愈，有的不被感染。在一定环境条件下，鱼类对疾病具有不同的免疫力，即使是同一种鱼，不同的个体、不同年龄阶段对疾病的感染性也不完全相同。

养殖鱼体是否患病，更重要的是看鱼本身对病害的抵御能力。养殖鱼类对病原体具有非特异性免疫能力和特异性免疫能力。非特异性免疫能力与遗传及生理有关，它作用广泛而并非针对某一病原。影响非特异免疫能力因素有年龄、体温、呼吸能力、皮肤黏液分泌、吞噬作用、炎症反应能力等。当非特异免疫能力因素处于较佳水平时，鱼类对病原抵抗能力强，不易受病原体侵袭，因而在养殖中应加强机体的非特异免疫能力。特异性免疫能力是由于抗原（如病原体入侵或给予疫苗）刺激养殖鱼类导致其产生的抵抗能力，特异性免疫能力获得途径有先天获得、病后获得、人工接种获得等。大多特异免疫能力一次获得后仅能维持一定时间，随时间延续而消逝；少量特异性免疫能力一次获得后能终身免疫。虽然特异性免疫持续时间长短不一，但对养殖生产意义重大，可应用此途径预防疾病的发生。鱼体的抗病力除与非特异性免疫和特异性免疫能力有关外，还与其自身营养水平、生理功能密切相关。

第二节　鱼类病害的诊断与防治

对水产养殖而言，由于客观环境条件的复杂、条件致病菌的存在、水产动物自身健康（免疫）状况和饲养管理等诸多因素的综合作用，导致鱼病的发生或早或迟、或轻或重，要克服侥幸心理和躲、拖、观的不作为态度。鱼类健康养殖的病害防治应坚持全面预防、积极治疗的方针，要遵循无病先防、有病早治、防重于治的基本原则，尽量避免鱼病的发生。发现鱼病时，需要及时准确地进行诊断，对症下药，控制病情。

一、鱼病防治原则

（一）坚持“防重于治”的原则

鱼类患病后不像畜禽患病那样容易得到及时的诊断和治疗，有些疾病虽可正确诊断，但是治疗方法受限。由于水产动物养殖的特殊性，生活在水中的鱼无法采用注射药物的方法来治疗。

鱼类发病后，大多食欲减退，无法进食，采用药饵投喂的方式效果不佳。

药浴和泼洒的治疗方式对小水体尚可，对于大水体来说经济成本太高。

（二）坚持“积极治疗”的方针

鱼在患病初期，尚有部分个体摄食活动正常，及时有效控制病原体，可预防疾病的传播和蔓延。一旦发现疾病，要及时正确诊断，对症治疗，不得拖延，控制病情的发展并逐步治愈。

二、鱼病的诊断

（一）现场诊断

1. 活力与游动

正常健康的鱼在养殖期间常集群游动，反应敏捷。病鱼一般体质瘦弱，离群独游，活动缓慢，有的在池中表现出不安的状态，一时上蹿下跳，一时急剧狂游。

2. 体色和体表

正常鱼的鳞片完整，体色鲜亮，体表无伤残。病鱼体色发暗，色泽消退；皮肤发炎、脓肿、腐烂；鳍条基部充血，鳍的表皮组织腐烂，鳍条分离；鳞片竖立、脱落等。

3. 鳃部

正常鱼的鳃丝是鲜红的，整齐规则。病鱼的鳃丝黏液较多，颜色暗红，鳃丝末端肿大和腐烂，甚至鳃盖张开等。

4. 内脏

正常鱼各内脏的外表光滑，色泽正常。病鱼的内脏会出现充血、出血、发白、肿胀、溃烂以及肠道充水、充血、肛门红肿等症状，有的内脏中可观察到吸虫、黏孢子虫等寄生虫。

5. 生长和摄食

正常健康鱼体，投喂时反应敏捷、活跃，聚群抢食，食欲表现旺盛。按常规投喂量，在投喂 20～30 min 后进行检视，基本看不到残存饵料；5～7 d 后巡视，群体长势良好，个体健壮，尤其是在鱼苗阶段。病鱼食欲减退，反应迟钝，甚至不食。

6. 死亡率

在通常情况下，一个养殖池或网箱，短期内（3～5 d）养殖群体的死亡率应等于 0。如果在 10 d 左右出现个别死亡现象，经检查未发现有可疑病原体感染，则可认为是自然死亡；如果在 2～3 d 内出现 1%～3%的死亡率，则应看作是群体感染病原体或发病的表现。

（二）实验室诊断

当肉眼不能确诊或者症状不明显不易诊断时，需要借助解剖镜或显微镜进行检查和观察，例如对细菌、真菌、原生动物等的观察和鉴别。在镜检时，供检查的鱼体要选择症状明显、尚未死亡或刚死亡不久的个体。对每一个病体进行检查时，应由表及里，对发生病变或靶器官组织进行镜检，镜检工具必须清洗干净，取下的器官、组织要分别置于不同的器皿内。体表、鳃用清洁海水清洗，内脏、眼睛、肌肉用生理盐水浸泡以防止干燥。对于不同种类的病原应采取不同的分离及保存方式，然后再利用分子生物学、免疫学、生理生化、组织病理学等方式进行病原的鉴定和确诊。

三、渔药的选择与使用

正确的选择与使用渔药关系到养殖生产的经济效益和广大消费者的身体健康，因此必须准确、合理地选择使用渔药。《无公害食品　渔用药物使用准则》（NY 5071—2002）（附录五）规定：渔用药物的使用应以不危害人类健康和不破坏水域生态环境为基本原则。渔药的使用应严格遵循国家和有关部门的有关规定，严禁使用未经取得生产许可证、批准文号与没有生产执行标准的渔药。积极鼓励研制、生产和使用“三效”（高效、速效、长效）、“三小”（毒性小、副作用小、用量小）的渔药，提倡使用水产专用渔药、生物源渔药和渔用生物制品。病害发生时应对症用药，防止滥用渔药、盲目增大用药量或增加用药次数、延长用药时间等。水产品上市前，应有相应的休药期，休药期的长短应确保上市水产品的药物残留限量符合《无公害食品　水产品中渔药残留限量》（NY 5070—2002）。水产饲料中药物的添加应符合《无公害食品　渔用配合饲料安全限量要求》（NY 5072—2002），不得选用国家规定禁止使用的药物或添加剂，也不得在饲料中长期添加抗菌药物。

（一）渔药的分类

水产药物（或称渔药）较医药和兽药历史短，是随着水产养殖业的发展及鱼病学研究实践发展起来的。目前国内外用于水产养殖动物防病治病的药物大约有100种（指非复配药或原料药），复配药或商品水产药物制剂种类超过500种。药物的种类通常是按药理作用来区分，但水产药物由于药理研究很不充分，基本以使用目的进行区分。

1. 防病毒病药

指通过口服或注射，提高机体免疫力和预防病毒感染的药物。

2. 抗细菌药

指通过口服或药浴，杀灭或抑制体内外细菌（含立克次氏体等原核生物）繁殖、生长的药物。

3. 抗真菌药

指通过口服或药浴，抑制或杀死体内外真菌生长繁殖的药物。

4. 消毒剂和杀菌剂

以杀灭机体体表和水体中的病毒、细菌、真菌孢子和一些原生动物为目的的药物。

5. 杀藻类药和除草剂

以杀灭水体中有害藻类或某些水生植物为目的的药物。

6. 杀虫药和驱虫药

通过向水体中泼洒或口服，杀死或驱除机体内、外寄生虫和一些有害共栖生物的药物。

7. 环境改良剂

通过向养殖水体中施放，能够调节水质或改善底质的药物。

8. 营养和代谢改善剂

指添加到饵料中通过养殖机体摄食，能增强体质或促进生长的药物。

9. 抗霉和抗氧化剂

这类药物通常是添加到人工配合饵料中，防止饵料霉变或脂肪、维生素等的氧化。

10. 麻醉剂和镇静剂

指用于亲鱼及鱼苗运输，降低机体代谢机能和活动能力，减轻、防止机体受伤和提高运输成活率的药物。

（二）渔药的合理选择与使用

1. 基本原则和使用要求

（1）有效性　选择疗效最好的药物，使患病鱼体在短时间内尽快好转和恢复健康，以减少生产上和经济上的损失。并且在疾病治疗中应坚持高效、速效和长效的观点，使经过药物治疗以后的有效率达到70%以上。

（2）安全性　从安全方面考虑，各种药物多少都有一定的毒性（副作用），在选择药物时，既要看到它有治疗疾病的一面，又要看到它引起不良作用的一面。有的药物疗效虽然很好，只因毒性太大在选药时不得不放弃，而改用疗效、毒性作用较小的药物。

（3）方便性　少数情况下使用注射法和涂擦法外，其余都是间接针对群体用药，将药物或药物饵料直接投放到养殖水体中，操作简单，容易掌握。

（4）廉价性　在确保疗效和安全的原则下，应考虑成本和得失，选择廉价易得的药物种类，昂贵的药物对养殖业者来说是较难接受的。

2. 用药方法

（1）内服外用结合　内服与外用药物具有不同的作用，内服药物对体内疾病有较好疗效，外用药物可治疗皮肤病、体表寄生虫病等。对细菌性疾病，宜内服、外用相结合。

（2）中西药物配合使用　中草药结合化学药品能提高疗效，起到互补作用。

（3）药物交替使用　长期使用单一品种的药物，会使病原体对药物产生抗药性，应该将同一功效的不同种药物交替使用。

3. 慎用抗菌药物

抗菌药物如使用不当，在杀灭病原生物的同时，也抑制了有益微生物的生存，由于微生态平衡中有益菌群遭到破坏，鱼体抵御致病菌的能力减弱。滥用抗菌药物，使病原体对药物的耐药性增强，施药量越来越大，且效果不佳。因此，在治疗鱼病时应有针对性地使用对致病菌有专一性的抗菌药，而不应盲目采用广谱性、对非致病菌有杀灭能力的抗菌药物，以免伤害鱼体内外有益微生物菌群。

四、渔药使用中注意的问题

（一）对症下药

正确诊断是治好鱼病的关键，只有诊断无误，做到对症下药，才能取得良好的治疗效果。在诊断鱼病的过程中，除要从病鱼自身情况（品种、数量、大小、活动等）、饲养管理情况、气候水质情况等方面综合考虑外，还要对病原的种类及致病力进行准确鉴定。对症下药是正确给药的基础，切忌乱用药，如果用药不当，不但起不到效果，还会浪费资金，贻误病情。

（二）正确选药

在使用外用药时，应了解某些鱼类对药物的敏感性；注意有些药物的理化特性，是否应防潮、避光等。此外，外用药的使用还与水温、水质等有关，一般来说气温高，药物毒性大；水质呈碱性，大多数药物药性减弱，甚至失效；溶解氧越低，药物对鱼类的毒性越大。

（三）用量准确

任何药物只有在其有效剂量范围内使用才能安全可靠，达到治疗效果。用量不足，达不到治疗效果或无效；用药过量，会引起鱼中毒或病情加重甚至死亡，同时增加了用药成本。

（四）用时正确

春秋气温较低，应在晴天中午泼洒药物；夏季高温时，应晴天上午 9:00—10:00，下午3:00—4:00 用药；早晨、傍晚尽量避免用药；在阴雨天、气压低、鱼浮头或浮头刚消失时，除增氧类药物外，禁止泼洒其他药物，否则会加速鱼的死亡。

（五）合理配伍

当两种或两种以上药物配合使用时，其药效会因相互作用加强或消减（协同作用或颉颃作用）。因此，在使用药物时要注意药物正确合理地混合使用，特别是在不了解药物是否产生相互作用时，不应盲目地混合使用，配伍不当将产生物理或化学反应，引起药效的减弱、失效或引起鱼中毒死亡。

（六）用药及时

在养殖过程中，特别是鱼病高发季节，要做到无病早防、有病早治，避免因治疗延误而造成更大损失。

（七）方法准确

泼洒药物治疗鱼病时，应先喂食后泼药，禁止边洒边喂食。对不易溶解的药物应先充分溶解，而后泼洒。剩余药渣不要随意丢弃，更不可将药渣泼入池中，以免鱼误食中毒。喂内服药饵时，停食一天后投喂。

（八）用药后观察

全池泼洒的药物毒性较大，对水质有严重影响，用药后应在池边观察一段时间，若发现鱼出现急躁不安的情况，应马上加注新水换水，以防中毒事故发生。

第三节　六线鱼常见病害及防治

六线鱼具有优良的养殖性状，作为一种新兴养殖品种，深受广大养殖与加工企业的喜爱。养殖过程中，管理措施得当，病害很少发生。要注意合理控制养殖密度，适时调节换水量，控制水环境稳定良好，保证饵料新鲜充足，遵循“预防为主，防重于治”的原则，切实做好病害防治工作。目前，在六线鱼的苗种培育及养殖过程中，根据各地实际发生的情况总结，主要存在以下几种疾病。

一、倒伏症

（一）主要症状

在仔鱼破膜时、卵黄囊消失期、胃部盲囊消失期等身体发育的关键阶段会出现倒伏症，尤以稚鱼期倒伏症状最典型。病鱼身体倾斜或垂直，以头为中心急速旋转，然后自然下沉至水底侧卧不动，呼吸微弱甚至鳃盖不动呈暂时停止呼吸状。患有此症的鱼苗大批死亡，只有少部分可以恢复正常。倒伏症的病因和病原不明，分析原因，可能与仔鱼摄食及生活习性的转变有关。

（二）防治措施

育苗过程中鱼苗的死亡原因多为个体体质不良、发育不完善及缺少适口饵料。应选取300 g以上的健康活泼、性腺发育成熟的适龄鱼作为亲鱼，其卵子质量好，鱼苗成活率高。仔鱼孵出后不同的发育阶段应及时投喂适口饵料，添加高度不饱和脂肪酸保证育苗营养需求。

二、皮肤溃疡病

（一）主要症状

病鱼体色发黑，摄食减少，游动无力。发病初期，体侧皮肤有明显的出血点，随后皮肤组织浸润、溃疡，严重者可见溃疡处露出鲜红肌肉。

（二）防治措施

保证水质清洁，全池使用5～8 mg/L氟苯尼考药浴浸泡，连续3～5 d，每次药浴2～3 h。

三、烂尾病

（一）主要症状

发病鱼体色发暗，尾鳍末端变白或发红，尾鳍糜烂伤口处出现炎症。

（二）防治措施

保持良好水质及充足的水循环量；在饵料中添加维生素C有一定预防作用，添加量为80 mg/kg；全池使用5～10 mg/L盐酸土霉素药浴，连续3～5 d，每次药浴2～3 h。

四、链球菌病

（一）主要症状

肉眼观察，患病鱼外观症状不明显，体色发黑，有些病鱼眼球突出，鱼鳃盖内侧充血发红。解剖观察，病鱼的肝、脾、肾等脏器轻度充血或轻微肿胀。

（二）防治措施

投饵量减半，青霉素G按质量0.1%的量添加在饵料中制成药饵，每天投喂病鱼2次，连续投喂一周。在疾病高发季节应适当减少投饵量，经常更换饵料，或在饵料中添加维生素和微量元素，以提高鱼体的抗病力。

五、细菌性烂鳃病

（一）主要症状

病鱼局部体表变黑，鳃部黏液增多、红肿或出血，最终鳃糜烂，并伴有肝脏肿大。

（二）防治措施

每1 000 g饵料中添加车前草10 g、穿心莲7.5 g、金银花5 g、黄连4 g，连续投喂7 d。

六、黏孢子虫病

（一）主要症状

黏孢子虫病的症状随不同寄生种类或寄生部位而不同。通常组织寄生种类形成肉眼可观察到的大小不一的白色包囊，例如体表、鳃、肌肉和实质器官中的库道虫、碘泡虫、尾孢子虫、单囊虫等。腔道寄生种类，一般不形成包囊，孢子游离于器官腔中，例如胆囊、膀胱输尿管中的两极虫、角孢子虫、碘泡虫等；严重感染时可导致管腔膨大，管壁充血和发炎，成团的孢子可以堵塞管道而使组织丧失正常生理功能。寄生在神经或脑颅内的，病鱼游泳异常，体色变黑，身体瘦弱，脊柱弯曲。虫体寄生于肝、肾等的可引起组织坏死和瘀血等。

（二）防治措施

一是不从疫区购买携带有病原体的苗种或亲鱼。

二是对有发病史的池塘和水体应彻底清池消毒，每667 m^2 水体用生石灰150 kg或石灰氮100～120 kg。

三是不投喂携带有黏孢子虫的饵料，鲜活小杂鱼、虾或经煮熟后再投喂。

四是发现病鱼、死鱼及时捞出，不随地乱扔，应消毒和妥善处理。

五是对发病池塘、水体用0.2～0.3 mg/kg的敌百虫或2.1～3.2 mg/kg的盐酸奎钠克林全池泼洒，每月1～2次。

七、鱼虱病

（一）主要症状

通常鱼虱寄生数量少时，无明显症状；当寄生数量多时，病鱼体色变黑，活力减弱，浮游于水面，有的焦躁不安地在水中急速乱游或跃出水面。东方鱼虱引起体表和鳍大量分泌黏液，刺鱼虱引起鳃上黏液增多，病鱼呼吸困难，口腔壁发炎、充血。如有细菌继发感染，则病情加重甚至死亡。

（二）防治措施

鱼种放养或转换养殖水体时用淡水浸泡 10～15 min；或用 100 mg/kg 的 80%敌百虫可溶性粉剂浸洗 50 s。流行病季节每个网箱在饵料台（食场）悬挂 1～3 个敌百虫药袋，每袋内装药 50～100 g。

治疗时，用淡水浸洗病鱼 15～30 min；或用 10 mg/kg 的 30%乙酰甲胺磷浸洗病鱼 10～20 min；或用 0.1～0.2 mg/kg 敌百虫原粉全池泼洒。

第十章

六线鱼增殖放流及放流效果评估

增殖放流是通过直接向天然水域投放各类渔业生物的种苗，以恢复或增加水域生物群体数量和资源量，从而实现渔业增产和修复渔业生态环境的活动。随着人类对水产品的需求量日益增加，过度捕捞、环境污染、栖息地破坏等问题使目前世界近海渔业资源普遍衰退，传统捕捞渔业已不能满足人们日益增加的水产品需求。根据 2011 年联合国粮食及农业组织（FAO）的评估，世界范围内的海洋渔业资源中 500 个鱼类种群 80%以上被过度捕捞和利用，仅有 9.9%的海洋生物资源种类具有继续开发的潜力。增殖放流不仅可以补充自然海区种群数量，增加捕捞产量，缓解当前渔业资源衰退态势，是恢复渔业资源的最直接措施，同时可以改善水域生态环境，修复渔业生态环境，有效维持生态系统的多样性，促进生态平衡。

水生生物的增殖放流可以根据是否将放流苗种投放于原栖息水域而分为两类：一类是将放流苗种投放于原栖息水域，以恢复衰退的资源为目的；另一类是将苗种投放到非原栖息地水域，改变当地水域的渔业资源种类组成，以提高渔业经济效益为目的。当前，国内外增殖放流采取的主要方式为前一类，即将苗种投放于原栖息地水域。

第一节　我国六线鱼的增殖放流现状

针对目前海洋渔业资源衰退现状，许多国家都在开展增殖放流活动，发达国家一般以保护渔业资源和开展休闲渔业为目标，以期维护放流海域种群数量的生态平衡；而发展中国家则以恢复渔业资源、提高捕捞产量为目的，借此获得更多的渔获物和渔业收入，放流是提高捕捞产量的重要举措。我国鱼类增殖放流活动始于 20 世纪 50 年代，主要以淡水的四大家鱼为主。70 年代，逐步开展近海增殖放流以恢复海洋渔业资源。2000 年以来，我国近海增殖放流种类、数量和规模都不断增加，已经成为恢复海洋渔业资源的主要手段之一。我国海洋鱼类增殖放流数量稳步增加，2000—2005 年合计放流鱼类约 179 亿尾，2006—2010 年合计放流鱼类约 360 亿尾，翻了 1 倍（图 10－1）。根据 2015 年《全国水生生物增殖放流规划》，我国主要放流海水鱼品种为牙鲆、真鲷、黑鲷、大黄鱼、许氏平鲉等。

六线鱼为恋礁性鱼类，喜栖息于岩礁底质环境，属于海洋底栖鱼类，一般栖息在岩礁附近水域。六线鱼味道鲜美，在我国北方都有资源分布，但资源量较少。近年来，随着近海渔业资源的过度开发利用，引起近海重要渔业捕捞种类资源严重衰退，这些鱼类的渔获量逐年降低，自然资源量锐减，自然资源环境亟待修复。为了保护并恢复六线鱼的自然资源，一方面要保护六线鱼的栖息地，保护栖息地自然环境，禁止滥捕；另一方面要加强资源增殖放流以恢复渔业资源，目前六线鱼的人工繁育技术已经被攻克，人工获得的健康苗种，经过中间

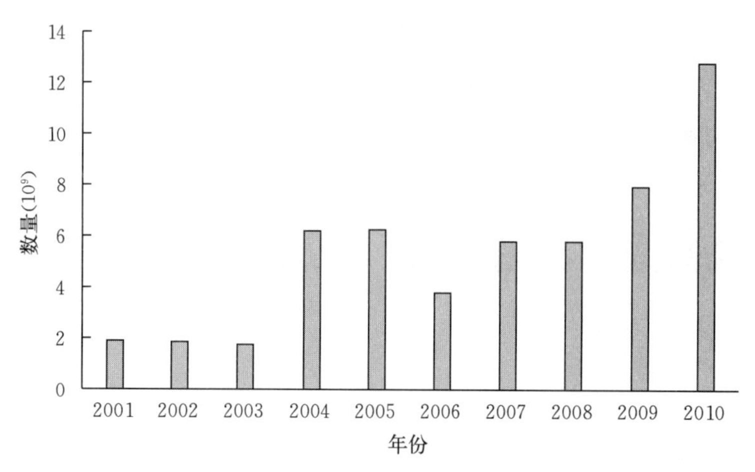

图 10-1　2001—2010 年我国海洋鱼类放流数量

暂养后直接放入近海，可加入自然繁殖群体，补充自然繁殖种群，恢复其可繁殖亲体的生物量，以期使野生种群再次恢复持续而稳定的产量，保护和恢复野生资源，起到生态修复的作用。在特定海域里通过投放人工鱼礁进行海洋牧场的建设，放流苗种可利用天然生物饵料迅速生长，在较短时间内达到可捕规格，实现经济效益，更加合理地开发利用自然渔业资源。

随着大泷六线鱼人工繁育技术的突破和发展，苗种繁育规模水平愈来愈高，2014 年山东省首次在全国范围内开展了大泷六线鱼的增殖放流工作，大泷六线鱼作为公认的渔业增殖和资源修复的理想海水鱼类品种，为我国海水鱼类人工增殖放流发展增添了一个优良新品种。2014 年，利用人工繁育的大泷六线鱼苗种，在青岛崂山湾放流大泷六线鱼 8 cm 大规格苗种 30 万尾；2015 年、2016 年在青岛崂山湾和灵山湾分别放流苗种 30 万尾、35 万尾。2017 年，山东省在烟台、威海、青岛、日照等地总共放流大泷六线鱼 400 万尾以上，2018 年山东省总计放流大泷六线鱼苗种 800 万尾，取得了良好的生态和社会效益（图 10-2）。

图 10-2　大泷六线鱼增殖放流

第二节　增殖放流效果评估方法

在增殖放流过程中，往往过分强调苗种的生产数量和放流规模，却不注重放流效果评估，导致许多增殖放流活动无法达到预期效果。增殖放流效果的评估是一项十分重要且必不可少的工作，全面、科学地分析是保证放流工作有效开展的基础，同时效果评估又是指导后续放流规划的重要参考。随着对放流评估重要性的深入认识及相关技术的发展，放流效果的评价应该包括放流前对放流物种的选择、放流群体的筛选、放流方式、放流水域的生境质量，以及放流生物在水域中存活和生长状况、放流群体对野生种群的影响、放流的生态及经济效益等多方面的综合评估。今后应加强大泷六线鱼增殖放流评估效果的研究，对放流效果进行及时准确的评估评价，可为大泷六线鱼的科学养护及合理开发提供科学依据，为规模化增殖放流策略的制定提供理论支持，以期达到更好的放流效果。

渔业资源量不仅取决于种群生物本身的补充量、种间竞争和饵料生物量等因素，而且受气候变化、海况环境变化以及人为因素等各方面的影响，因此全面把握渔业资源人工增殖对渔业资源和渔业生境的修复作用极其困难。在典型海湾内进行大泷六线鱼增殖放流，针对海域生态条件、理化条件、生物组成等分析，确定不同地区大泷六线鱼的放流时间、数量、规格等具体技术参数。同时，利用增殖放流标记技术、分子标记方法对放流后大泷六线鱼的回捕率、时空分布、资源量、生长特性、基因多样性等指标进行跟踪监测，并对其放流效果进行综合评估，评估最适合大泷六线鱼增殖放流的海域（图 10－3）。综合底质、海流等诸多海洋水文参数，将评估效果数字化，形成一套适合岩礁鱼类增殖放流与效果评估的评价体系。全面掌握人工增殖对渔业资源和渔业生境的修复途径，保护和恢复大泷六线鱼的自然资源，推动休闲垂钓渔业的发展，使大泷六线鱼养殖业健康持续发展，实现渔业结构调整。

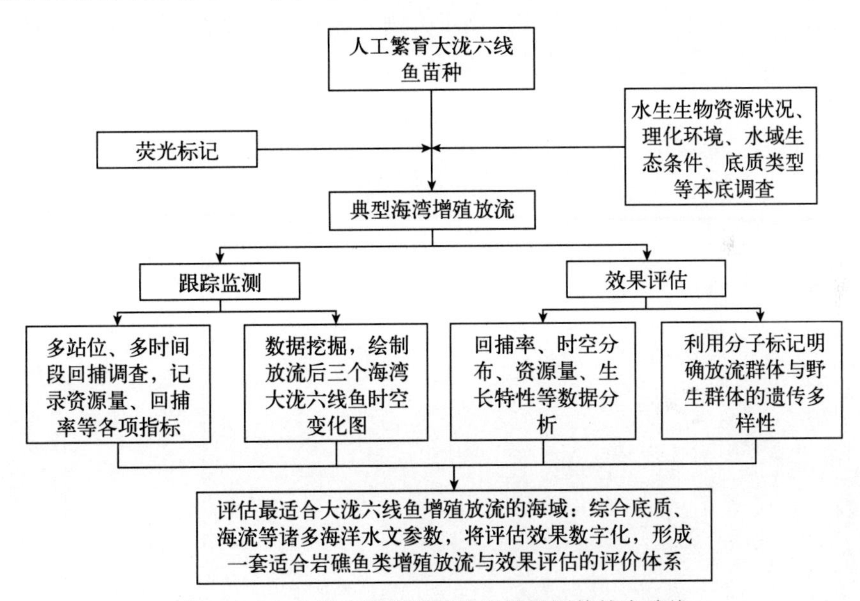

图 10－3　大泷六线鱼增殖放流效果评估技术路线

第三节　大泷六线鱼的放流标记技术

标记放流技术是一种研究鱼类洄游和鱼类资源的重要方法，是研究水生生物生活史并对其进行资源评估的重要工具，特别是对于鱼类的增殖放流，结合回捕数据，推测放流群体的生长和种群变动规律，进而检验增殖放流的效果具有重要作用。

从 1951 年开始我国开始进行标记技术的推广与运用。在过去的 70 年中，有许多标记方法用于增殖放流，如挂牌、剪鳍等物理标记方法，还有荧光标记等化学标记方法。近年来，国内外也对电子标记和分子标记进行了探索与发现。

一般说来，根据标记技术所应用的对象和标记本身材质的不同，标记技术有不同的分类划分。笔者以标记技术应用对象为鱼类，将标记技术大致分为：①外部标记技术（external mark）；②内部标记技术（internal mark）；③化学标记技术（chemical mark）；④生物标记技术（biological mark）；⑤分子标记技术（genetic mark）；⑥电子标记技术（electronic labelled mark）。

六线鱼增殖放流过程中主要采用体外T形标记和荧光标记的方法，对六线鱼鱼苗进行标记，标记后的鱼苗经过暂养后，可直接投放近海。待日后回捕，统计放流效果。

一、大泷六线鱼T形标记技术

一般来说，根据标记技术应用的对象和标记材质的不同，标记放流技术主要分为体外标记法和体内标记法，体外标记法具有易操作、易识别和成本低等优点，其中T形标记牌是体外标记法中使用较为广泛的一种方法，且保持率高，保留时间长，能区分不同的个体，有易被发现和回收简便等特点，适宜于长时间的标记追踪研究。国外开展了较多海水鱼类的体外挂牌标记放流技术研究，包括牙鲆、鲑等。我国标记放流技术研究集中于虾蟹类和鱼类，包括中华绒螯蟹、大黄鱼、真鲷、鮸、黑鲷、半滑舌鳎等，主要使用的是体外挂牌、化学标记和剪鳍法。山东省海洋生物研究院开展了大泷六线鱼不同规格T形标记牌的标记研究，为追踪调查和增殖放流效果评估提供科学依据。

（一）标记牌

所用T形标记牌的结构主要包括锚定端、连接线和标记牌3个部分（图10-4）。标记

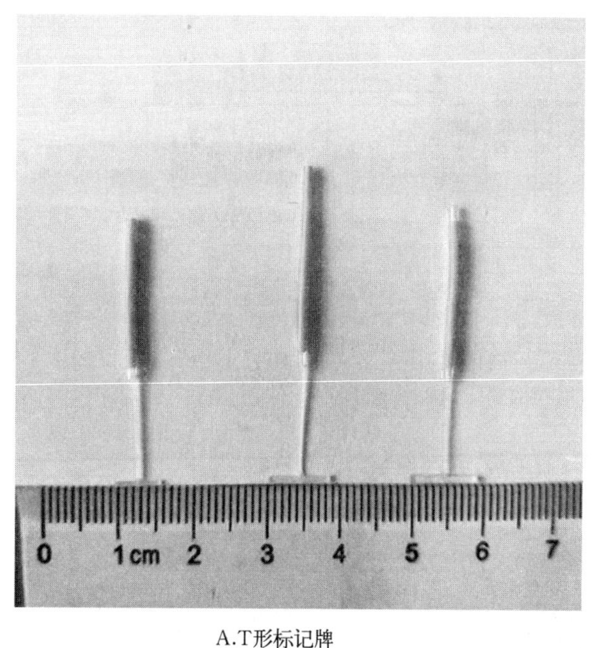

A.T形标记牌

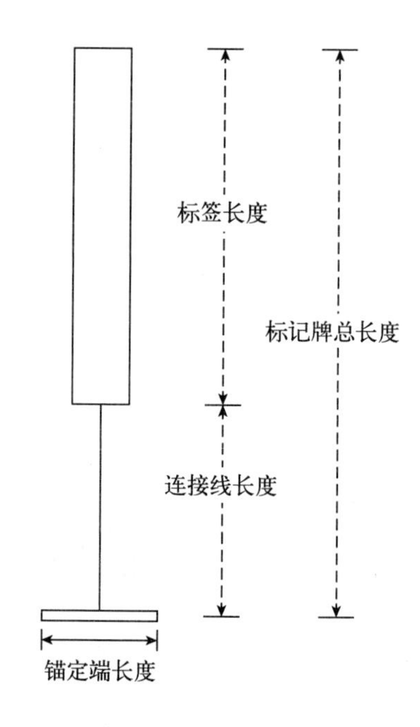

B.T形标记牌规格示意图

图10-4　标记实验使用的T形标记牌及规格

牌各部分均由聚乙烯材质制作，安全无毒。标记枪包括枪身、枪头、撞针、扳机四部分，标记牌的直径与标记枪内径和撞针规格一致，保证将标记牌完整弹出。

（二）标记牌和标记鱼的规格

标记用大泷六线鱼苗种体色正常，健康活泼，规格整齐，摄食良好。选用平均全长8 cm（体重 4.1～6.7 g）以上的苗种用于标记。根据标记鱼类的大小不同，可选用不同规格的 T 形标记牌（T-A、T-B、T-C）进行标记。T 形标记牌规格见表 10-1。

表 10-1　实验用 T 形标记牌的规格

标记牌	标记牌总长（cm）	锚定端长（cm）	连接线长（cm）	标签长（cm）	T 端直径（mm）	标记牌总重量（g）	标签重量（g）
T-A	3.3	0.6	1.3	2	0.6	0.038	0.016
T-B	4.1	0.8	1.6	2.4	0.8	0.046	0.021
T-C	3.4	0.9	1.3	2.1	1	0.039	0.017

标记开始前，大泷六线鱼苗种于 3 个 10 m^3 的水泥池中流水养殖 7 d。苗种暂养期间的养殖条件：流水养殖，水温（15±0.5）℃，盐度 31，pH 7.9～8.1，连续充气，保证溶解氧>6 mg/L，并投喂海水鱼专用配合饲料。

（三）标记操作方法

标记开始前，所有标记用鱼停食 1 d。在进行标记操作之前，所有标记鱼用丁香油进行麻醉，麻醉剂浓度的选择标准为标记鱼入麻时间快、恢复时间短、无不良副作用。大泷六线鱼苗种的麻醉剂量浓度为 50 mg/L。

在进行标记操作时，以专用的标记枪进行操作。具体操作步骤为：首先标记枪枪头及 T 形标记牌用 75%酒精浸泡 5 min 消毒，然后标记枪与鱼体呈 45°～60°自鳞下间隙插入鱼背鳍基部下方背部肌肉最厚的部位，斜入肌肉深度 5 mm 左右，快速按压扳机将标记牌锚定端打入鱼体，切忌将标记枪头穿透鱼体（图 10-5）。标记完成后用手指轻压标记部位轻轻快速抽出标记枪，将标记牌锚定端留在鱼体内。标记后将标记鱼放入含有 5 mg/L 土霉素的海水溶液中药浴 30 min 进行消毒处理，防止伤口感染。

图 10-5　大泷六线鱼 T 形标记部位示意图

（四）标记鱼的暂养和放流

T 形标记牌标记完成后，将各标记组的鱼分别置于 500 L 的小型玻璃钢水槽内暂养 15 d，暂养期间观察标记实验鱼的行为状态、存活率和脱标率情况，伤口复原后即可进行放流。

二、六线鱼荧光标记技术

茜素红 S（ARS，$C_{14}H_7NaO_7S$）是一种橙黄色或黄棕色，易溶于水、微溶于乙醇，能够和钙质、骨质相结合，形成稳定的螯合物的一种荧光标记染料。ARS 用作光度法测定氟化物、铝、铍、锗、铟和钴等显色剂；在分析中测定铼、钍、钪等金属指示剂。ARS 也能够作为一种染料，进行增殖放流染色标记。ARS 可以有效地沉积在鱼类耳石、鳞片、鳍条、骨骼等组织上，达到标记效果。霍来江（2015）用 ARS 对中国倒刺鲃幼鱼进行染色标记，耳石、鳞片出现猩红色标记效果。刘奇（2009）用 ARS 在对褐牙鲆标记实验中表明，ARS 可以有效沉积在耳石、鳞片、鳍条上，达到理想的标记效果。山东省海洋生物研究院鱼类团队探索了 ARS 对大泷六线鱼的标记效果，使用 ARS 染色液对大泷六线幼鱼进行标记，从 ARS 的配制、24 h 浸染以及浸泡后大泷六线鱼的生长状态到养殖60 d后的标记效果，证明了 ARS 适用于大泷六线鱼的大规模标记放流，为增殖放流提供技术支持。

（一）标记鱼的规格和管理

大泷六线鱼幼鱼（20±2）g 在 25 m^3 养殖池中采用仔、稚鱼苗用配合饲料（海童）暂养一个月，暂养时密度为 1.5 尾/L。用 ARS（Solarbio）对大泷六线幼鱼进行标记染色。

所需仪器：荧光显微镜（徕卡 DM2500M，国产）、电子天平（奥豪斯电子天平 EX 系列，国产）、直尺（得力 6230，国产）、移液管（Samco™细柄移液管，国产）、容量瓶（华鸥棕色容量瓶，国产）、量筒（Nalgene 塑料量筒，国产）、胶头滴管（悦成玻璃巴氏吸管滴管，国产）。

日常管理：在暂养期间，每日上午 8:00 投喂 1 次颗粒饲料，喂食直到喂饱为止。保持水温（16±0.5）℃，盐度（30±1.0）‰，溶解氧（6.26～7.3）2 mg/L，pH 7.6～8.0，光周期 14 L∶10 D。每日换水率占养殖总水体的 25%。

（二）浸泡染色

首先用蒸馏水配制 ARS 浓度为 4 000 mg/L 的储备液，ARS 染色浓度设置为 0 mg/L、200 mg/L、350 mg/L、500 mg/L、650 mg/L、800 mg/L，染色液盐度调至 30。pH 调至 7.6～8.0，实验鱼浸泡标记前停食 24 h。随机挑选体长 10～12 cm 的 240 尾大泷六线鱼，每个处理组 16 尾，共 5 个处理组，每个处理组设置三个平行。进行浸泡染色 24 h，浸泡密度为 0.8 尾/L（染色液 20 L）。其中 ARS 浓度为 0 mg/L 的浓度组作为空白对照组。对所有浸泡处理组进行遮光处理，减小光照对鱼体染色带来的的影响。浸染结束后，分别放置于 15 个整理箱中，放置 4 h，代谢去除周身染液。

（三）荧光标记观察

养殖 60 d 后，将 ARS 标记的大泷六线鱼解剖取出耳石、鳞片和鳍条，每个浓度处理组随机取出 3 尾（每个染色浓度共 9 尾）。所有样品直接处理，均未磨片，解剖的样品避光保存，防止荧光衰退。荧光显微镜采用 100 倍观察荧光标记。标记质量分为四个等级，0 级：荧光显微镜观察没有标记；1 级：荧光显微镜观察标记模糊；2 级：荧光显微镜观察比较清楚；3 级：荧光显微镜观察非常清楚、明亮；4 级：在透射光照下肉眼可见。通过观察耳石、鳞片、鳍条，记录各个位置上的标记质量。经实验确定，当标记等于≥2 级时，ARS 标记效果良好。

（四）ARS染料的优势与局限

1. ARS染料的优势

ARS在耳石、鳞片、鳍条上均有标记效果，在不杀死鱼的情况下就可以观察到标记是否有效果。同时ARS染液对鱼的伤害很小，不会影响鱼的正常生理发育。相对于其他染料，如茜素络合指示剂、土霉素、钙黄绿素等价格比较便宜。ARS染料适用于大规模的标记放流评估，为增殖放流评估提供了一定的技术支持。

2. ARS染料的局限

ARS作为荧光染料，它的局限在于在放流期间不能跟踪增殖放流对象的行踪路线。由于ARS染料承载的信息有限，只能通过回捕信息对放流效果进行评估，不能区分是哪个养殖场的放流鱼苗，这样就不能对养殖场的放流效果进行评估。

参考文献

白彩霞，丁玉玲，陈翠玲，2003. 中草药饲料添加剂开发利用存在的问题与对策 [J]. 黑龙江畜牧兽医，(5)：50.

陈大刚，1997. 渔业资源生物学 [M]. 北京：中国农业出版社.

陈品健，王重刚，1997. 真鲷仔、稚、幼鱼期消化酶活性的变化 [J]. 台湾海峡 (3) 245-24.

成庆泰，1964. 中国经济动物志（海产鱼类）[M]. 北京：科学出版社：135-137.

成庆泰，等，1987. 中国鱼类系统检索 [M]. 北京：科学出版社.

成庆泰，郑宝珊，等，1987. 中国鱼类系统检索 [M]. 北京：科学出版社.

费鸿年，张诗全，1990. 水产资源学 [M]. 北京：中国科技出版社：87-112.

冯昭信，2003. 鱼类学 [M]. 北京：中国农业出版社：17-20.

冯昭信，等，1986. 渤海与黄海北部鲈鱼的年龄及群体年龄组成的初步分析 [J]. 水产科学，(2)：18-21.

冯昭信，韩华，1998. 大泷六线鱼资源合理利用研究 [J]. 大连水产学院学报，13 (2)：24-28.

龚启祥，等，1982. 香鱼卵巢发育的组织学研究 [J]. 水产学报，6 (2)：221-233. 海洋科学，4：32-34.

黄宗国，1994. 中国海洋生物种类与分布 [M]. 北京：海洋出版社.

姬广文，雷庆铎，2002. 鱼病防治手册 [M]. 吉林：中原农民出版社.

吉红，孙海涛，田晶晶，等，2012. 匙吻鲟仔稚鱼消化酶发育的研究 [J]. 水生生物学报，36 (3)：457-465.

纪东平，2014. 荣成俚岛斑头鱼和大泷六线鱼的渔业资源生物学研究 [D]. 青岛：中国海洋大学.

金鑫波，2006. 中国动物志：硬骨鱼纲 鲉形目 [M]. 北京：科学出版社.

康斌，武云飞，1999. 大泷六线鱼的营养成分分析 [J]. 海洋科学 (6)：23-25.

雷霁霖，2005. 海水鱼类养殖理论与技术 [M]. 北京：中国农业出版社：731-743.

李富国，1987. 黄海中南部鱼生殖习性的研究 [J]. 海洋水产研究 (8)：41-50.

李建武，肖能庚，等，1994. 生物化学的原理与方法 [M]. 北京：北京大学出版社：168-172.

李强，2003. 常用中草药识别与应用 [M]. 吉林：延边人民出版社.

李芹，唐洪玉，2012. 厚颌鲂仔稚鱼消化酶活性变化研究 [J]. 淡水渔业，42 (4)：9-13.

辽宁省海洋局，1996. 辽宁省海岛资源综合调查研究报告 [M]. 北京：海洋出版社：357.

林鼎，1994. 鱼类营养研究进展 [M]. 北京：中国渔业科技出版社：171-194.

刘蝉馨，秦克静，等，1987. 辽宁动物志（鱼类）[M]. 沈阳：辽宁科学技术出版社：393-396.

刘奇，王亮，高天翔，等，2009. 北黄海大泷六线鱼主要生物学特征比较研究 [J]. 中国海洋大学学报，39（增刊）：13-18.

刘洋，姜志强，王福强，等，2008. 大泷六线鱼对蛋白质的最适需要量 [J]. 大连水产学院学报，23 (5)：287-390.

刘洋，王福强，陈晓慧，等，2008. 大泷六线鱼对蛋白质、脂肪、糖及钙磷比适宜需求量的初步研究 [J]. 饲料工业，29 (2)：24-26.

刘颖，万军利，2009. 温度对大泷六线鱼（*Hexagrammos otakii*）消化酶活力的影响 [J]. 现代渔业信息，24 (10)：5-8.

楼允东，1996. 组织胚胎学［M］. 北京：中国农业出版社：126－137.

潘雷，胡发文，高凤祥，等，2012. 大泷六线鱼人工繁殖及育苗技术初步研究［J］. 海洋科学，36（12）：39－44.

秦松，林光恒，1993. 化学诱变剂在实验海洋食物链中的流动以及遗传毒性的检测——镉在褐指藻→中国对虾→欧氏六线鱼实验食物链中的传递［J］. 海洋与湖沼，24（5）：542－546.

邱丽华，1999. 大泷六线鱼仔鱼摄食及生长的研究［J］. 中国水产科学，6（3）：1－4.

邱丽华，姜志强，秦克静，1999. 大泷六线鱼仔鱼摄食及生长的研究［J］. 中国水产科学，6（3）：1－4.

邱丽华，秦克静，吴立新，等，1999. 光照对大泷六线鱼仔鱼摄食量的影响［J］. 动物学杂志，34（5）：1－8.

全颜丽，李海东，王玲，等，2011. 大泷六线鱼（*Hexagrammos otakii*）荧光 AFLP 分析体系的建立及优化［J］. 海洋环境科学，30（6）：838－842.

任桂静，刘奇，高天翔，等，2011. 基于线粒体 DNA 序列探讨斑头鱼分类地位［J］. 动物分类学报，36（2）：332－340.

施瑔芳，1994. 鱼类生理学［J］. 北京：中国农业出版社：303－334.

史航，陈勇，赵子仪，等，2010. 许氏平鲉、大泷六线鱼临界游速与爆发游速及其生理指标的研究［J］. 大连海洋大学学报，25（5）：407－412.

苏锦祥，1993. 鱼类学与海水鱼类养殖［M］. 北京：中国农业出版社：299－302.

苏锦祥，2005. 鱼类学与海水鱼类养殖［M］. 北京：中国农业出版社：271－323.

苏利，邢光敏，黄学玉，2011. 大泷六线鱼地下海水室内养殖实验［J］. 水产科技情报，38（3）：160－162.

孙东，陈远，周泓，2005. 中药饲料对大泷六线鱼细菌性烂鳃病治疗实验［J］. 水产科学，24（4）：30－31.

孙湘平，2006. 中国近海区域海洋［M］. 北京：海洋出版社：235.

唐启升，叶懋中，等，1990. 山东近海渔业资源开发与保护［M］. 北京：农业出版社：80－102，

童玉和，郭学武，2009. 两种岩礁鱼类的食物竞争实验［J］. 中国水产科学，16（4）：541－549.

王凯，章守宇，汪振华，等，2012. 枸杞岛岩礁生境主要鱼类的食物组成及食物竞争［J］. 应用生态学报，23（2）：536－544.

王蕾，章守宇，汪振华，等，2011. 枸杞岛近岸 3 种生境鱼类群落组成及岩礁区底栖海藻对鱼类群落结构的影响［J］. 水产学报，35（7）：1037－1049.

王连顺，2007. 大泷六线鱼繁殖内分泌生理功能及 GH 基因部分序列的克隆［D］. 青岛：中国海洋大学：11－30.

王书磊，姜志强，2009. 大泷六线鱼鱼体生化组成和能量密度的季节性变化［J］. 中国水产科学，16（1）：127－132.

王书磊，姜志强，苗治欧，2005. 大连海区大泷六线鱼生物学指标的季节变化［J］. 水产科学，24（5）：1－3.

王文君，2008. 大泷六线鱼（*Hexagrammos otakii*）肝脏和脾脏细胞学观察及其原代培养的研究［D］. 青岛：中国海洋大学.

王文君，张志峰，汪岷，等，2010. 大泷六线鱼脾脏细胞体外培养的研究［J］. 中国海洋大学学报，40（8）：93－97.

温海深，王连顺，牟幸江，等，2007. 大泷六线鱼精巢发育的周年变化研究［J］. 中国海洋大学学报，37（4）：581－585.

温海深，王连顺，牟幸江，等，2009. 大泷六线鱼睾酮和雌二醇及其受体在精巢发育中的生理作用［J］. 中国海洋大学学报，39（5）：903－907.

吴立新，秦克静，姜志强，1996. 大泷六线鱼人工育苗初步实验［J］. 海洋科学（4）：32－34.

吴佩秋，1981. 小黄鱼不同产卵类型卵巢成熟的组织学观察［J］. 水产学报，5（2）：161－170.

吴忠鑫，张磊，张秀梅，等，2012. 荣成俚岛人工鱼礁区游泳动物群落特征及其与主要环境因子的关系［J］. 生态学报，32（21）：6737-6746.
吴忠鑫，张秀梅，张磊，等，2012. 基于 Ecopath 模型的荣成俚岛人工鱼礁区生态系统结构和功能评价［J］. 应用生态学报，23（10）：2878-2886.
谢宗墉，1991. 海洋水产品营养与保健［M］. 青岛：青岛海洋大学出版社：181-184.
徐长安，李军，张土璀，1998. 激素诱导欧氏六线鱼性腺发育的初步研究［J］. 海洋科学，3：4-5.
杨纪明，2001. 渤海鱼类的食性和营养级研究［J］. 现代渔业信息，16（10）：10-19.
叶青，1992. 青岛近海欧氏六线鱼食性的研究［J］. 海洋湖沼通报，4（7）：50-55.
叶青，1993. 青岛近海欧氏六线鱼（*Hexagrammos otakii* J&S）年龄和生长的研究［J］. 青岛海洋大学学报，23（2）：59-68.
殷名称，1995. 鱼类生态学［M］. 北京：中国农业出版社：51-60
余先觉，等，1989. 中国演水鱼类染色体［M］. 北京：科学出版社.
詹秉义，1995. 渔业资源评估［M］. 北京：中国农业出版社：20-21.
张波，2007. 黄海中部高眼鲽的摄食及随体长的变化［J］. 应用生态学报，18（8）：1849-1854.
张波，李忠义，金显仕，2012. 渤海鱼类群落功能群及其主要种类［J］. 水产科学，36（1）：64-72.
张波，唐启升，金显仕，等，2005. 东海和黄海主要鱼类的食物竞争［J］. 动物学报，51（4）：616-623.
张波，吴强，牛明香，等，2011. 黄海北部鱼类群落的摄食生态及其变化［J］. 中国水产科学，18（6）：1343-1350.
张寿山，1985. 海产鱼类人工育苗技术的初步探讨［J］. 水产学报，9（1）：93-103.
张硕，孙满昌，陈勇，2008. 人工鱼礁模型对大泷六线鱼和许氏平鲉幼鱼个体的诱集效果［J］. 大连水产学院学报，23（1）：13-19.
章守宇，王蕾，汪振华，等，2011. 枸杞岛海藻场优势种鱼类群体特征及其在不同生境中的差异［J］. 水产学报，35（9）：1399-1409.
郑光明，2002. 鱼类饲料配制［M］. 广州：广东科技出版社.
郑家声，王梅林，戴继勋，等，1997. 斑头鱼的核型及性染色体研究［J］. 遗传，19（增刊）：61-62.
郑家声，王梅林，史晓川，等，1997. 欧氏六线鱼 *Hexagrammos otakii* Jordan & Starks 性腺发育的周年变化研究［J］. 青岛海洋大学学报，27（4）：497-503.
郑家声，王梅林，史晓川，等，1997. 欧氏六线鱼 *Hexagrammos otakii* Jordan & Starks 性腺发育的周年变化研究［J］. 青岛海洋大学学报，27（4）：497-503.
郑家声，王梅林，朱丽若，等，1997. 斑头鱼 *Agrammus agrammus*（Temminck et Schlegel）♂和铠平鲉 *Sebastes hubbsi*（Matsubara）♀核型研究［J］. 青岛海洋大学学报，27（3）：333-337.
中国科学院海洋研究所，1962，中国经济动物志（海产鱼类）［M］. 北京，科学出版社：135-137.
周才武，成庆泰，1997. 山东鱼类志［M］. 济南：山东科学技术出版社：424-428.
庄虔增，于鸿仙，刘岗，等，1998. 山东沿岸六线鱼早期发育的研究［J］. 海洋学报，20（6）：139-144.
庄虔增，于鸿仙，刘岗，等，1999. 六线鱼苗种生产技术研究［J］. 中国水产科学，6（1）：103-106.
庄虔增，于鸿仙，徐春华，等，1998. 山东沿岸六线鱼早期发育的研究［J］. 海洋学报，20（6）：109-114.
Abraham M，Hilge V，Riehl R，1993. The muco-follicle cells of the jelly coat in the oocyte envelope of the sheatfish（*Silurus glanis* L.）［J］，J. Morphol.，217：37-43.
Altuf'yev Y V，Vlasenko A D，1980. Analysis of the state of the neurohypophysis and gonads of the common sturgeon Acipenser gueldenstaedti，and the Beluga，Huso huso，below the dam of the Volgograd hydroelectric power station and in the "Mashkina Kosa" over wintering depression［J］. Journal of Ichthyology，20：95-103.
Amanze D，Yengar A，1990. The micropyle：a sperm guidance system in teleost fertilization［J］. Develop-

ment, 109: 495-500.

Arukwe A, Goksoyr A, 2003. Eggshell and egg yolk proteins in fish: hepatic proteins for the next generation: oogenetic, population, and evolutionary implications of endocrine disruption [J]. Comparative Hepatology, 2: 1-21.

Balanov A A, Antonenko D V, 1999. First finding of *Hexagramos agrammus* × *H. octogrammus* hybrids and new data about occurrence of *H. agrammus* (Hexagrammidae) in Peter the Great Bay (The Sea of Japan) [J]. Journal of Ichthyology, (39): 149-156.

Bazzoli N, 1992. Oogenesis in Neotropical freshwater teleosts [D]. Brazil: Federal University of Minas Gerais.

Bazzoli N, Rizzo E, 1990. A comparative cytological and cytochemical study of the oogenesis in ten Brazilian teleost fish species [J]. European Archives of Biology, 101: 399-410.

Britz R, 1997. Egg surface sturcture and larval cement glands in nandid and badid fishes with remarks on phylogeny and bio-geography [J]. Am. Mus. Novitates, 3195: 1-17.

Brooks S, Tyler C. R, Sumpter J P, 1997. Quality in fish: what makes a good egg? [J]. Reviews in Fish Biology and Fisheries, 7: 387-416.

Chang Y S, Huang F L, 2002. Fibroin-like substance is a major component of the outer layer of fertilization envelope via which carp egg adheres to the substratum [J]. Molecular Reproduction and Development, 62: 397-406.

Cherr G N, Clark W H, 1982. Fine structure of the envelope and micropyles in the eggs of the white sturgeon *Acipenser transmontanus* [J]. Development, Growth and Differentiation, 24: 341-352.

D S Murry, Bain M M, and Adams C E, 2013. Adhesion mechanisms in European whitefish *Coregonus lavaretus* eggs: is this a survival mechanism for high-energy spawning grounds? [J]. Journal of Fish Biology, 83: 1221-1233.

Daniels H V, Berlinsky D L, Hodson R G, et, al, 1996. Efects of stocking density, salinity, and light intensity on growth and survival of southern flounder *Paralichthys lethostigma* Larvae [J]. Journey of The World Aquaculture Society, 27 (2): 153-159.

Debus L, Winkler M, Billard R, 2002. Structure of micropyle surface on oocytes and caviar grains in sturgeons [J]. International Review of Hydrobiology, 87: 585-603.

Debus L, Winkler M, Billard R, 2008. Ultrastructure of the oocyte envelopes of some Eurasian Acipenserids [J]. Journal of Applied Ichthyology, 24 (1): 57-64.

Demska-Zakez K, Zakez Z, Roszuk J, 2005. The use of tannic acid to remove adhesiveness from pikeperch, *Sander lucioperca*, eggs [J]. Aquaculture Research, 36: 1458-1464.

Dettlaff T A, Ginsburg A S, Schmalhausen O I, 1993. Sturgeon fishes developmental biology and aquaculture [M]. New York: Springer-Verlag.

Esmaeili H R, Johal M S, 2005. Ultrastructural features of the egg envelope of silver carp, *Hypophthalmichthys molitrix* [J]. Environmental Biology of Fishes, 2005, 72: 373-377.

Fishelson L, 1978. Oogenesis and spawn-formation in the pygmy lion fish *Dendrocbirus brachypterus* (Pteroidae) [J]. Mar. Biol., 46: 341-348.

Fox D, Millott N, 1954. A biliverdin-like pigment in the skull and vertebrae of the ocean skipjack, *Katsuwonus pelamis* (Linnaeus) [J]. Cellular and Molecular Life Sciences, 10 (4): 185-187.

Ginzburg A S, 1972. Fertilization in fishes and the problem of polyspermy [J]. Le Journal De Physique Colloques, 51 (C6): C6-231-C6-238.

Glechner R, Patzner R A, Riehl R, 1993. The eggs of native fishes Schneider *Alburnoides bipunctatus*

(Bloch, 1782) (Cyprinidae) [J]. Österr. Fisch. 46: 169-172 (in German).

Groot E P, Alderdice D F, 1985. Fine structure of the external egg membrane of five species of Pacific salmon and steelhead trout [J]. Canadian Journal of Zoology, 63: 552-566.

Guandalini E, 2010. Histological study on the oocyte filaments of the silverside *Odonthestes bonariensis* [J]. Journal of Fish Biology, 44 (4): 673-682.

Hart N H, Pietri R, Donovan M, 1984. The structure of the chorion and associated surface filaments in *Oryzias*—evidence for the presence of extracellular tubules [J]. Journal of Experimental Zoology, 230: 273-296.

Hasselblatt M X, 1986. Die Auswirkung chemischer Behandlungsmethoden und die Oberflache und Embryogenese von Fischeiern in der Aquakulturpraxis [D]. University of Hamburg.

Hilge V M, Abraham R, Riehl, 1987. The jelly coat of the oocyts of the European catfish [J]. Winterthur Portfolio - A Journal of American Material Culture, 24 (1): 139-152.

Horvath L, 1980. Use of a proteolytic enzyme to improve incubation of eggs of the European catfish [J]. Progressive Fish Culturist, 42: 110-111.

Howe E, 1987. Breeding behaviour egg surface morphology and embryonic development in four Australian species of the genus *Pseudomugil* (Pisces, Melanotaeniidae) [J]. Austr. J. Freshwat. Res., 38: 885-895.

Huysentruyt F. Adriaens D, 2005. Adhesive structures in the eggs of *Corydoras aeneus* (Gill, 1858; Callichthyidae) [J]. Journal of Fish Biology, 66: 871-876.

Kanoh Y, 1952. On the eggs of *Clupea harengus* L [J]. Saishu - to - shiiku, 11: 162-164.

Kim I, Park J, 1996. Adhesive membranes of oocyte in four loaches (Pisces: Cobitidae) of Korea [J]. Korean Journal of Zoology, 39: 198-206.

Klausewitz W, 1974. Studies on the larval stages of native fresh - water fishes [J]. Nat. Mus., 104: 350-352 (in German).

Kobayakawa M, 1985. External characteristics of the eggs of Japanese catfishes (*Silurus*) [J]. Japan. J. Ichthyol., 32: 104-106.

Kudo S, 1992. Enzymatic basis for protection of fish embryos by the fertilization envelope [J]. Experientia, 48: 277-281.

Laale H W, 1980. The perivitelline space and egg envelopes of bony fishes: a review [J]. Copeia, 2: 210-226.

Lamas I R, 1993. Reproductive characteristics analysis of Brazilian freshwater fishes, with emphasis to the spawning habitat [D]. Minas Gerais: Federal University of Minas Gerais.

Lamas I R, Godinho A L, 1996. Reproduction in the piranha Serrasalmus spilopleura, a neotropical fish with an unusual pattern of sexual maturity [J]. Environmental Biology of Fishes, 45, 161-168.

Le Menn F, Pelissero C, 1991. Histological and ultrastructural studies of the Siberian sturgeon *Acipenser baerii*. In: Williot P (ed) Acipenser [C]. Bordeaux, France: CEMAGREF Publications: 113-127.

Legendre M, Linhart O, Billard R, 1996. Spawning and management of gametes, fertilized eggs and embryos in silurioidei [J]. Aquatic Living Resources, 9: 59-80.

Mansour N, Lahnsteiner F, Patzner R A, 2009. Ovarian fluid plays an essential role in attachment of Eurasian perch, *Perca fluviatilis* eggs [J]. Theriogenology, 71 (4): 586-593.

Mansour N, Lahnsteiner F, Patzner R A, 2009. Physiological and biochemical investigations on egg stickiness in common carp [J]. Animal Reproduction Science, 114: 256-268.

Markov K P, 1975. Scanning electron microscope study of the microstructure of the egg membrane in the Russian sturgeon (*Acipenser gueldenstaedtii*) [J]. Journal of Ichthyology, 15: 739-749.

Mooi R D, 1990. Egg surface morphology of Pseudochromoids (Perciformes, Percoidei), with comments on its phylogenetic implications [J]. Copeia: 455 - 475.

Morin R P, Able K W, 1983. Patterns of geographic variation in the egg morphology of the fundulid fish, *Fundulus heteroclitus* [J]. Copeia: 726 - 740.

Munehara H, Mishima, 1986. Embryonic development, larve and juvenile of the elkhorn sculpin [J]. Japan. J. Ichthyol., 33: 46 - 50.

Murata K, Sugiyama H, Yasumasu S, et al, 1997. Cloning of cDNA and estrogen - induced hepatic gene expression for choriogenin H, a precursor protein of the fish egg envelope [C]. Proceedings of the National Academy of Sciences, USA, 94: 2050 - 2055.

Park J Y, Kim I S, 2001. Fine structure of the oocyte envelopes of three related cobitid species in the genus *Ikookimia* (Cobitidae) [J]. Ichthyological Research, 48: 71 - 75.

Patzner R A, 1984. The reproduction of *Blennius pavo* (Teleostei, Blenniidae). Ⅱ. Surface structures of the ripe egg [J]. Zool. Anz., 213: 44 - 50.

Patzner R A, Glechner R, 1996. Attaching structures in eggs of native fishes [J]. Limnologica, 26: 179 -182.

Patzner R A., Riehl R, 1992. The eggs of native fishes. 1. Burbot, *Lota lota* L. (1758), Gadidae [J]. Österr. Fisch., 45: 235 - 238 (in German).

Paxton C G, Willoughby L G, 2000. Resistance of perch eggs to attack by aquatic fungi [J]. Journal of fish biology, 57: 562 - 570.

Psenicka M, Rodina M, Linhart O, 2010. Ultrastructural study on the fertilization process in sturgeon (*Acipenser*), function of acrosome and prevention of polyspermy [J]. Animal Reproduction Science, 117: 147 - 154.

Riehl R, 1978. Light and electron microscopical investigations on the oocytes of the freshwater teleost fishes *Noemacheilus barbatulus* (L.) and *Gobio gobio* (L.) (Pisces, Teleostei) [J]. Zool. Anz., 201: 199 - 219 (in German).

Riehl R, 1980. The ecological significance of the egg envelope in teleosts with special reference to limnic species. Limnologica, 26, 183 - 189.

Riehl R, 1991. Structure of oocytes and egg envelopes in oviparous teleosts—an overview [J]. Acta Biologica Benrodis, 3: 27 - 65.

Riehl R, 1995, First report on the egg deposition and egg morphology of the endangered endemic romanian perch [J]. Fish Biol., 46: 1086 - 1090.

Riehl R, Meinel W, 1994. The eggs of native fishes. 8. Ruffe—*Gymnocephalus cernuus* (Linnaeus, 1758) with remarks to the taxonomical status of *Gymnocepbalus baloni* (Holcik & Hensel, 1974) [J]. Fischökologie, 7: 25 - 33 (in German).

Riehl R, Patzner R A, 1991. Breeding, egg structureandlarval morphology of the catfish *Sturisoma aureum* (Steindachner, 1910) (Teleostei, Loricariidae) [J]. Aquaricult. Aquat. Sci.

Riehl R, Patzner R A, 1992. The eggs of native fishes. 3. Pike - *Esox lucius* L, 1758. Acta biol. Benrodis, 4: 135 - 139 (in German).

Riehl R, Patzner R A, 1998. The modes of egg attachment in teleost fishes [J]. Italian Journal of Zoology, 65: 415 - 420.

Riehl R, Patzner R A, Glechner R, 1993. The eggs of native fishes *Chalcalburnus chalcoides mento* (Agassiz, 1832) [J]. Österr. Fisch., 46: 138 - 140 (in German).

Riehl R, Schulte E, 1977. Light and electron microscopical studies of the egg envelopes in the minnow *Phoxi-*

nus phoxinus (L.) (Teleostei, Cyprinidae) [J]. Protoplasma, 92: 147 - 162 (in German) .

Rizzo E, Sato Y, Barreto B P, et al, 2002. Adhesiveness and surface patterns of eggs in neotropical freshwater teleosts [J]. Journal of Fish Biology, 61: 615 - 632.

Rudiger, Riehl, Samuel A, 1991. An unique adhesion apparatus on the eggs of the catfish *Clarias gariepinus* (Teleostei, Clariidae) [J]. Japanese Journal of Ichthyol, 38 (2): 191 - 197.

Sato Y, 1999. Reproduction of the Sao Francisco river basin fishes: induction and characterization of patterns [D]. Sao Carlos: Federal University of Sao Carlos.

Shelton W L, 1978. Fate of follicular epithelium in *Dorosoma petenense* [J]. Copeia: 237 - 244.

Shen G, Heino M, 2014. An overview of marine fisheries management in China [J]. Marine Policy, 44: 265 -272.

Vorob'eva E I, Markov K P, 1999. Specific ultra - structural features of eggs of Acipenseridae in relation to reproductive biology and phylogeny [J]. Journal of Ichthyology, 39: 157 - 169.

Wickler W, 1956. Der Haftapparat einiger Cichliden - Eier [J]. Z. Zellforsch, 45: 304 - 32.

Wirz - Hlavacek G, Riehl R, 1990. Reproductive behaviour and egg structure of the piranha *Serrasalmus nattereri* (Kner, 1860) [J]. Acta biol. Benrodis, 2: 19 - 38 (in German) .

Yamagami K, Hamazaki T S, Yasumasu S, 1992. Molecular and cellular basis of formation, hardening, and breakdown of the egg envelope in fish [J]. International Review of Cytology A, 136: 51 - 92.

Yamamoto T S, 1963. Eggs and ovaries of the stickleback [J]. Fac. Sci. Hokkaido Univ. , 15: 190 - 199.

附　　录

附录一　《六线鱼亲鱼培育技术规范》（DB37/T 2772—2016）

附录二　《六线鱼苗种培育技术规范》（DB37/T 2082—2012）

附录三　《大泷六线鱼 亲鱼和苗种》（SC/T2093—2019）

附录四　《大泷六线鱼》（SC/T 2070—2017）

附录五　《无公害食品　渔用药物使用准则》（NY 5071—2002）

附录六　《无公害食品　海水养殖用水水质》（NY 5052—2001）

图书在版编目（CIP）数据

六线鱼繁殖生物学与增养殖 / 郭文等著．—北京：中国农业出版社，2019.12

ISBN 978-7-109-26367-3

Ⅰ.①六… Ⅱ.①郭… Ⅲ.①海水养殖—鱼类养殖 Ⅳ.①S965.3

中国版本图书馆 CIP 数据核字（2019）第 290930 号

六线鱼繁殖生物学与增养殖

LIUXIANYU FANZHI SHENGWUXUE YU ZENGYANGZHI

中国农业出版社出版

地址：北京市朝阳区麦子店街 18 号楼

邮编：100125

责任编辑：王金环

版式设计：王　晨　　责任校对：沙凯霖

印刷：中农印务有限公司

版次：2019 年 12 月第 1 版

印次：2019 年 12 月北京第 1 次印刷

发行：新华书店北京发行所

开本：787mm×1092mm　1/16

印张：12　　插页：2

字数：320 千字

定价：78.00 元

彩图 1　大泷六线鱼

彩图 2　斑头鱼

彩图 3　长线六线鱼

彩图 4　叉线六线鱼

彩图 5　十线六线鱼

彩图 6　白斑六线鱼

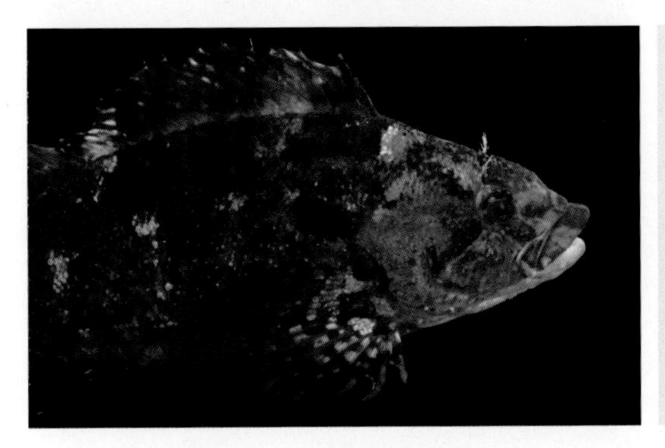

彩图 7　六线鱼头部形态

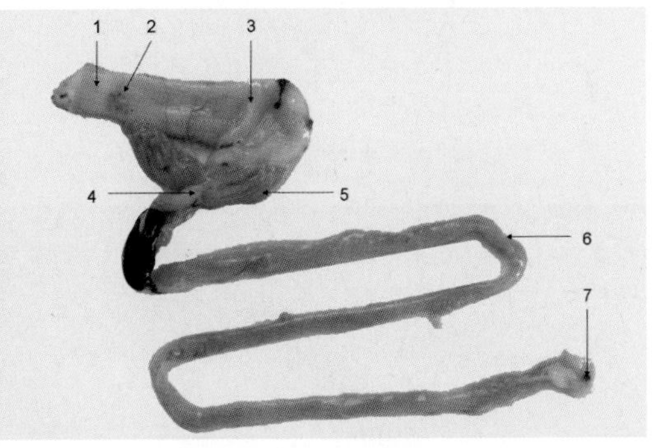

彩图 8　大泷六线鱼消化道

1. 食道　2. 贲门　3. 胃　4. 幽门

5. 幽门盲囊　6. 肠　7. 肛门

彩图 9　大泷六线鱼婚姻色（雄鱼）

彩图 10　长线六线鱼婚姻色（雄鱼）

彩图 11　护卵的大泷六线鱼

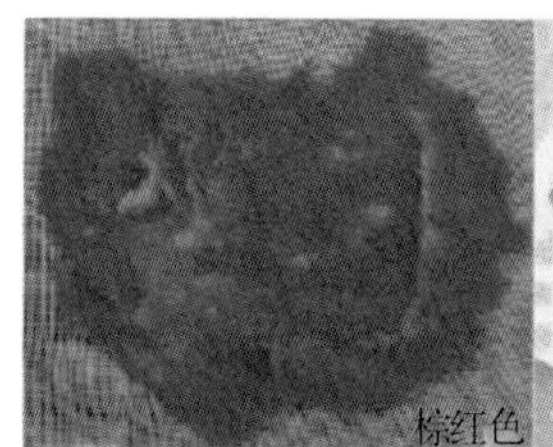

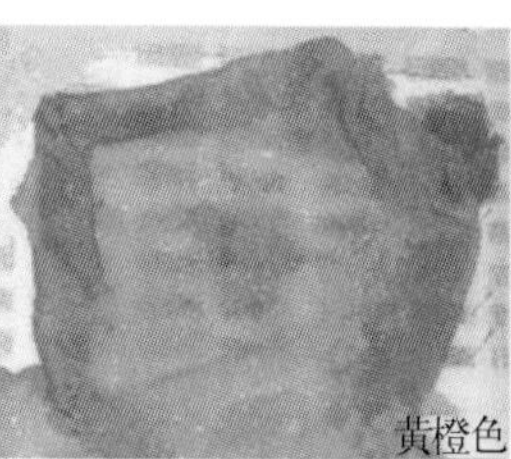

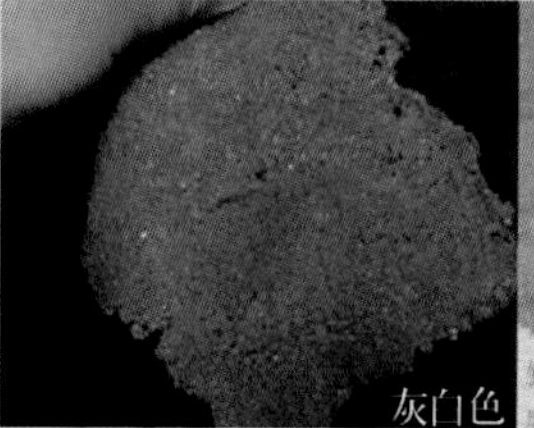

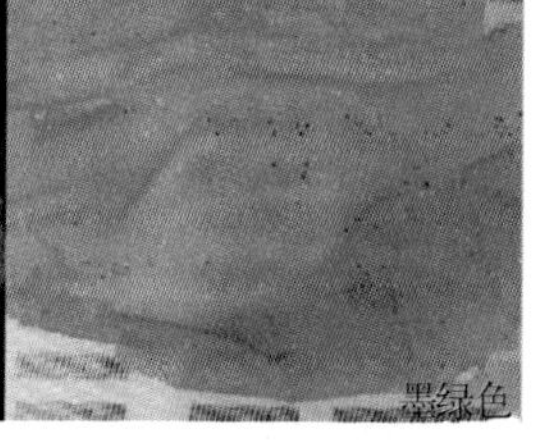

彩图 12　不同颜色的六线鱼卵

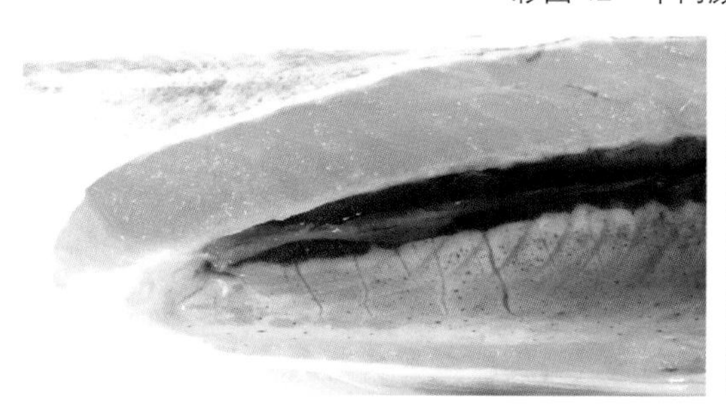

彩图 13　非繁殖季节的精巢

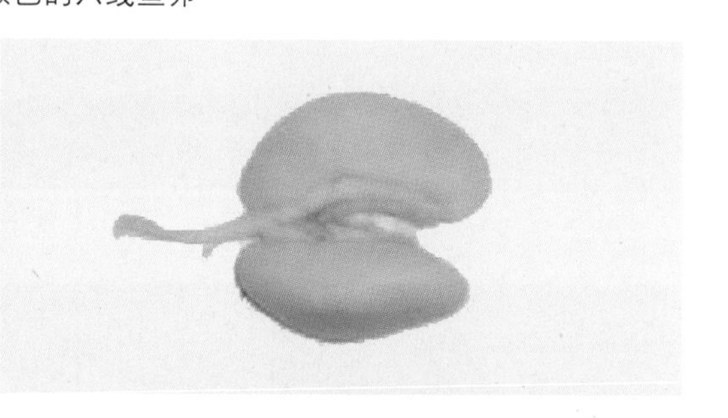

彩图 14　繁殖季节的精巢

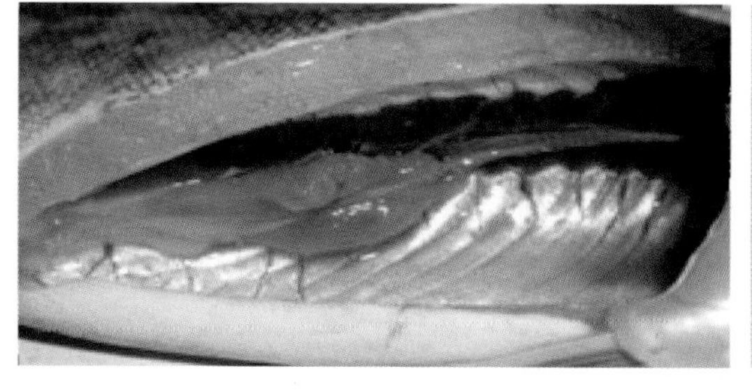

彩图 15　非繁殖季节卵巢

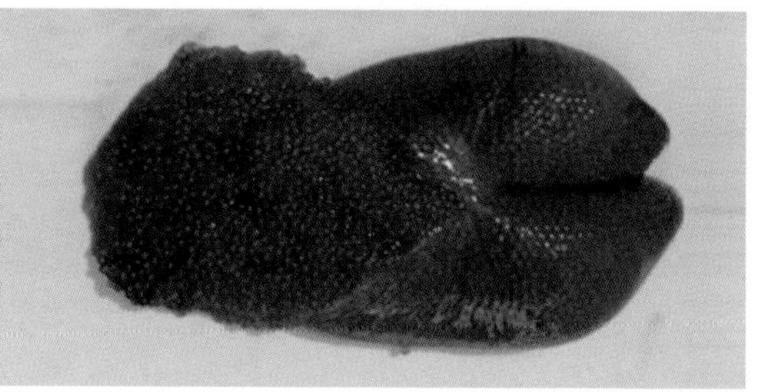

彩图 16　繁殖季节卵巢

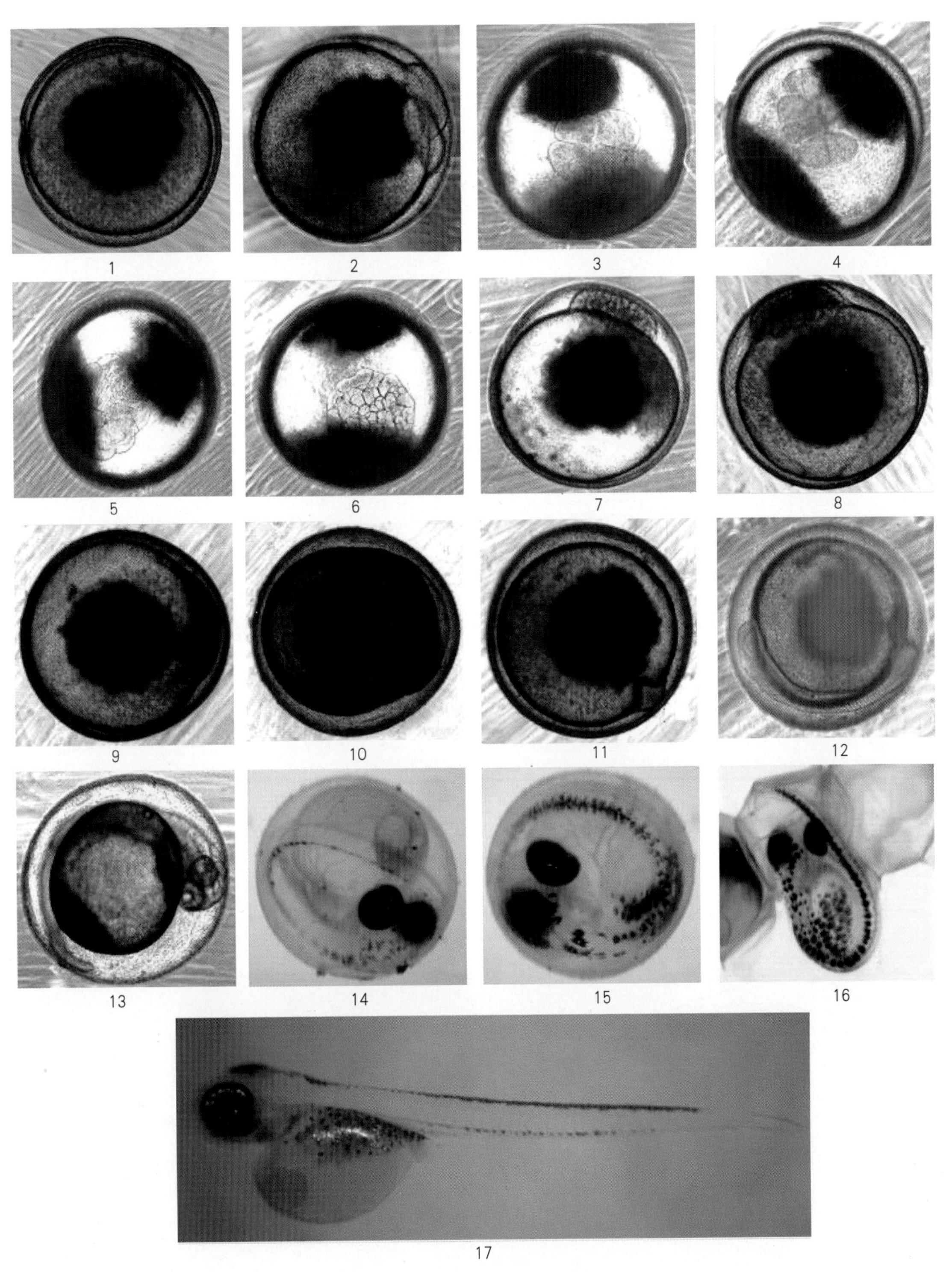

彩图 17　大泷六线鱼胚胎发育

1. 胚盘形成　2. 2 细胞期侧面观　3. 4 细胞期正面观　4. 8 细胞期正面观　5. 16 细胞期正面观　6. 32 细胞期正面观　7. 64 细胞期侧面观　8. 高囊胚　9. 低囊胚　10. 原肠期　11. 神经胚期　12. 尾芽期　13. 肌肉效应期　14. 孵出前期（绕卵 1 周）　15. 孵出前期（绕卵 1 周半）　16. 孵化期　17. 初孵仔鱼

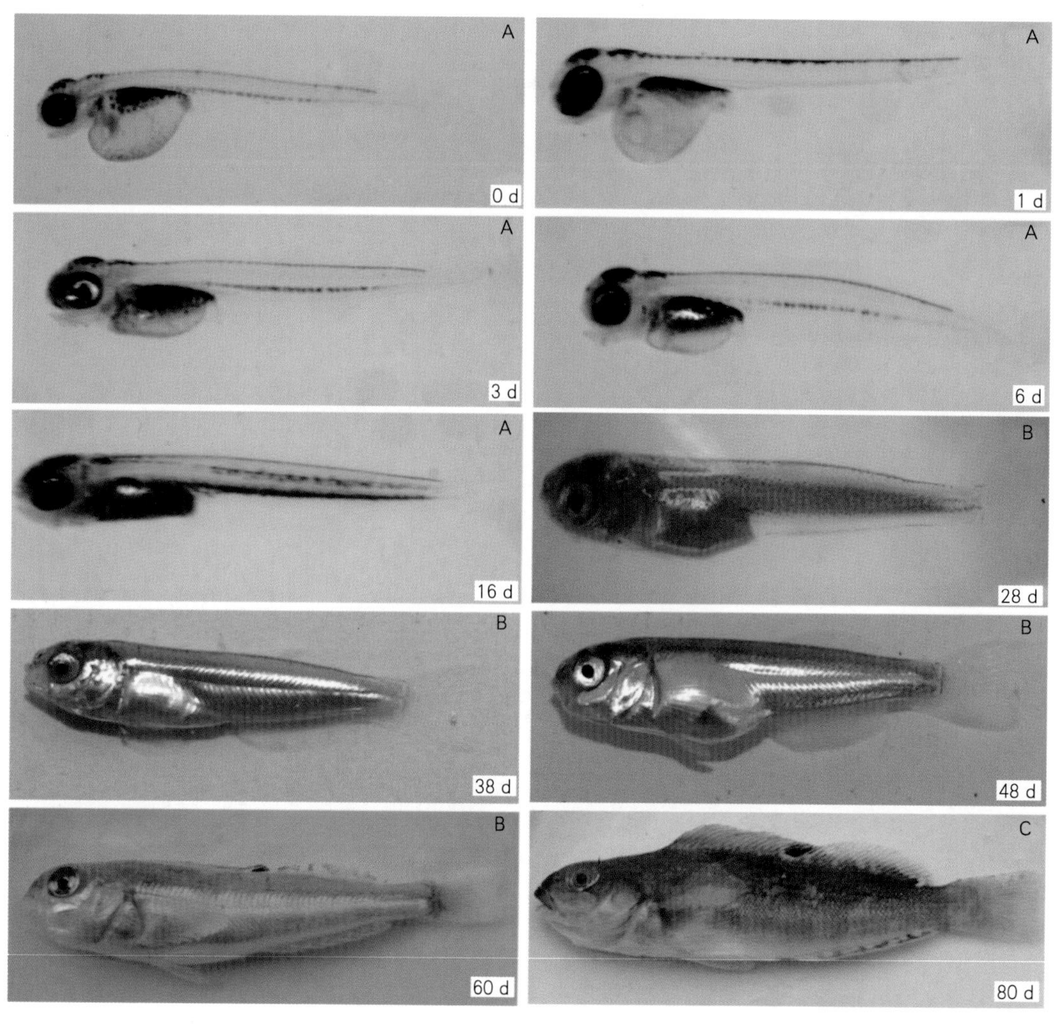

彩图 18　大泷六线鱼仔、稚、幼鱼发育

A. 仔鱼　B. 稚鱼　C. 幼鱼

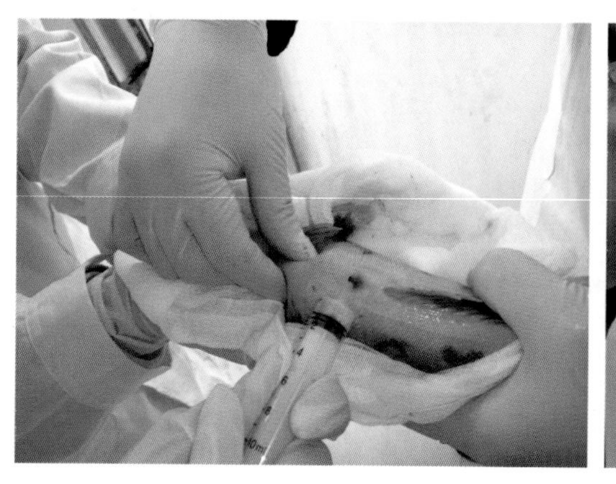

彩图 19　人工采精

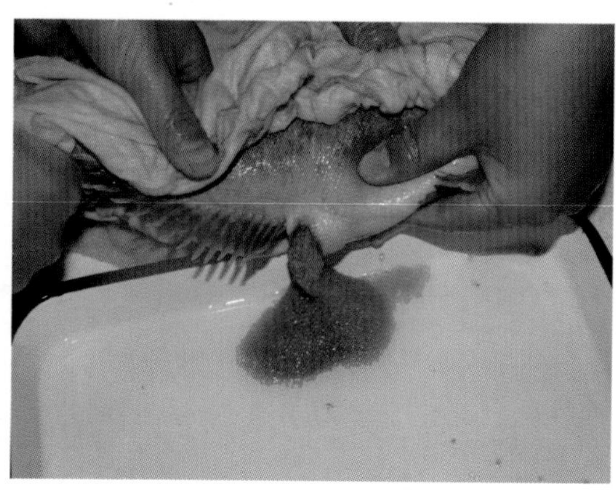

彩图 20　人工采卵